ダイナミックリチーミング
第2版

5つのパターンによる効果的なチーム編成

Heidi Helfand 著
永瀬 美穂、吉羽 龍太郎、原田 騎郎、細澤 あゆみ 訳

本書で使用するシステム名、製品名は、それぞれ各社の商標、または登録商標です。
なお、本文中では ™、®、© マークは省略しています。

Dynamic Reteaming

SECOND EDITION

The Art and Wisdom of Changing Teams

Heidi Helfand

Beijing · Boston · Farnham · Sebastopol · Tokyo

©2025 O'Reilly Japan, Inc. Authorized Japanese translation of the English edition of "Dynamic Reteaming, Second Edition".
©2020 Reteam, LLC. All rights reserved. This translation is published and sold by permission of O'Reilly Media, Inc., the owner of all rights to publish and sell the same.

本書は、株式会社オライリー・ジャパンが O'Reilly Media, Inc. の許諾に基づき翻訳したものです。日本語版についての権利は、株式会社オライリー・ジャパンが保有します。

日本語版の内容について、株式会社オライリー・ジャパンは最大限の努力をもって正確を期していますが、本書の内容に基づく運用結果について責任を負いかねますので、ご了承ください。

推薦のことば

ハイジの知見は、あなたのチームづくりや再編成、チームへの関わり方に新たな視点をもたらすでしょう。彼女が急成長に導いた3つのスタートアップや、世界中でインタビューした数十ものチームの話は、リチーミングの力や知恵、そして喜びを鮮やかに描き出しています。より健全で、幸福感があふれる、調和のとれたチームを築きたいなら、本書から多くの学びを得られるでしょう。

ジョシュア・ケリエブスキー、Industrial Logic、
『パターン指向リファクタリング入門』著者

かつての私は、素晴らしいソフトウェアを提供するためには、長期的にメンバーが安定していることが最良だと信じていました。でも、ハイジと彼女の本に出会い、その考えに大きな問いを投げかけられました。彼女は、チームを意図的かつ慎重に変えることの重要性やその効果、メリットを多角的に説明してくれます。本書は、チームのエンゲージメントや一体感、レジリエンス、新たな機会を生み出す文化を築こうとしているソフトウェア開発リーダーにとって、必読の一冊です。

クリス・スミス、Redgate Software プロダクトデリバリー部門長

多くの人が、チームワークに対するイメージを刷新しなければいけません。安定し、お互いをよく知り、一緒にうまく働く方法を知っているグループから、流動的で柔軟性があり、新しい方法で一緒に働くスタイルへと変わりつつあります。そのような状況のなかで、ヘルファンドは実践的なアイデアと知見を提供し、うまくできる方法を教えてくれます。

エイミー・エドモンドソン、Harvard Business School、
『Teaming and The Fearless Organization』著者

成果を上げるチームを作るのは簡単ではありません。良いチームとは、常に変化し続ける動的な存在です。この事実を理解しながらチームを導くことが、継続的な改善のカギになります。ハイジの本は、彼女の豊富な経験から得た迫力のある実世界のパターンを描き出し、チームで起こっていることをふりかえり、次に何をすべきかの指針を示してくれます。

デイブ・ファーレイ、『継続的デリバリー』共著者

日々のチームの活動のなかでこれから起こることや起こったこと、成功と失敗、浮き沈みを乗り越えたいなら、本書が指針となるでしょう。チームのライフサイクルについてより正確で複雑なモデルを理解したいなら、ぜひ本書をじっくり読んでください。ハイジは実際のエンジニアリングチームやプロダクト開発チームの経験を通じて、エンジニアたちの声を代弁しています。彼女はチームの運営において必要なものを提案し、組織に的確なアドバイスをしてくれます。そうすることで、価値のあるプロダクトを生み出せるようになるのです。

リサ・アドキンス、困難な問題に立ち向かうコーチ、
『コーチングアジャイルチームス』著者

高いパフォーマンスを発揮するチームは、力強さと同時に繊細さを持ち合わせています。チームの変更はチームのリズムを一時的に壊すかもしれません。でも、長期的には新しい視点やより良い働き方をもたらすでしょう。本書は、現実世界でチームの進化と健全性のバランスを巧みにとる必要がある人にとって、必読の一冊です。著者の豊富な経験が詰め込まれており、充実した事例と具体的なパターンに裏付けられています。

マニュエル・パイス、
『チームトポロジー：価値あるソフトウェアをすばやく届ける適応型組織設計』
共著者

知識労働は、好むと好まざるとに関わらず、チームスポーツです。つまり、プロフェッショナルな知識労働者にとっていちばん重要な資質は、優れたチームプレイヤーであることです。しかし、チームが常に変わり続ける今、どのようにチームに関わればよいのでしょうか？　「変化」と「チーム」は対立するものではないのでしょうか？　従来のアジャイルパラダイムでは、チームの安定性を重視しますが、本書のアプローチは、私たちが現実で直面している状況とは異なります。ここで登場するのがハイジです。彼女は、チーム変更に抵抗するのではなく、変化を受け入れることを教えてくれます。状況を理解し、適切なパターンを適用し、その結果を観察しましょう。特に2020年初頭の現在、チームのあり方やその一員であることの意味は進化しています。幸いなことに、ハイジがここにいて私たちを助けてくれます。

ダニエル・バカンティ、Actionable Agile CEO、『When Will It Be Done?』
『Actionable Agile Metrics for Predictability』著者

「チームは好むと好まざるとに関わらず、変化します。ならば、その変化にうまく対応できるようになったほうがよいでしょう」。これがハイジの本の前提となる考え方です。本書は、世界中の実践者たちのエピソードや逸話の宝庫であり、幅広い研究と自身の豊富な経験がありありと描かれています。変化の激しい世界でチームと共に働くすべての人に、着想と指針を与えてくれる一冊として、ぜひお勧めします。

サンディ・マモリ、Nomad8、『Creating Great Teams』共著者

現代のソフトウェアサービスを構築する組織にとって、チームはデリバリーの基本単位です。しかし、チームとは単に同じマネージャーの下で働く個人の集まりではありません。共通の目標や習慣、そして目的意識を持った存在です。何よりも、チームは自らの働き方や、存在そのものも成長、発展させなければいけません。ここで力を発揮するのがハイジ・ヘルファンドの『ダイナミックリチーミング』です。本書では、時間をかけてチームを育て、進化させるための、試行済みで検証されたテクニックが紹介されています。チーム編成の変更は混乱を招くことがあります。しかし、ダイナミックリチーミングのパターンは、個人、チーム、組織にとって、これらの変更を前向きな経験に変える方法を教えてくれます。この「チームファースト」の本は、今のすべての組織にとって必読の一冊です。

マシュー・スケルトン、
『チームトポロジー：価値あるソフトウェアをすばやく届ける適応型組織設計』
共著者

ジョン・カトラーによる まえがき

　私がハイジと初めて会ったのは、ハイジが本書で取り上げている AppFolio で働いていたときでした。私がチームに加わってすぐに、ハイジやポール、その他のコーチと一緒に過ごすようになりました。そこでの彼らの仕事は、とても興味深く刺激的なものでした。そして特に急成長の時期は、困難なものでした。

　オフィスの裏手の線路沿いには、往復のウォーキングコースがありました。チームメンバーはよくそこで 1on1 をしていました。ハイジは私の直属のチームではありませんでしたが、よく話を聞いてくれました。好奇心、忍耐力、話術、一緒に働く人たちに対する深い思いやりなど、ハイジが持つ素晴らしい力が存分に発揮されていました。新スタートレックのファンでないとわからないかもしれませんが、船のカウンセラーでありエンパスのディアナ・トロイが南カリフォルニアの技術系の会社でコーチをしている姿を思い浮かべてください。それがハイジです。

　そのときは気づいていませんでしたが、コーチたち、特にハイジとのやりとりは、私のキャリアに大きな影響を与えました。登壇や執筆を勧めてくれました。チームの健康状態や、のちにハイジがダイナミックリチーミングと表現するようになることなど、特定のことに対してオタクになっても構わないと示してくれました。私を奮い立たせてくれました。

　ハイジが本書のプロジェクトのことを話し始めたのは、それから 1〜2 年後のことでした。ダイナミックリチーミングの種は、Agile2016 で AppFolio が発表した経験談として世に出ました。ハイジはそこで終わりませんでした。彼女は夢中になるものを見つけたと言えるでしょう。素晴らしいネットワークを見つけ、研究にどっぷり浸かり、まるでスポンジのようにストーリーとパターンを吸い上げました。

　サンタバーバラのテック界隈は小さいながらも賑やかで、ハイジは多くの有名な会社で働いていました。それらの会社は本書でも登場しますが、他のテクノロジー

中心地と同じように、サンタバーバラにも独自の文化的特徴がありました。そこで、ニュージーランド、アイスランド、ロンドン、ニューヨーク、サンフランシスコなど、範囲を広げて研究を重ねました。私と話すたびに、ダイナミックリチーミングに関する多くのストーリーを披露してくれて、確信を深めているようでした。

そして、ついに第2版の登場です。

これは重要な本です。本書が現実世界の変化と最高の仕事をしようとしている現実の人間について述べているからです。この領域の書籍の多くは、チームを安定していて静的なもの、もしくは使い捨てで交換可能なものとして扱っています。もしくは、スケーリングやダウンサイジングを本来はソフトウェアアーキテクチャーを話すのに適している機械論的な単語で述べています。そこには、ストーリーもなければグラデーションもありません。

一方で、現実世界のプロダクト開発は美しくもあり、厄介です。ハイジは親しみやすいストーリーを拠り所とするパターンベースのアプローチを取っており、一読するだけで実行可能なヒントが得られるようになっています。でも、仕事に内在する微妙な差や人間性を軽視することはありません。リチーミングは良かれ悪しかれいつでも起こります。ハイジはそれに正面から取り組んでいるのです。

最後に、本書で強調したい点についてです。私たちは、組織再編を語るときに、しばしば暴力的な言葉を使います。大規模かつ大胆で、大雑把なやり方です。でも、私はハイジが本書で述べているやり方が安全な代替策だと思っています。彼女は、ときには大きな変化が必要だったり、それが私たちのコントロール外で起こったりするという事実から目を背けません。でも、本書のアイデアを探求し、戦略的にリチーミングを行い、それにうまく対応することで、この暴力を喜びと生産的な適応力に置き換えられると確信しています。

本書をきっと何度も読むことになるでしょう。私はそうでした。ハイジがギークの私たちに好奇心と配慮、懸念事項について共有してくれたことに感謝します。

ジョン・カトラー
プロダクトチームコーチ、Amplitude

ダイアナ・ラーセンによる まえがき

　ハイジ・ヘルファンドは気づく人です。これは、彼女と知り合って最初の学びでした。彼女と親交を深めるのは楽しい経験でした。彼女の気づく能力の副作用のおかげで、私も何が起こっているかに気づき、必要な対応を見出せるようになりました。

　ハイジは、何が起こっているかに気づき、その意味を理解するために深く探究しています。個人、グループ、組織ダイナミクスのパターンに気づきます。彼女は、そこで止まりません。それらのパターンについて、私たちの学習にどう貢献できるかも認識しているのです。ハイジは、彼女が見たものを私たちにも見えるように助けてくれます。

　本書『ダイナミックリチーミング』は、彼女の気づく力を示しています。組織に関する従来の考え方が現実には当てはまらないことに彼女は気づきました。彼女は興味をそそられました。ハイジは従来の考え方に勇敢に挑戦します。そうやって、著者としての役割に加えて、「リーダーのロールモデル」という役割も担うことになったのです。

　私たちは、「チームが長いあいだ一緒に働いているほうがうまく働ける」のをあたりまえだと思っています。でも、彼女はこれについてはるかに深く理解しています。同時に、彼女はその帰結、チームをずっと安定させようとすることに問題があることも認識しています。彼女の視点は違います。興味深い理想であると認めつつ、多くの組織では現実ではありません。人や組織が整理整頓されていることはなく、想定外のことが起こります。

　チームメンバー（生命のある人）は、さまざまな理由でチームを去ります。新しい人が参加し、チームは大きくなります。顧客ニーズとビジネスの方針転換によって、プロダクトも変化します。新しいプロダクトが生まれます。新しいバージョンを作るためには、組織とシステムの記憶を持ったチームメンバーが必要です。彼らはどこか

らやってくるのでしょうか？ 以前、配属されていたチームからです。

このような現実に気づいたからといって、ハイジは肩をすくめて、「ああ、ダメだ。みんなめちゃくちゃだ」などと言うことは絶対にありません。チームメンバーが代わるたくさんの理由を彼女は調査しました。結果を文章にまとめて、読者に提供してくれました。私たちが状況を理解し、うまく扱えるようになってほしいと考えたのです。ハイジはリチーミングの原因を 10 個以上に分類し、チームメンバーの変化を 5 つのパターンにまとめました。彼女の仕事のおかげで、自分たちのチーム構成の変化をより明確に深く考えられるようになりました。

ハイジは、リチーミングを起こすのにふさわしい理由も教えてくれます。書名に**ダイナミック**という単語があることで、私たちは良いプラクティスを学び、実施する必要があることを理解できます。たくさんの新しいチームが同時に必要となるケースもあるでしょう。チームがメンバーを 1 人受け入れる場合、メンバーが 1 人去る場合があるでしょう。ハイジは、なぜリチーミングなのか、意識的なプロセスとしてどのようにリチーミングを進めるのかについて、ガイドラインを提供してくれています。新しくできたチームがパフォーマンスを早く出せるようになるための効果的なやり方の例も教えてくれます。

チームの生成、解散、再形成についてのレポートが、私にとって特に役に立ちました。ハイジは世界中にいる同じ仕事の仲間から、経験を集めてくれました。ハイジの現在と過去の同僚たちが、いろいろな例を提供してくれています。世界中の実務者が、自分たちの経験を惜しみなく共有してくれています。レイチェル・デイヴィス、クリス・ルシアン、サンディ・マモリ、エレイン・ブロック、クリスチャン・フエンテス、クリスチャン・リンドウォール、エヴァン・ウィリー、ジェイソン・カーニーらのストーリーを興味深く読みました。ストーリーは、いきいきとした状況を伝えてくれます。リチーミングのさまざまな実施形態、さまざまな実施理由についての知見が得られます。さまざまな目的や機能に応じて、リチーミングにはさまざまなやり方があるのがわかります。

ハイジはチームを通じて生産性とビジネス成果を届ける活動をリードすることで、プラクティスを身に付け、スキルを磨いてきました。ハイジは、これまでのキャリアを通じて、ものすごい量のリソースを蓄積してきました。本書のなかでも、書籍や記事への参照がたくさん出てきます。多くは私の蔵書にもありますが、「次に買う」リストに追加しておいたものもたくさんあります。

最後に、ハイジの**ダイナミックリチーミング**という仕事が、私の専門的な関心を広げてくれたことに感謝します。私たちは、健康で生産的なチームを育むことに貢献し

たいという共通点があります。本書には、レトロスペクティブ、チームの立ち上げ、チーム憲章、チームの共同学習とスキル構築の活用例が含まれています。また、チームが Agile Fluency モデルのすべての領域において円滑さを追求していることを示す例もあります。

　組織内にソフトウェア開発チームがいるなら、本書を読むべきです。知るか知らざるかに関わらず、「リチーミング」はすぐそこに迫っています。準備を怠らないようにしてください。

ダイアナ・ラーセン
Agile Fluency Project LLC 共同創業者
『アジャイルレトロスペクティブズ：強いチームを育てる「ふりかえり」の手引き』、
『Liftoff: Start and Sustain Successful Agile Teams』、
『Five Rules of Accelerated Learning』、
「Agile Fluency Model: A Brief Guide to Success with Agile」共著者

はじめに

　Expertcity は瀕死の状態でした！ テクニカルサポートの eBay になるという構想を掲げた、同僚と私が心血を注いだこのスタートアップは、マーケットで失敗したのです。2001 年までに、リーダーシップチームはすべての開発を停止すると宣言しました。私は泣きました。

　幸いなことに、共同創業者のクラウス・シャウザーには、ある計画がありました。その計画には、最終的に 2 つのベストセラープロダクトという大成功につながるピボットを含んでいました。そこにたどり着くために、私が今「ダイナミックリチーミング」と呼んでいるものを始める必要がありました。

　クラウスはまったく新しいプロダクトに取り組むために、小さな独立したチームに参加するように私に言いました。リチーミングによって、私たちは新しいチームになり、違った働き方ができるようになりました。私たちは働き方自体を大胆に変えることができたのです。慣れ親しんだウォーターフォール型の仕事のやり方を捨てる明示的な許可が与えられ、そうするよう勧められました。自由にプロセスを決められるようになったのです。開放感がありました。

　チームはソフトウェアエンジニアで構成されていました。私はライターとして参加しました。会社の他のチームとは違って、それ以外の役割はなく、他から干渉されることもありませんでした。標準的な役割の人がいないので、すべて自分たちでする必要がありました。開発者がインターフェイスを設計するので、フロントエンドのデザインの精緻なモックアップを待つ必要もありませんでした。私たちはそのプロダクトを Easy Remote Control と名付けました。略すと ERC です。この頭文字はコードベースに何年も残り続けました。プロダクトはのちに社内コンテストを経て GoToMyPC という名前になりました。

　あのときにリチーミングせず、別の道を進んでいたら、GoToMeeting や

GoToWebinar といった成功プロダクトは絶対に作れなかったでしょう。これら
は 2 人から 1000 人以上の人たちをオンラインでつなげて、ミーティングやウェビ
ナーを開催することを可能にしました。この成功はのちに、2004 年の Citrix による
買収につながり、Expertcity という社名は Citrix Online に変わりました。

　その約 10 年後に AppFolio, Inc. というスタートアップで働いていたとき、独立
したチームを作るという、このリチーミングパターンが再現しました。このケースで
は、会社は倒産寸前ではなく、サービスを多角化するために新しいプロダクトライン
に投資しようとしていました。

　このチームが生み出したプロダクトも成功しました。最終的に SecureDocs という
まったく別の会社になりました。SecureDocs では、たとえば M&A のときなどに会
社のファイルを他者と共有するための、オンライン上のセキュアな仮想データルーム
を提供しています。今も会社は存在していて、カリフォルニア州サンタバーバラに本
社を構えています。リチーミングはとても強力で、そこから会社が生まれることもあ
るのです。

　独立したチームを作るというこのリチーミングパターンは、Citrix Online の
Convoi というプロダクトでも再現しました。親しい友人がチームの一員で、他
のイノベーターとともに集められました。チームには、主力プロダクトである
GoToMeeting を大胆に革新することが求められていました。このリチーミングの結
果、Grasshopper という会社の買収を検討するための別の独立したチームが生まれ
ました。

　ここまで言及した 3 つの独立したチームの事例は、私がパターンと呼んでいるもの
を形成しています。これらは同じタイプのチーム変更の例であり、自分の経験や本書
のための研究で 3 回以上遭遇しているものです。

　本書はダイナミックリチーミング、つまりチーム変更を扱っています。チーム変更
は現実に起こることで、本書はそれを証明するものです。あたりまえのことを言って
いる気がしますが、ソフトウェア業界は、安定したチームのほうがよいと思い込んで
います。このメッセージはとても強力なので、意図的にチームを変更することが間違
いだと感じさせるかもしれません。「メンバーが安定しているチームは良いパフォー
マンスを発揮する」[†1]といった引用を見かけたり、「予測可能性のためにチームを同じ
に保て」[†2]というアドバイスに従おうしたりしたかもしれません。でも、多くの人た

---

†1　Hackman, *Leading Teams*, 55. [26]
†2　Scrum PLoP, "Stable Teams" [48]

ちにとって、チームの安定性は夢物語です。私たちのチームは、変わらない存在というよりは、動くターゲットのようなものです。今こそ、チーム変更は現実に起こることを認め、チーム変更をうまく行う方法だけでなく、それを極めるためのストーリーやアイデアを共有するときです。これが本書の本質です。

1999年以降、急成長し成功を収めた3つの会社で働いた経験と、他の会社の数え切れない人たちへのインタビューをもとにした、チーム変更に関するさまざまなストーリーとパターンをお届けします。これは、会社を成長させたり、素晴らしい結果の追求のために会社を変革したりする方法を考えるときに活用できるものです。

本書のトピックには、さまざまな場所、会社の種類、規模のものが含まれており、必ずしもうまくいっている例ばかりではありません。かなり感情的になりそうな会社合併やレイオフのストーリー、スキル不足で行われたリチーミングのようなアンチパターンも含みます。チームメンバーが自ら選んだり引き起こしたりしたリチーミングは、前向きなものでしょう。でも、トップダウンやコマンドアンドコントロールで行われて、自分たちに降りかかった場合には、少なくとも最初は好ましく思わないでしょう。

第I部では、ダイナミックリチーミングの背景にある情報を見ていきます。これには、チームの進化、チームを理解する上での基本的な定義、ダイナミックリチーミングに関わる権力と政治を含みます。また、リスクを減らし、持続可能性を向上させるために、会社のなかで意図的にリチーミングすることを検討すべき理由について詳細に説明します。

第II部では、具体的なリチーミングのパターンとストーリーを紹介します。「変形」は5つの基本的なダイナミックリチーミングパターンで表せます。それがワンバイワン、グロウアンドスプリット、アイソレーション、マージ、スイッチングです。あわせて、リチーミングのアンチパターンだと考えられるものについての議論も含めました。

第III部には、リチーミング前、リチーミング中、リチーミング後に、物事を容易に進めるのに使える実践的なアイデアを含めました。今後リチーミングが発生したときに容易に進められるよう、組織を設計し、リチーミングに備える方法を共有します。また、大規模なリチーミングの取り組みを計画するときに使える私のお気に入りのツールを共有するとともに、チーム変更後にチームを機能させるためのキャリブレーションセッションの実施方法を説明します。

ダイナミックリチーミングについてどのような意見を持っているとしても、好むと好まざるとに関わらず、将来それに遭遇します。チームや会社には人が出入りしま

す。会社が再編されたり、競合他社に買収されたりします。重要な人物が加わり、そしてあるときいなくなります。会社の新しいゴールを達成するために、チームを完全に入れ替えるという決断をすることもあるかもしれません。どのような意見を持っていようと、リチーミングは避けられません。したがって、うまく対応できるようにならなければいけません。

アプローチ

　私の研究は定性的なアプローチを採っており、ブレネー・ブラウンの著書『Daring Greatly』[3]で彼女が使ったグラウンデッド・セオリーの創発的な性質の影響を受けています。本書の内容の多くは、インタビューで発見しました。他者からの定性的な視点を集めるにあたって、インタビュー対象者1人あたり1時間を使い、チームがどのように作られ時間の経過とともにどのように変わったのかのストーリーを話すようにお願いしました。それから会話を文字起こしし、そこから浮かび上がったテーマにもとづいてデータを整理し、本書にまとめました。インタビューした人のなかには、本書で会社名を出すことを承諾してくれた人もいます。また、会社名を伏せることを条件にストーリーを語ってくれた人もいます。

　そのストーリーの中から、ダイナミックリチーミングの概念を表す独自のパターンとテーマを抽出しました。ストーリーに出てくる組織は、とても適応力があります。そのため、本書に書いてあることは、その会社のある時点でのスナップショットにすぎません。その会社は、今では本書に書いているのとは違ったやり方をしているかもしれません。そして、それは良いことなのです。私たちは自分のチームや自分たちが所属する会社の組織構造についてよく考えなければいけません。昨日までうまくいっていたことが、明日には適切でなくなるかもしれません。さらに、本書で取り上げた会社の規模は、30人〜数千人とさまざまです。本書で共有する内容は、必ずしも、その会社全体での組織パターンを代表するものでもありません。

対象読者

　本書は、会社でチームの形成や変更に関する意思決定を行う人や、その人たちを支援する会社に向けたものです。私はVPoE、CEO、創業者、CTO、ディレクター、

---

†3　Brown, *Daring Greatly*, 251. [7]

マネージャー、コンサルタントといった肩書きを持つ人たちに向けて話していることを想像しながら本書を執筆しました。また、本書は、ソフトウェアエンジニア、QAエンジニア、UXエンジニア、スクラムマスター、コーチなど、自分の会社でリチーミングの意思決定に影響を与える多くの人たち向けでもあります。

参加いただいたみなさま

私に快くストーリーを共有してくれたみなさまに心から感謝します。

- リチャード・シェリダン：創業者兼チーフストーリーテラー、Menlo Innovations（ミシガン、アメリカ）
- ジョン・ウォーカー：共同創業者兼CTO、AppFolio, Inc.（カリフォルニア、アメリカ）
- コムロン・サッタリ：創業者兼アーキテクト、SecureDocs（カリフォルニア、アメリカ）
- アンドリュー・ムッツ：チーフサイエンティスト、AppFolio, Inc.（カリフォルニア、アメリカ）
- クリスチャン・リンドウォール：エンジニアリングサイトリード、Spotify（カリフォルニア、アメリカ）
- クリス・ルシアン：エンジニアリングリード、Hunter Industries（カリフォルニア、アメリカ）
- ウィリアム・テム：デリバリーマネージャー、Trade Me（ウェリントン、ニュージーランド）
- サンディ・マモリ：アジャイルコーチ兼コンサルタント、Nomad8（オークランド、ニュージーランド）
- デイモン・ヴァレンツォーナ：エンジニアリングディレクター、AppFolio, Inc.（カリフォルニア、アメリカ）
- マーク・キルビー：アジャイルコーチ、DevOpsツール会社（フロリダ、アメリカ）
- レイチェル・デイヴィス：アジャイルコーチ兼エンジニアリングリード、Unruly（ロンドン、イギリス）
- エヴァン・ウィリー：プログラムマネジメント担当ディレクター、Pivotal Software Inc., Pivotal Cloud Foundry（カリフォルニア、アメリカ）

xx | はじめに

- キャリー・コールフィールド：プリンシパルプロダクトマネージャー、LogMeIn（カリフォルニア、アメリカ）
- ソールズゥル・アルナルソン：アジャイルコーチリード、Tempo Software（レイキャビク、アイスランド）
- クリスチャン・フエンテス：エンジニアリングマネージャー、Jama Software（オレゴン、アメリカ）
- トーマス・オボール：ソフトウェアエンジニア、Procore Technologies（カリフォルニア、アメリカ）
- ジェイソン・カーニー：フルスタックソフトウェアエンジニア、Hunter Industries（カリフォルニア、アメリカ）
- エレイン・ブロック：マネージャー、インタラクティブプログラムマネジメント、FitBit（カリフォルニア、アメリカ）
- ペイジ・ガーニック：エンジニアリングマネージャー、Procore Technologies（カリフォルニア、アメリカ）
- アンドリュー・リスター：エンジニアリング担当シニアディレクター、Greenhouse Software（ニューヨーク、アメリカ）
- マイク・ブフォード：CTO、Greenhouse Software（ニューヨーク、アメリカ）
- クリス・スミス：プロダクトデリバリー部門長、Redgate Software（ケンブリッジ、イギリス）

オライリー学習プラットフォーム

オライリーはフォーチュン 100 のうち 60 社以上から信頼されています。オライリー学習プラットフォームには、6 万冊以上の書籍と 3 万時間以上の動画が用意されています。さらに、業界エキスパートによるライブイベント、インタラクティブなシナリオとサンドボックスを使った実践的な学習、公式認定試験対策資料など、多様なコンテンツを提供しています。

https://www.oreilly.co.jp/online-learning/

また以下のページでは、オライリー学習プラットフォームに関するよくある質問とその回答を紹介しています。

https://www.oreilly.co.jp/online-learning/learning-platform-faq.html

はじめに | **xxi**

お問い合わせ

本書に関する意見、質問などは、オライリー・ジャパンまでお寄せください。

株式会社オライリー・ジャパン
電子メール japan@oreilly.co.jp

本書のウェブページには、正誤表やコード例などの追加情報が掲載されています。

https://learning.oreilly.com/library/view/dynamic-reteaming-2nd/978149
2061281/（原書）
https://www.oreilly.co.jp/books/9784814401079（和書）

オライリーに関するその他の情報については、次のオライリーの Web サイトを参
照してください。

https://www.oreilly.co.jp
https://www.oreilly.com（英語）

本書の使い方

ダイナミックリチーミングの概要が知りたい場合は、第 I 部から読み始めるのがよ
いでしょう。

パターンとアンチパターンが知りたい場合は第 II 部に目を通してください。

リチーミングを容易にするための実践的なアイデアを今もしくは将来掘り下げたい
場合は第 III 部と、それ以外のところでそれぞれの文脈で紹介しているプラクティス
を読んでください。

謝辞

この学びの旅を支援してくれたすべての人に感謝します。特に、本書の最初のバー
ジョンをリリースする力を与えてくれた出版プラットフォームの Leanpub に感謝し
ます。のちにこの最初のバージョンを O'Reilly に共有し、それが本書の第 2 版へと
つながりました。両社がなければ、本書がみなさんに届くことはありませんでした。

編集者のメリッサ・ダッフィールドにも感謝します。私のアイデアを披露する多くの機会を与えてくれました。また、開発編集者のメリッサ・ポッターにも感謝します。第2版を作り磨き上げる手助けをしてくれました。ケイト・ギャロウェイは、本書の重要な点をより明確に表現するのを助けてくれました。とても感謝しています。さらに、Redgate Software のクリス・スミスと、マーク・キルビーには、第2版に対して詳細なフィードバックをくれたことに感謝します。

また、リチーミングのストーリーを共有してくれた前述のみなさんにも感謝します。みなさんのストーリーと私の経験を組み合わせることで、ダイナミックリチーミングの5つのパターンが明らかになり、息が吹き込まれました。

初版の序文を書いてくれたダイアナ・ラーセンから連絡があり、本書でもその序文を再録することになりました。彼女がしてくれたことは今でも私にとって重要な意味を持っています。ジョン・カトラーは友人であり、AppFolio の元同僚です。彼は私の知る限りいちばん思慮深くて創造的な人の1人で、第2版の推薦のことばを書いてくれたことをうれしく思っています。

さかのぼること 2015 年、ジョシュア・ケリエブスキーは、出版社に持ち込む前に本書全体を好きに書いてみるよう言ってくれました。そのおかげで、自分のペースで執筆でき、自分の考えや研究結果を完全な形にすることができました。私は今、その素晴らしいアドバイスを他の執筆希望者に伝えています。

クラウス・シャウザーとジョン・ウォーカーは私のキャリアにおいて重要な意味を持つマネージャーです。彼らは AppFolio の共同創業者でもあります。一緒にソフトウェア開発を学べたことにとても感謝しています。私たちは2つの素晴らしい会社を一緒に作りました。GoToMeeting と GoToWebinar を生み出した Expertcity と、AppFolio です。他の会社にも適用できる確固たる基盤を与えてくれました。本書では、私たちのストーリーや哲学を多数紹介しています。

現在 Procore Technologies の R&D 部門長を務めるサム・クリッグマンは「ペースを落とすな」と言って、業界イベントでダイナミックリチーミングについて話すように勧めてくれました。彼の継続的なサポートのおかげで、ダイナミックリチーミングの概念をより深いレベルで理解することができました。

私の両親はいつでも私をサポートし励ましてくれました。特に父であるアラン・シェザーに感謝します。父は、好きで毎日が楽しみになるような仕事をするようにいつもアドバイスしてくれました。父の影響は本書で見て取れるはずです。

マイケル・フェザーズはダイナミックリチーミングのトピックについて執筆する最初のきっかけを与えてくれました。最初のころの会話で、本書で扱うトピックに名前

をつけてくれたように思います。一緒の人生を過ごせていることにとても感謝しています。

　何よりも、私の子供であるサミュエルとジュリアに感謝したいと思います。私の姿を見て、今後の人生で彼らを奮い立たせるような何らかの職業倫理を身に付けてくれることを願っています。

目 次

推薦のことば ………………………………………………………………… v

ジョン・カトラーによるまえがき ………………………………………… ix

ダイアナ・ラーセンによるまえがき ……………………………………… xi

はじめに ……………………………………………………………………… xv

第I部　ダイナミックリチーミングとは何か？　　　　　1

1章　チームの進化　　　　　3

1.1　パナーキー ……………………………………………………………… 7

2章　チームを理解する　　　　　11

2.1　チームとは何か？ ……………………………………………………… 11

2.2　ダイナミックリチーミング …………………………………………… 12

　　2.2.1　ダイナミックリチーミングはいつでもうまくいくのか？ ……… 15

2.3　チームのソーシャルダイナミクス …………………………………… 16

　　2.3.1　時間とともにチームは変化する ………………………………… 17

3章　チーム配属の威力　　　　　21

3.1　「上の」誰かがチームに押し付ける ………………………………… 22

3.2　マネージャーがチームメンバーを決める …………………………… 23

3.3　チームを変えたい意思を尋ねるアンケート調査を行う …………… 24

| 3.4 | マネージャーがチームへの自発的な参加を促す | .... | 25 |

3.4　マネージャーがチームへの自発的な参加を促す 25

3.5　マネージャーやリーダーが自己選択の機会を用意する 26

　　3.5.1　自己選択で組織再編をした会社の話 26

3.6　チームが戦略を立て独自のチーム構造を形成する 28

　　3.6.1　チームが解決すべき問題としてのリチーミング 29

　　3.6.2　チームメンバーが自主的に配置換えしてマネージャーに伝える ‥ 30

4章　リスクを減らし持続可能性を高める 35

4.1　リチーミングは知識のサイロ化を減らす 35

4.2　リチーミングはキャリアの成長機会を提供し、チームメンバーの離職率
　　を減らす 36

4.3　リチーミングはチーム間の競争を減らし、チームの全体感を醸成する ‥ 37

4.4　リチーミングはチームの硬直化を防ぎ、新しいメンバーを迎えやすくする
　　.. 38

4.5　リチーミングは起こるべくして起こる 38

第 II 部　ダイナミックリチーミングパターン　　　41

5章　ワンバイワンパターン 43

5.1　新しい人を既存のチームに追加するか？ それとも新しいチームを作るか？
　　.. 44

　　5.1.1　チームに種をまく 45

　　5.1.2　組織設計の活動にメンバーを含める 47

　　5.1.3　文化と開発プラクティスを維持する採用 48

　　5.1.4　新しいチームメンバーの参加を計画し、コミュニケーションする
　　　　　.. 51

　　5.1.5　新しい人がオフィスに来るまでに準備しておくこと 52

　　5.1.6　新しい人に注意を払い、影響を与えるようマネージャーに促す ‥ 52

　　5.1.7　新しい人だけでなく、周りにいる人たちもサポートする 54

　　5.1.8　新しい人にメンターを割り当てる 54

　　5.1.9　新しい開発者のオンボーディングにペアプログラミングを使う ‥ 56

　　5.1.10　シャドーイングを推奨する 58

目次 | **xxvii**

　　　5.1.11　新しい人に自身のことを共有してもらう ……………………… 59
　　　5.1.12　ブートキャンプで新しい人がネットワークを作るのを手伝う …… 62
　5.2　人が去ったらチームは新しくなる …………………………………… 66
　　　5.2.1　人を解雇する — メンバーを外してリチーミングする ………… 66
　　　5.2.2　自発的退職 …………………………………………………………… 67
　　　5.2.3　さよならを言う — 退職をアナウンスするか？ ………………… 68
　　　5.2.4　人がチームを去った事実と向き合う …………………………… 69
　　　5.2.5　チームの人たちの進化 …………………………………………… 70
　5.3　ワンバイワンパターンの落とし穴 …………………………………… 72
　　　5.3.1　シニアとジュニアのバランスが取れていないことに気がつく …… 72
　　　5.3.2　メンター疲れ ……………………………………………………… 72
　　　5.3.3　キャリアパスを最初から考えない ……………………………… 73

6章　グロウアンドスプリットパターン ………………………… **75**

　6.1　チームを分割したくなるときのサイン ……………………………… 76
　　　6.1.1　ミーティングが長引いているか？ ……………………………… 76
　　　6.1.2　意思決定がより難しくなっているか？ ………………………… 77
　　　6.1.3　チームの作業の関連性が失われているか？ …………………… 78
　　　6.1.4　分散チームに誰がいるのか忘れているか？ …………………… 78
　6.2　分割することを決めたら、どのように進めていくか ……………… 79
　　　6.2.1　決定にチームを巻き込む ………………………………………… 79
　　　6.2.2　チームを分割する理由を明確にする …………………………… 80
　　　6.2.3　新しいチームのミッションを明確にする ……………………… 80
　　　6.2.4　誰がチームに残るのか決定する ………………………………… 81
　　　6.2.5　新しいチームのための座席配置計画を立てる ………………… 82
　　　6.2.6　チーム名を決める ………………………………………………… 82
　　　6.2.7　チーム配属を他の人に知らせる ………………………………… 83
　　　6.2.8　新しいチームの正式なキックオフをする ……………………… 83
　6.3　グロウアンドスプリットパターンの落とし穴 ……………………… 84
　　　6.3.1　チーム間で人を共有する ………………………………………… 84
　　　6.3.2　分割後のチーム間の依存に対処する …………………………… 84
　　　6.3.3　分割を先延ばしにする …………………………………………… 86
　　　6.3.4　設備部門やIT部門の巻き込みが遅い…………………………… 86

xxviii | 目次

	6.3.5 チーム分割の感情的な課題 ………………………	87
6.4	大規模な分割 …………………………………………	89
	6.4.1 トライブレベルの成長と分割 ……………………	89
6.5	コードのオーナーシップを促進するための成長と分割 ………	92
6.6	「私たちの文化をどのように維持すればよいですか？」と尋ねられること	
	の意味 ………………………………………………………	94

7章 アイソレーションパターン ………………… **99**

7.1	会社が失敗からピボットするためのアイソレーション …………	100
7.2	新プロダクト開発のためのアイソレーション ……………………	102
7.3	会社で新たなイノベーションを起こすためのアイソレーション ………	103
7.4	技術的な緊急事態を解決するためのアイソレーション …………	104
7.5	アイソレーションパターンのスケーリング ……………………	106
7.6	アイソレーションパターンの一般的な推奨事項 ………………	108
	7.6.1 起業家精神を持つ人をチームに招き入れる ………	108
	7.6.2 チームに働き方は自由であることを伝える ………	108
	7.6.3 チームを自分たち専用のスペースに移動する ………	109
	7.6.4 他のチームに邪魔しないように伝える …………	109
	7.6.5 チームを継続するか、他のチームに戻すかを決定する ………	109
7.7	アイソレーションパターンの落とし穴 …………………	109
	7.7.1 エリート主義 ………………………………………	109
	7.7.2 コードのメンテナンスをどうするか？ …………	110
	7.7.3 刺激的な旅もいつかは終わる ……………………	110

8章 マージパターン ………………………… **113**

8.1	チームをマージしてペアプログラミングにバリエーションを持たせる	
	…………………………………………………………………	114
8.2	トライブをマージしてアライアンスを形成する ……………	116
8.3	会社レベルでのマージ …………………………………	119
8.4	チームレベルでのマージパターンの落とし穴 ……………	121
	8.4.1 大きくなった新チームをキャリブレーションしない場合 ………	121
	8.4.2 大きくなった新チームをリセットまたはファシリテーションし	
	ない場合 ………………………………………………	122

目次 | xxix

8.4.3　大きくなったチームでの意思決定方法を決めない場合 ………… 123
8.5　会社レベルでのマージパターンの落とし穴 ……………………………… 125
　　　8.5.1　人員整理を長引かせる ………………………………………………… 125
　　　8.5.2　人員整理を巡る曖昧さ ………………………………………………… 128
　　　8.5.3　大混乱の買収 ……………………………………………………………… 130

9章　スイッチングパターン ………………………………………………… 133

9.1　チーム内でペアを交代する ……………………………………………………… 134
9.2　問題解決のためにペアを丸ごと交代する ………………………………… 136
9.3　知識の共有と機能の支援のためにチームを移動する ……………… 137
9.4　知識を共有するために定期的にスイッチングする ………………… 138
9.5　友情とペアリングのために開発者をローテーションする ………… 141
9.6　個人の成長や学習のためにスイッチングする ………………………… 142
9.7　スイッチングパターンの落とし穴 ………………………………………… 144
　　　9.7.1　優秀なチームメンバーを囲い込みたいという欲求 ………… 144
　　　9.7.2　他のチームにメンバーを「貸し出す」ときが課題となる ……… 145
　　　9.7.3　単独の専門家で構成されたチームはスイッチングが制限される
　　　………………………………………………………………………………………… 146

10章　アンチパターン ……………………………………………………………… 149

10.1　「ハイパフォーマンス」を広げる ………………………………………… 150
10.2　兼任アンチパターン …………………………………………………………… 153
10.3　生産的なチームを標準もしくはベストプラクティス準拠で破壊する …… 155
10.4　ひどいコミュニケーションと抽象化によるリチーミング ……………… 156
10.5　有害なチームメンバーのインパクト ……………………………………… 159
10.6　有害なチームを維持する …………………………………………………… 161

第III部　ダイナミックリチーミングをマスターするための戦術　165

11章　組織をダイナミックリチーミングに適応させる ……………… 167

11.1　ダイナミックリチーミングのエコサイクルにおける自分の現在地を探る
　　　………………………………………………………………………………………… 167

xxx 目次

11.2 リチーミングに関する組織的な制約と促進要因 ················· 169

11.2.1 リチーミングを制約および促進するコラボレーションダイナミ
クス ·· 170

11.2.2 ダイナミックリチーミングに影響を与える変数 ·················· 175

11.3 ダイナミックリチーミングに向けて備えさせる ························ 184

11.3.1 ダイナミックリチーミングを採用プロセスに組み込む··········· 184

11.3.2 コミュニティを育てる ··· 185

11.3.3 チームをまたいで役割を調整する ···································· 189

12章 ダイナミックリチーミングの取り組みを計画する ·············· 193

12.1 ダイナミックリチーミングの FAQ を作る ·························· 195

12.1.1 リチーミングによって解決したい問題は何ですか？·········· 195

12.1.2 どのようにしてチームに人が配属されますか？················ 195

12.1.3 新しいチームへの配属があるのかをどのように知りますか？ ··· 196

12.1.4 特に既存のチームはどのような影響を受けますか？··········· 196

12.1.5 既存の仕事はどのように影響を受けますか？··················· 197

12.1.6 新しいチームはどのような構成ですか？························· 197

12.1.7 リチーミングの前後で組織はどのように変わりますか？········ 197

12.1.8 リチーミングの取り組みで、どのような技術システムや機器の
更新または導入が必要でしょうか？ ································· 198

12.1.9 リチーミングに伴い、どのような座席配置やオフィスの変更が
必要ですか？ ·· 198

12.1.10リチーミングに伴い、どのようなトレーニングや教育が必要で
すか？ ··· 199

12.1.11リチーミングの取り組みに向けたコミュニケーション計画はど
のようなものですか？ ··· 199

12.1.12リチーミングの取り組みのスケジュールはどうなっていますか？
··· 200

12.1.13リチーミングの取り組みへのフィードバック計画はどうなって
いますか？ ··· 201

13章 ダイナミックリチーミングのあと：移行とチームキャリブ
レーション ··· 203

13.1	予期しないダイナミックリチーミングに対処する	204
	13.1.1 トリガーに気づいたら注意を向ける	204
	13.1.2 変化についてリーダーと 1on1 で話す	205
	13.1.3 物理的もしくは精神的に距離を置く	208
	13.1.4 ダイナミックリチーミングを進めるときは共感が必須	209
13.2	移行 ─ ダイナミックリチーミングでのコーチング	209
	13.2.1 終わりについて話す	211
	13.2.2 儀式で終わりを示す	212
	13.2.3 何を受け継ぐか提案する	213
13.3	チームキャリブレーションセッション	214
	13.3.1 歴史のキャリブレーション	215
	13.3.2 人と役割のキャリブレーション	218
	13.3.3 仕事のキャリブレーション	222
	13.3.4 ワークフローのキャリブレーション	225
13.4	チームの規模が 2 倍になったあと	228
	13.4.1 組織の成長を「見える」ようにし、お互いの名前を知る	229
	13.4.2 共通の目的を見つけギルドを形成するのを助ける	230
	13.4.3 歴史の共通理解を助ける	233
	13.4.4 文化の変化について直接話す	233

14章 過去をふりかえり、今後の方向性を決める　235

14.1	チームでのレトロスペクティブ	235
14.2	複数チームでのレトロスペクティブ	237
14.3	取り組みについてのレトロスペクティブ	238
	14.3.1 レトロスペクティブの参考資料	240
14.4	1on1	240
14.5	調査ツール	241
14.6	メトリクス	242

15章 まとめ　247

付録A オープンなダイナミックリチーミングを可能にするホワイトボード　251

xxxii｜目次

A.1　必要な備品と作成物 ……………………………………………………………… 251
A.2　やり方 …………………………………………………………………………………… 252

付録B　チーム選択マーケットプレイス …………………………… 255
B.1　備品と作成物 ………………………………………………………………………… 256
B.2　場所 ……………………………………………………………………………………… 256
B.3　実施方法 ……………………………………………………………………………… 256
B.4　応用 ……………………………………………………………………………………… 260
B.5　リソース ……………………………………………………………………………… 260

付録C　調査テンプレート …………………………………………………… 263

参考文献 ……………………………………………………………………………………… 265
訳者あとがき ……………………………………………………………………………… 273
謝辞 …………………………………………………………………………………………… 275
索引 …………………………………………………………………………………………… 277

コラム目次

意思決定の5本指 ………………………………………………………………………… 124
エコサイクルによる状況把握活動 ………………………………………………… 168
コンテキスト分析の活動 …………………………………………………………… 175
TRIBE ROLE ALIGNMENT の活動 ………………………………………… 190
あなたのインパクトを明らかにする活動 …………………………………… 207
チーム移行の活動 ……………………………………………………………………… 214
私たちのチームのストーリー …………………………………………………… 216
スキルマーケットの活動 …………………………………………………………… 219
ピーク体験の活動 ……………………………………………………………………… 221
ワークアラインメントの活動 …………………………………………………… 223
OWN YOUR WORKFLOW の活動 …………………………………………… 225
リチーミングの調査 …………………………………………………………………… 263

第I部
ダイナミックリチーミングとは何か？

　好むと好まざるとに関わらず、チームは変化します。チームに入る人もいれば、チームを去る人もいます。たった1人が増えても減っても、チームシステムは生まれ変わります[†1]。ときにはそれ以上の変化もあります。同時に何人も入社することもあります。雰囲気が変わったように感じます。会社が困難なときには、たくさんの人が解雇されるかもしれません。そのすべてがダイナミックリチーミングなのです。つまり、チーム変更という大きな概念の一部なのです。私たちは、自らチーム変更を促しますし、そうすることを望みます。またときには、変化が降りかかる場合もあります。チーム変更は自然な出来事だと認識することが本書の重要なポイントです。端的に言えば、チーム変更は不可避なので、うまく対処できるようになるしかないのです。

　チームは進化します。時間が経つにつれて、変革が起こります。さあ、チームの本質について掘り下げていきましょう。

[†1]　この概念についてより詳しく知りたければ、ロッドとフリジョンの著書『Creating Intelligent Teams』[45] を参照してください。

1章
チームの進化

過去にメンバーだったことのあるチームを考えてみてください。チームに参加したとき、チームを離れたときのことを覚えていますか？ 1つのチームに永遠にいることはほとんどありません。私たちのチームの経験には始まりと終わりがあるのです。チームに参加しているあいだ、新たに参加する人もいれば、去っていく人もいます。**図1-1**で示すようなエコサイクルは、チームの進化と時間による変化を考えるのに役立つメタファーです。

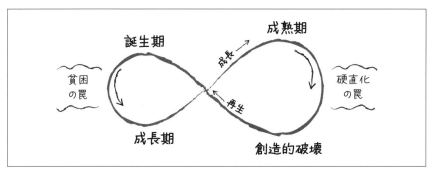

図1-1　適応的なサイクルにもとづいたエコサイクル（by Lance H. Gunderson and C.S. Holling, *Panarchy*; and Keith McCandless, Henri Lipmanowicz, and Fisher Qua, Liberating Structures）

森林学の例からエコサイクルの一般的な考え方を学び、ダイナミックリチーミングとの関連を見ていきましょう。カリフォルニアで私の居住地の近くにあるロス・パドレス国有林では、樫の木のエコサイクルを見ることができます。概要はこうです。木からどんぐりが落ちます。どんぐりが地中に潜ることができたら、根を伸ばし始め

す。誕生期です。次は成長期です。若い樫の木はぐんぐん成長します。若い木が増え
てくると、森は深くなります。木がよく育ち森が深くなると樹冠が形成されます。成
熟期です。成長期にも達することができない木が増えていき、そのような木は枯れて
しまいます。**貧困の罠**に似ています。生き残ることのできない状況です。

　しばらく経つと、成熟した森では、木が弱くなったり成長が遅くなったりします。
硬直化の罠です。固まってしまい、拡張できなくなります。停滞しているようにも見
えます。よく育つのとは逆の状況です。干ばつに見舞われるとその状況はより目立つ
ようになり、とても脆弱で危険なことすらあります。小さな落雷が壊滅的な山火事を
起こし、木々を焼き尽くすこともあります。エコサイクルのなかで、ある種の破壊が
起こる場所です。

　エコサイクルの概念を森林学を超えて適用しようとする研究者は、成熟期のあとの
フェーズのことを**創造的破壊**と呼ぶことがあります。ヨーゼフ・シュンペーターが
1950 年に作った言葉です[1]。このフェーズにあるのは死と破壊です。でも、自然は
賢いのです。大規模な破壊であると同時に、新たな始まりでもあるのです。山火事に
よって種が放出されたりすることで、素晴らしい再生が促されるのです。根を張り生
き残ったものが、新たなエコサイクルを開始します。森と生命を再生し、あらゆる種
類の興味深い事象が起こります。これは、次の大規模な破壊、もしくはカタストロ
フィーが発生するまで続きます。

　このエコサイクルがダイナミックリチーミングとどう関係するのでしょうか？ 私
は、エコサイクルが素晴らしいコンテキストを提供してくれると考えています。これ
からそれを説明しますが、最初に 1 つ注意してほしいことがあります。ダイナミック
リチーミングエコサイクルは、メタファーにすぎないということは忘れないでくださ
い。森のエコサイクルと同じように、すべてのチームや組織に当てはまる筋道という
わけではありません[2]。私は、ダイナミックリチーミングエコサイクルは、意味づけ
のためのツールだと考えています。チームには、規範的で予測可能なやり方を押し付
けるのではなく、進化的なアプローチが必要であることが、このメタファーには含ま
れているのです。

　2007 年に私は AppFolio に 10 番めの従業員として入社しました。私にとっては 2
社めのスタートアップでした。その会社で最初のエンジニアリングチームに参加しま
した。参加した時点では、チームは**図1-2**にあるような誕生期にありました。

---

[1] Gunderson and Holling, *Panarchy*, 34. [24]
[2] Gunderson and Holling, *Panarchy*, 51. [24]

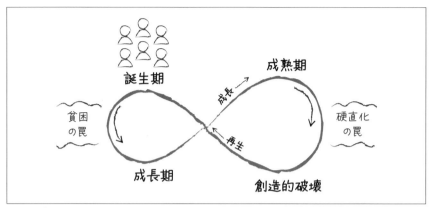

図1-2　新たなチーム

　しばらくするとチームは経験を積み、大きくなります。成長期に入り、成長を続けます。採用は増え続けます。5章で説明する**ワンバイワン**と呼ぶダイナミックリチーミングパターンを使って、チームメンバーが**徐々に追加**されます。**図1-3**に示すような、成熟期に入ったチームと呼んでもよいかもしれません。

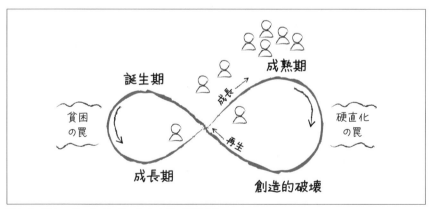

図1-3　新しいチームメンバーを1人ずつ追加する

　時間が経ち、チームメンバーの多くはチームが大きすぎると考えるようになりました。集まって判断を下すのも非常に難しくなりました。ミーティングは終わらなくなります。停滞期に入ったかのようです。何かを変えなければいけません。これが、

図1-4 に示す硬直化の罠です。

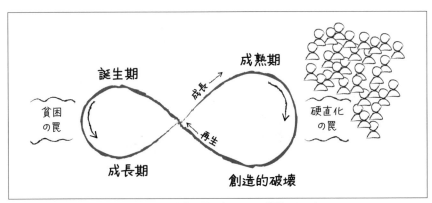

図1-4　大きくなりすぎたチームは、硬直化の罠に陥ったり、停滞したりする

　しばらくすると、さらに困難な状況になり、チーム編成を変える必要があることを理解するようになります。自分たちを破壊する必要があるのです。この時点では、必然的に新しい2つのチームにダイナミックリチーミングすることになります。構造的に分割したあと、メンバーはそれぞれの新しい2つのチームで働き始め、サイクルが継続します（**図1-5**）。それぞれのチームは、それぞれ違う仕事の領域に集中します。ミーティングは一新されます。状況が変わって、新鮮に感じられるようになります。

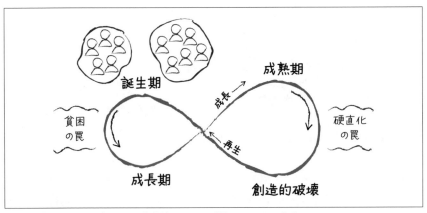

図1-5　大きくなりすぎたチームを分割し、2つの新しいチームにする

すべてのチームが分割できるほど大きくなれたり、成熟期に到達できたりするわけではありません。成功できないチームは、貧困の罠に引っかかっているのかもしれません。チームで化学反応が起きず、メンバーが一体化できていないのかもしれません。その場合、チームは消えるか、あなたが解散させるかもしれません。チームが作っているプロダクトが軌道に乗らなかったからかもしれません。本書の最初に触れた Expertcity のプロダクトは、貧困の罠に囚われていたのだと私は思っています。誰も買ってくれなかったのです！ 私たちは、すぐ横で新しいチームを立ち上げ、そのチームで新しいエコサイクルを始めました。7 章で説明する**アイソレーションパターン**です。ダイナミックリチーミングエコサイクルにおいて、貧困の罠は早期の脱出口に見えるかもしれません。

エコサイクルの本質は、複数のレベルにまたがるものであり、これが**パナーキー**の概念へとつながっています。

1.1　パナーキー

エコサイクルのメタファーを拡張して、コンテキストの複数のレベルに同時に存在できるとします。英語において、**チーム**という単語には、語彙として曖昧さが含まれています。私が**チーム**と言うときは、自分が直接参加している機能横断的なソフトウェア開発チームのことを指しているかもしれません。所属している会社全体をチームと呼んだのかもしれません。中間にある組織、たとえば研究開発組織を自分のチームと呼ぶことも可能です。**チーム**という概念は、複数のレベルにまたがり、多面的に広がるものなのです。

そこで、エコサイクルに関連する概念が思い起こされます。パナーキーと呼ばれるアイデアで、異なるスケールで複数のエコサイクルが存在するように表現されます。グンダーソンとホリングは、2002 年の著書『Panarchy: Understanding Transformations in Human and Natural Systems』で、パナーキーを「システムダイナミクスとスケールのリンク」と呼び、複数の専門領域をまたぐ形で説明しています。彼らの研究の目的は、スケールによらない統合理論を確立し、自然や経済、組織における全体としての変革、適応システムを理解できるようにすることでした。**パナーキー**という名前は、ギリシャ神話のパンに由来します。著者は、**パナーキー**とは「予測不可能な変化のイメージをとらえ（中略）実験を継続し、結果を検証し、適応的な進化を起こさせるという構造をスケールを超えて維持させる概念を示すもの」と

しています[3]。

　パナーキーをダイナミックリチーミングに適用することで、ダイナミックリチーミングエコサイクルにおいては、複数の異なるレベルで、異なる速度やダイナミクスの変化が同時に何回も予測不可能な形で起こることがわかります。ダイナミックリチーミングを考えるとき、私はこのパナーキーの概念を3つのレベルに当てはめています。個人レベル、チームレベル、会社レベルです。中間のレベルやもっと大きなレベルを考えることもできるでしょう。新型コロナウィルス感染症は全世界のレベルで影響を与え、細かなレベルまですべてに影響を与えました。簡潔に集中して考えるために、この概念を3つのレベルに絞って図1-6に示しました。

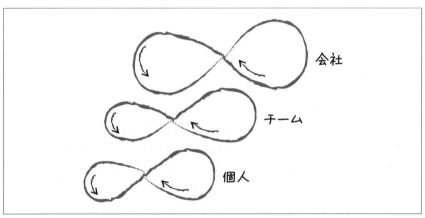

図1-6　ダイナミックリチーミングはパナーキーと同じように複数のレベルで起こる（Gunderson and Holling, *Panarchy*, 2002）

　どんなときでも、個人としての私たちは、自分自身のダイナミックリチーミングエコサイクルを体験することになります。会社に入ったときを考えてみましょう。個人の経験としては、誕生期です。自分の経験のエコサイクルが続きますが、あるところで中断されることになります。他のメンバーがチームに参加し、新たな違う経験をもたらすかもしれません。あなたがチームを変えるかもしれません。仕事が変わるかもしれません。社内での役割を変えるかもしれません。ひょっとすると、退職するかもしれません。あなたが望んだかどうかに関わらず、変化は起こるのです。あなた自身が創造的破壊をもたらすこともありますし、自然に現れることもあります。いろいろ

---

[3]　Gunderson and Holling, *Panarchy*, 5. [24]

な可能性があるのです。

チームレベルでのエコサイクルも経験することになります。チームができたときは誕生期です。だんだん成長して、成長期に変わっていきます。チームに新しい人が追加されても、追加されなくても、時間が経てばチームは成熟したと感じられるようになります。ある時点で、チームは自分で変革期を迎え、ダイナミックリチーミングがさまざまなパターンで起こるかもしれません。チームは生まれ、時間が経つと、生き残ったり、成長したり、変化したり、死んだりするのです。

もっと大きな単位でパナーキーをダイナミックリチーミングに適用すると、会社自体を見ることになります。会社自体もエコサイクルを経ていきます。最初のスタートアップである Expertcity には 8 年いました。15 人だった会社は 700 人ほどの組織に成長しました。私がいたのは、誕生期と、成熟期のある時点まででした。2004 年に Citrix に買収され、破壊の時期を迎えました。組織全体が再構成され、新しい名前と経営層で再開されることになりました。Citrix Online と呼ばれるようになり、少なくともしばらくは、買収された会社の独立部門とされました。理論上は、エコサイクルを最初からやり直すことになったのです。2017 年に、さらに別の会社 LogMeIn に買収され、その名前で認識されるようになりました。これは 8 章で説明する**マージパターン**です。

グンダーソンとホリングによると、エコサイクルで起こる変化のスピードはスケールによって異なります。大きなスケールのエコサイクルでゆっくりした変化が起こっているとき、小さなスケール、たとえばチームレベルでは、より急速な変化が起こっています。つまり、大きなスケールのエコサイクルがゆっくり回るということは、会社レベルの安定化を保つことができれば、それをコンテキストのアンカーとして利用することで、チームレベルではよりダイナミックな変化を起こせるということを示唆しています。著者らは、「つまり階層上の大きくゆっくりとしたコンポーネントは遠い昔の記憶として働き、小さく適応的なサイクルからの回復を助けることになる」と言っています[†4]。会社レベルで共有された経験と目的というストーリーとそれにつながっているという感覚は、ダイナミックなチームを組織につなぎ止める糊となるのです。AppFolio での経験は、それを裏付けるものでした。AppFolio では、ラフティングボートのオールに会社のマイルストーンを刻み、全員でサインするという強い伝統を続けていました。会社の初期、2 つのチームがラフティングに参加したという歴史から続いています。会社レベルで繰り返し行われるイベントはリズムを生み出

---

†4　Gunderson and Holling, *Panarchy*, 20. [24]

します。毎年のシンコ・デ・マヨ[†5]のたびにワカモレ[†6]作りコンテストを開催していました。大きなエンティティの伝統や文化、シンボルが、小さなチームに永続性をもたらすのです。

本書で説明するストーリーは、ソフトウェア業界で多くの人が経験する、個人レベル、チームレベル、会社レベルの変化における複雑さについてのものです。5つのパターンで、変化の構造的、変革的な特性を説明します。ダイナミックリチーミングの本質をまとめると、複数のレベルで、さまざまな理由によって引き起こされる、あるいは自然に起こる無数の変化であり、さまざまなパターンで表現されるものです。しかし、ダイナミックリチーミングのいちばんの難しさは、人間的な要素に関するものです。本書はここを扱います。人間を尊敬し思慮深く扱うことなしに、ダイナミックリチーミングを組織にインストールすることはできません。まずは、チームの基本的な定義を見てから、ダイナミックリチーミングに当てはめてみましょう。

[†5]　訳注：メキシコの祝日。
[†6]　訳注：メキシコ料理で定番のアボカドを使ったディップ。

2章
チームを理解する

　前の章ではチームの性質と、チームが時間の経過とともにどのように変化し、進化するかを説明しました。そこで述べたように、変化は自然に起こることもあれば、人が変化を起こそうとすることもあります。これはダイナミックリチーミングを理解する上で、重要な概念です。

　本章では、**チーム**の定義やそれが一般的な変化の概念とどう関係するかといった基本的な概念を詳しく扱います。また、チームに1人追加する、もしくはチームから1人外すというダイナミックリチーミングの基本的な変形についても議論します。これは「いちばん小さい」リチーミングで、簡単そうに聞こえます。でも、移動する人次第では、破壊的な影響を与えることもあります。

　まずは基本から始めて、それから関連する概念を掘り下げていきましょう。

2.1　チームとは何か？

　チームという単語の定義を読むと、「共通の目的のために相互依存する人たちの集まりで、境界があり安定している」といったことが書かれていることでしょう[1]。では、チーム編成が安定していないとしたらどうでしょうか？ 急成長中のスタートアップのように、とても変わりやすいとしたらどうでしょうか？ それでもチームでしょうか？ 私ならイエスと答えます。変わりやすいチームでもチームです。

　図2-1で示すように、チームの最小単位はペアです。ペアとは、顧客にとって価値があるものを作るために一緒に働く2人と定義できます。

　2人は思考のパートナーです。

---

†1　Wageman et al., "Changing Ecology of Teams," 305. [59]

図2-1　チームの基本単位はペアである

　ペアがどのように一緒に働くかは重要です。ペアプログラミングをしていれば、ペアは「チーム」になるのでしょうか？　共通のゴールに向けて調整しながら、並列で作業を進めていても、チームでしょうか？　私ならどちらもイエスです。チームたらしめるのは、**共通のゴールとアウトカムに対する共同のオーナーシップ**です。両者がアウトカムに責任を持つなら、それはチームです。両者が双方の共同作業の内容に責任を持つなら、それはチームです。

　でも、1台のコンピューターを使ってペアで働くのと、同じゴールに向かって別々に並列で働くのとでは、かなり違うように思われます。ペアプログラミングしているときと、並列で働いているときでは、近接性と協力の概念に違いがあります。このアイデアについては、「11.2.1　リチーミングを制約および促進するコラボレーションダイナミクス」で掘り下げます。

　チームという概念について基本的な定義ができたので、チーム変更やダイナミックリチーミングについて話を進めましょう。

2.2　ダイナミックリチーミング

　ダイナミックリチーミングとは、チームが変化するときのことです。チームから1人外す、もしくはチームに1人追加するという単純なものから、複数のチームからメンバーを引き抜いて、新しいチームを作るという極端なものまでさまざまです。チームの解散もあります。ダイナミックリチーミングは組織において、さまざまな頻度、さまざまなレベルで発生します。**ダイナミックリチーミング**の包括的な定義は以下のとおりです。

ダイナミック
　（プロセスやシステムの）絶え間ない変化、活動、進歩によって特徴づけられる。

リチーミング
　（人を）仕事や活動に応じて、集めたり、分けたりする。

　ダイナミックリチーミングはチームの構造を変形することです。構造の変形は5つの基本的なパターンに従って発生します。これについては本書の第II部で説明します。リチーミングのときは、構造変更にとどまらず、社会的な変化も起こります。
　特に、ダイナミックリチーミングは新しい「チームシステム」や「チームエンティティ」を作り出します。チームに新たに加わった人は、チームに自分の関心や能力を持ち込み、チームに存在する集合知に影響を与えます[†2]。チーム全体に、新たな学習機会やアイデアをもたらします（**図2-2**）。

図2-2　新しい人が加わると、チームに新しいアイデアがもたらされる

　リチーミングはチームが一緒に学習し、以前できなかったことを成し遂げるのに役立ちます。リチーミングが可能性をもたらすのです。SecureDocsの共同創業者でありアーキテクトのコムロン・サッタリは、AppFolioがスタートアップだったときのことをふりかえってこう語っています。「私たちはチームの強みを活かすことができました。同分野の経験が豊富なチームがいたので、プロダクトチームは『そのチームなら経験も豊富だろうから、このプロジェクトを任せよう』と言えたのです。それで、

[†2]　Rød and Fridjhon, *Creating Intelligent Teams*, 13. [45]

私たちは自分たちが得意な仕事に取り組むことができ、新しい人がチームに加わってチームの構成が変わると、チームが突然他のことも得意になり、それに取り組んだのです」。チームが変わると、新しいアイデアや視点がチームにもたらされます。チーム変更には、大きな知的な力があるのです。

コムロンはさらにこう言っています。「チームが停滞していると、能力も停滞します。グローバルエンジニアリングチームに人がいるのは理由があります。特定の物事が得意で、良いチームメンバーだからです。そういう人たちを常に混ぜ合わせるのが重要です」[†3]

これが重要なのは私も同感です。会社を学習コミュニティとして見ると、創造的なリチーミングによって多くの人と協力できます。組織内でリチーミングを意図的に計画する場合、それは新たな学習機会を提供することになるのです。人間は学習しないと飽きてしまいます。このようにして停滞を避けることで、従業員の退職防止にも役立ちます。

他のチームへの内部的な異動や、別の会社への転職といったチームメンバーの離脱は、別の種類のリチーミングを引き起こします。チームメンバーが何らかの理由でいなくなると、チームシステムは縮小し、いなくなった人のキャラクターや個性は物理的にそこからなくなります。その人が厄介者だったり破壊的な人だったりすれば、良いことかもしれません。その場合は、チームはより良い場所になり、前に進む準備が整うことでしょう。一方で、その人がたとえば創業者のように、チームに特別な影響を及ぼす重要なプレイヤーである場合は、大きな喪失感を持つことになるでしょう。そこから回復するには、長い時間がかかります。

どちらの場合でも、その人がまだそこにいるかのように「感じる」ことがあります。その人への思いがまるで幽霊のように残り続けるのです（**図2-3**）。新しい人がチームに加わったときに、その人がいなくなった人と同じようにふるまうのを期待してしまうことがあります。チームを去った人のことが頭から離れないのかもしれません。

チームから人が去るときの感情を認識するという意図的な活動は役に立ちます。これについては、「5.2　人が去ったらチームは新しくなる」を参照してください。

ダイナミックリチーミングは、それがどのように起こるかに関係なく、チームの感情、つまりソーシャルダイナミクスに影響を及ぼします。これは、チームシステムがそれぞれ違うからです。ダイナミックリチーミングは構造的な構成を変えます。多くの場合、チームの構造的な変更と、関係者がそれを受け入れることとのあいだには、

[†3]　コムロン・サッタリ、著者によるインタビュー、2016 年 3 月

図2-3 既存のチームから人が抜けると、チームシステムは変わる。だが、その人に対する思いは幽霊のように残り続ける（Rød and Fridjhon, *Creating Intelligent Teams*, 104-106）

大きなギャップがあります。これはウィリアム・ブリッジスの移行の考え方と関連があり、詳しくは13章で取り上げます。チームを変えたらすぐに全員が「順応」し、チーム変更を乗り越えることを期待してはいけません。多くの場合、構造変更と、新しいチーム構造を受け入れて移行することのあいだにはタイムラグがあります。そのため、新しい構造に慣れるように注意を払い、何らかの活動を試すとよいでしょう。

つまり、ダイナミックリチーミングは簡単ではありません。この概念を聞くと、理論的に素晴らしいと思って興奮し、「すぐに全部のチームを混ぜよう！ **ダイナミックリチーミング**を実行しよう」と言うかもしれません。でも、これはあまりにも短絡的です。実際は、ダイナミックリチーミングはとても大変で、だからこそ時間を割いて学ぶ価値があるのです。何に取り組むのかをよく理解し、自然に起こったときにうまく扱えるように準備しましょう。

2.2.1 ダイナミックリチーミングはいつでもうまくいくのか？

前のめりでチームメンバーを全員混ぜてリチーミングしようとすれば、パニックや恐怖、混乱を引き起こします。ダイナミックリチーミングがいつも最善の結果を生み出すとは限りません。人間を扱っているということを忘れてはいけないのです。人間にはそれぞれ好みがあり、性格も違います。あたかもチェスの駒のように抽象化されて動かされるのを私たちは好みません。私たちの考えや意見は重要です。では、チー

ムを変えたくないと思う人がいる場合には、どうすればよいでしょうか？ 今のチーム
から多くのことを学習していると感じている人がいる場合には、どうすればよいで
しょうか？ チームのなかには、変えずに維持したほうがよいチームもあるでしょう。
チームをそのままにしておくときについてのアイデアは、10 章のアンチパターンを
参照してください。

リチーミングをうまく行うには人に対する注意と尊敬が欠かせません。リチーミン
グには万能の「インストール方法」などありません。ダイナミックリチーミングを進
めるのには困難が伴い、細心の注意が必要です。本書では、私が考える成功のための
最善の戦術を伝えるとともに、避けるべき落とし穴を示します。ダイナミックリチー
ミングの成否は、「11.2.2　ダイナミックリチーミングに影響を与える変数」で説明
するようなさまざまな変数の影響を受けます。また、成功はチームの化学反応、つま
りチームとして集められた人たちの個性が混ざることで作られたソーシャルダイナミ
クスにも関係します。次はそれを見ていきましょう。

2.3　チームのソーシャルダイナミクス

人は恋愛関係において**化学反応**の有無を話題にします。**ソウルメイト**という単語が
頭に浮かぶかもしれません。特定の人たちが一緒にいると、そこに神秘的で魔法のよ
うなものがあるように感じますが、チームにもこのような要素があります。

チームのソーシャルダイナミクスは、「あのチームはどのような感じか？」とか「あ
のチームの性格は？」といった質問に答えるものです。AppFolio の共同創業者兼
CTO のジョン・ウォーカーは、自身の経験を踏まえて、よく機能しているチームと
あまり機能していないチームがどのように感じられるかについて述べています。彼は
よく機能しているチームについて「チームが本当にうまくいっているときは、熱意と
興奮が感じられます。自分たちがしていることに本当にワクワクしています。私の部
屋の外にチームが 1 つありましたが、正直なところ、いつも騒がしくて、何かのお祝
いをしたり、お互いが話したりしていました。でもそれを感じることができるし、明
らかに違うことがわかります」と述べています。

あまり機能していないチームについては、「エネルギーが少なく感じられます。ミー
ティングをしていると、ああ、これを終わらせなきゃという感じです。新しいことを
するためにこれをしたらどうか、あれをしたらどうか？と学習するのにワクワクして

いる感じではありません」と述べています[†4]。

MIT のヒューマンダイナミクスラボラトリーでチームのコミュニケーションパターンを研究しているアレックス・サンディ・ペントランドとラボのスタッフも、この現象に気づきました。ハーバード・ビジネス・レビューの記事で彼は、「私たちはチームメンバーが何を話しているのかを理解しなくても、チームの活気を感じ取れることに気づきました。このことは、ハイパフォーマンスのカギとなるのはチームの議論の中身ではなく、コミュニケーションの方法にあることを示唆しています[†5]」と述べています。このような種類の化学反応には、ほとんど説明がつかないようなものもあります。

サンディエゴにある AppFolio でエンジニアリングディレクターを務めるデイモン・ヴァレンツォーナはチームをバンドにたとえてこう言っています。「ブレインストーミングをしているときに、魔法でも存在するかのように感じることがあります。たとえばドラマーが演奏を始めると、みんなが『おお、いいねいいね』と言いながら、ギターやベースが加わっていくジャムセッションのような感じです。みんなそれぞれ違うことをしているものの、全員が特別なソースを加えながら一緒に何かを作り上げているような感覚になるのです」

デイモンの言葉で言うところのジャムの反対は、「コマンドアンドコントロールのチームで、チームにはプロジェクトリーダーがいて、他のメンバーはプロジェクトリーダーに従って首を縦に振って、ただ実際の作業をするだけ」という状態です[†6]。

視覚的な手がかりやエネルギーを読み取ることでチームの雰囲気を把握できるようになるのは、ここで述べたほど簡単ではありません。ですが、この重要性を軽視するものでもありません。一見するとメンバーが退屈そうにしているようでも、物静かで慎重なチームがとても高い熱量で取り組んでいることもありえます。もしくは、騒がしくて陽気なチームなので、継続的に価値を届けていると思ったら、メンバーはほとんどの時間でふざけていて、大したものを生み出していないかもしれません。でも、すべての物事が永続するわけではありません。

2.3.1 時間とともにチームは変化する

ある時点ではチームが成功していても、その後衰退することもあります。私たちを取り巻く環境は変化します。私たちが取り組むことも変化します。いずれにせよ、

[†4] ジョン・ウォーカー、著者によるインタビュー、2016 年 2 月
[†5] Pentland, "New Science," 1. [42]
[†6] デイモン・ヴァレンツォーナ、著者によるインタビュー、2016 年 10 月

チームの雰囲気やダイナミクスが永遠に同じであることはありません。チーム変更は1章で説明したように自然に起こります。時間とともに「なぜ以前のようにチームが効果的でないのだろうか？」と思うかもしれません。もしくは、急激な成長や他社による買収などでチームを取り巻く状況が変わり、チームの人たちがその変化に気づき、以前から知っている自分たちの会社に何が起こったのかと不安を持つかもしれません。これは、「大きな違いを感じた」からです。このトピックの詳細は、「6.6 『私たちの文化をどのように維持すればよいですか？』と尋ねられることの意味」を参照してください。

　また、生産性が下がっているとか停滞していると感じるときは、新鮮な気持ちになって活力を取り戻すために意図的にチームを変えようとすることもあるでしょう。大きな効果を求めて意図的にチームを再編しようとすることもあるでしょう。でも、これらは簡単ではありません。リチーミングはとても難しく、大きなリスクが伴います。

　私は、チームが自分たちで構成を考えて、大きな効果を出すにはどう変えればよいかを決めるように勧めています。構造をどう変えれば、チームがもっと効果的になるでしょうか？　このような質問をすることで、チームは1つのエンティティとして自己認識を高めることができるようになります。そして、権力者の合意が得られれば、問題を解決するために**チームメンバー自身**がチーム編成を変更する力を手に入れることもできます。これこそが概念としての自己組織化チームの本質ではないかと思います。この概念は、アジャイルや組織開発の分野で広がっている安定したチームという定説では簡単に教えられません。チームに自己組織化をまかせるには、幹部に少し考え方を変えてもらわなければいけません。苦しくてもそれを進める価値はありますし、実現できます。コーチングも可能です。

　別の人たちを組み合わせれば、別のチームの化学反応が生まれます。運がよければ、適切なチームメンバーを集めることもできます。そうして、チームが素晴らしい価値を素晴らしいリズムで顧客に届けているなら、ぜひチームをそのままにしておきましょう。ですが、チームが何か月もパニック状態で、共同作業がうまくいっていないようなら、何かを変える必要があるかもしれません。

　ダイナミックリチーミングの大前提は、今いるところから始めることです。チームの構造を見える化しましょう。観察して、チームのことを知るようにしましょう。定期的にふりかえって、チームを調整することに合意しましょう。実験し、学習しましょう。それを踏まえて、チーム編成を調整します。チームを変えるツールとしてのレトロスペクティブについては、14章を参照してください。

ここまでチームの基本的な定義を見てきましたが、ダイナミックリチーミングが本質的にはチームの構造変更に関するものであることがわかりました。では、そもそもどのようにして人がチームに参加し、チームから離れるのでしょうか？ チームへの配属と変更を取り巻く権力のダイナミクスについて次の章で見ていきましょう。

3章
チーム配属の威力

　チームへの配属や変更には、いろいろなやり方があります。チームメンバーに自由に決めさせている会社もありますが、マネジメント主導で決定しているほうが多いかもしれません。状況や文脈によるのです。人間主義的なチーム配属では、人をチームに入れるときは個人の興味や学習ニーズを考慮します。これは、本人の意向を聞かずにチームから引き剥がして意に沿わない環境に送り込む方法とは正反対です。チームを変えるときに意見を言えることもあれば、言えないこともあります。チーム配属はそもそも権力の概念を含むもので、「上から」の強いコマンドアンドコントロールによる意思決定から、ボトムアップによるチームメンバーの自己組織的な意思決定まで、その形態はさまざまです。私はこれをスペクトルとしてとらえており、**図3-1**のように図示できます。

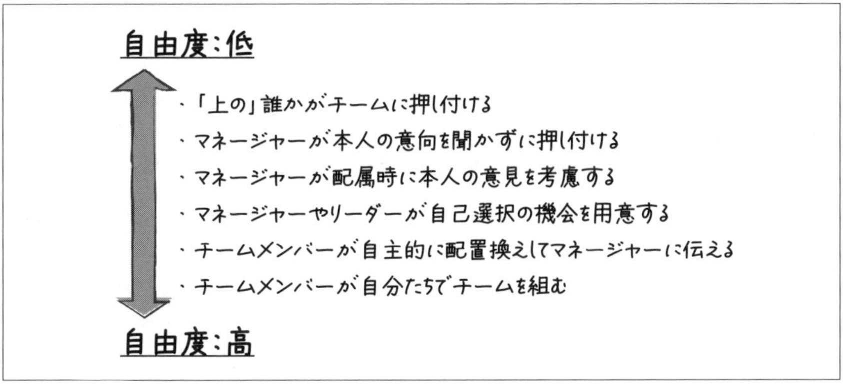

自由度：低

- 「上の」誰かがチームに押し付ける
- マネージャーが本人の意向を聞かずに押し付ける
- マネージャーが配属時に本人の意見を考慮する
- マネージャーやリーダーが自己選択の機会を用意する
- チームメンバーが自主的に配置換えしてマネージャーに伝える
- チームメンバーが自分たちでチームを組む

自由度：高

図3-1　チーム配属とチーム変更のスペクトル

図3-1を上から順に見ていきましょう。知らない人たちの意思決定によってチームに入れられたりチームから外されたりすると、どこか他人事のように感じます。こういったことは、会社買収の過程でよく起こります。私は買収される側とする側のどちらの会社にもいたことがありますが、チームが吸収されたりコードのオーナーシップが別の場所に移されたりするのを目撃してきました。双方の会社が「シナジーを探る」過程で、配置転換されるマネージャーや職を失う人も見てきました。こういった時期に意思決定から遠い場所にいると、自分が歯車の1つでしかないように感じることでしょう。こうして他人事となるのです。「誰か」が変更を起こすべく意思決定しています。あなたのコントロールが及ぶところにはありません。これが、**自由度が低い**という意味です。

　チーム配属とチーム変更のスペクトルの下にいくほど、自分たちがチームの行く末を決める力は強くなります。マネージャーは部下との関係を深め、熟考の上でチームに配属できます。部下の学習と成長を後押しし、チームや仕事の選択により多くの裁量を与えることができます。自由度のスペクトルの最下段では、それぞれが自らの責任でチーム変更とチーム編成を行います。好きにチームを作るだけです。引き留める人は誰もおらず、そこには自由と安全性があるだろうと想像できます。チーム配属の駆け引きについて、自由度が低いところから高いところまで、より詳しく見てみましょう。

3.1　「上の」誰かがチームに押し付ける

　コンサルタントとして客先で働いていたとき、その会社が競合他社に買収されたことがあります。告げられたのは、全社的に 5% の人員削減があるということでした。誰が解雇されるのかわからないまま、エンジニア部門のミーティングが開催されるまでに数週間待たされました。どのように意思決定がなされ、どのように情報が伝達されるのか、非常に不透明でした。一般のインディビジュアルコントリビューター[†1]にはその情報は知らされませんでした。自分の運命を決めるミーティングへの招待メールが届くのをただ不安な気持ちで待ち続けていたのです。

　ある時点で、サンフランシスコオフィスを閉鎖する決定がなされました。チームの一部はそこにいました。メンバーのうち 2 人は解雇され、引き継ぎと次の職探しのた

---

†1　訳注：インディビジュアルコントリビューター（IC）は、人に関するマネジメントを行わず、自身の専門知識やスキルを発揮することが期待される役割のこと。

めに1か月の猶予が与えられました。なぜ他の人ではなく彼らだったのか？ はっきりしたことは誰もわからず、誰も口にしませんでした。大っぴらに話題にする人は誰もいません……。これが他人事のようなリチーミングです。

サンフランシスコオフィスはかつては活気がありました。みんな楽しそうで、45人ほどの小さなオフィスにはコミュニティのような雰囲気がありました。この事件があり解雇の時期にオフィスを訪ねると、がらんとした部屋に5人が残っているだけでした。暗くて重苦しい雰囲気が漂っていました。残された人たちは結局、公共交通機関へのアクセスが良く飲食店も充実している市内の別の場所にオフィスを移すことになりました。それがせめてもの慰めでした。個人的には、残された人たちにとっても場所を変えるのがいちばん良かったことだと思います。

間違いなく、人員整理はコミュニティを破壊します。経営上の理由があることはわかりますが、人間的な面では非常にやりきれないものなのです。人員整理の経験が初めてであればなおさら、そこから立ち直るには時間がかかります。これは移行の概念につながっています。チーム編成に構造変更があっても、人間がそれを受け止めて受け入れるには時間がかかり、タイムラグが発生します。人によって順応する時間は違います。このような予期せぬダイナミックリチーミングの扱い方や、そこから前に進む方法については、13章を参照してください。

3.2　マネージャーがチームメンバーを決める

AppFolioでのチーム編成とリチーミングの例では、マネージャーが1on1をもとに部下のニーズや興味を知り、基礎的なことを学ぶにあたって最適なメンターを持てるように、チームを作っていました。

AppFolioのチーフサイエンティストであるアンドリュー・ムッツとリチーミングについて話をする機会があり、いくつかの事例を教えてもらいました。同社は非常にしっかりとした学習重視のアプローチをとっています。マネージャーは、エンジニアがどのような仕事にワクワクするのか、フィーチャーチームをまたいでどのようなメンターとペアになりたいのかを知ります。アンドリューによると、これが「フィットオペレーション[2]」なのだそうです。新入社員には全員メンターがつき、その時点での仕事のスピードや環境に全体的に適応できるように支援します。そして情報の共有と本人が早く一人前になることを目的として、ペアになってプログラミングするとい

---

[2]　アンドリュー・ムッツ、著者によるインタビュー、2016年4月

う戦略をとっています。

　一貫して、マネージャーとエンジニアは、エンジニアが何をしていて何に情熱を持っているかについて対話を続けています。時間が経つにつれて、エンジニアが同じチームに残るべきか他に移るべきかの判断材料として、その会話が役立つのです。このやり方は非常に満足感重視です。人は成長し、時間と共に変化することを認めているのです。毎日エンジニアがワクワクして出社し、自分の仕事に情熱を持ち、同じチームで塩漬けになることなく学習と成長の機会を持てるようにするためなのです。

3.3　チームを変えたい意思を尋ねるアンケート調査を行う

　チームメンバーにアンケートを実施し、仕事にもっと当事者意識を持つためにチーム変更が必要か尋ねるのも1つの手です。レイチェル・デイヴィスによると、たとえばロンドンの Unruly では過去4年間、チーム替えをしたい意思がどのくらいあるか、またその時期について、チームメンバーが電子アンケートで回答する機会があったとのことでした。Unruly はおよそ3か月に一度アンケートを配り、最終的なチーム替えの判断はマネージャーやチームリーダーに任されていたそうです。

　Unruly のアンケート調査のアイデアが生まれたのは、最初のチームが2つに分割され、1年も経たずしてさらにそのうち1つが2チームに分割されたことがきっかけでした。最初のチームの分割は、同社の主力プロダクトを維持しながら、まったく新しい分析関連プロダクトを開発するために行われました。次の分割は主力プロダクトチームで、既存プロダクト群の拡張が可能になりました。チームが分割され小さくなるたびに、スタンドアップミーティングの時間は短くなり生産性の向上を感じられるなど、双方のチームにとって業務体験が改善することがわかったのです[3]。

　このチーム分割の経験から、同社のチームリーダーたちは、知見を共有しレジリエンスの高いチームを作るために定期的なリチーミングを奨励することにしました。この方法だと、開発者はこれまで知らなかったシステム領域を知り、いろいろなプロダクトを開発する経験ができます。当時は3チームあり、レイチェルの言葉を借りれば「働きながらチームを一巡する」[4]ことが可能でした。実際に何人かのメンバーがそうしたそうです。

---

[3]　スタンドアップミーティングは、毎日15分間のチームのためのミーティング
[4]　レイチェル・デイヴィス、著者によるインタビュー、2016年12月

開発者が他の言語でコードを書いてみたいとかプロダクトの新機能を開発したいと思ったときは、コーチやチームリーダーと会話したりチームローテーションのアンケートに答えたりすることで、チームを変えたいと要求できました。チームが人を引き寄せるのは、技術や文化の両面でした。主張が強く会話を支配する声の大きな人がいるような、やりとりの活発なチームが苦手で避ける人もいたそうです。

アンケートがあることで、マネージャーが誰かを永遠にチームに塩漬けにすることはなくなりました。レイチェルによると、「Java 開発者として入社したのにJavaScript のチームに配属されてしまう人もいれば、そこから離れていく人たちもいました。フロントエンドの仕事はしたくない、書き慣れた Java のコードが書きたいんだという人もいました」とのことでした。職場で成長し学習する機会を提供するのは良いことです。チームを変える機会を与えることで、長く働いてもらえる可能性が高まります。

チーム替えをしたいかどうかアンケートを実施する以外にも、機会を告知してメンバーの出方を見る方法もあります。Spotify のクリスチャン・リンドウォールたちがチームをまたいだリチーミングに挑戦するときにとったのがこの方法です。次節で説明します。

3.4　マネージャーがチームへの自発的な参加を促す

サンフランシスコの Spotify でエンジニアリングサイトリードをしているクリスチャン・リンドウォールが、いくつかのチームができた経緯を教えてくれました。同社にはプラットフォームごとに別のチームがあり、iOS や Android などクライアントごとに特化した開発を行っていました。同社では、複数のスクワッドからなるグループをトライブと呼んでいます（https://labs.spotify.com/2014/03/27/spotify-engineering-culture-part-1）。アプリケーションの開発生産性を扱うトライブで、すべてのプラットフォームに関係する複数のパフォーマンス問題が発生しました。

クライアントチームではこの問題の解決は優先事項ではなかったので、プラットフォーム横断のパフォーマンス問題を改善するミッションを持つ新しいチームが作られました。プロダクトオーナーを含むこのグループのメンバーは、初期のミッションがどうあるべきかを具体化しました。それから、電子メールやチャットなどの既存の社内チャンネルを使い、新しいミッションを背負うチームの立ち上げ準備ができたこと、そしてこの課題の解決に興味を持つチームメンバーを募集していることを告知しました。興味がある人なら誰でも自発的に申し出て、今のチームを離れて新しいチー

ムに参加できるようにしました[5]。

　アンケート調査をしたり自発的な参加者を募集したりする以外にも、新しいチームに人を集めるための仕組みとして、イベントを開催する会社もあります。これを「自己選択イベント」と呼ぶこともあります。詳しく見ていきましょう。

3.5　マネージャーやリーダーが自己選択の機会を用意する

　『Creating Great Teams: How Self-Selection Lets People Excel』の共著者であるサンディ・マモリは、チームの編成と再形成の方法をいくつか教えてくれました。マネージャーがランダムに人を集める方法や、マネージャーが興味やニーズ、人間関係を考慮せず、スキルにもとづいてチームを作るような方法もあります。本章で触れたアンドリューの話と同じように、部下の興味やニーズを理解するために協力する方法も経験してきました。彼女の考えでは、マネージャー主体で編成したリチーミングはスケールが大きくなると崩壊するそうです。

　彼女の本には「マネージャーは直属の部下のスキルや人柄を理解しているつもりかもしれないが、関係性は指数関数的に増えるので、人間関係の複雑さを理解することはますます難しくなる。経験上、10人程度が限界だ」[6]と書いてあります。150人でそれをしなければいけないことを想像してください！ とりわけ、彼女たちが何か別の方法を試す必要にかられたのは、そんな状況でした。自分がどのチームに配属されるか考えてもらう方法で、彼女はそれを「自己選択」と呼んでいます。以下で詳しく説明します。

3.5.1　自己選択で組織再編をした会社の話

　150人の例を出します。サンディはニュージーランド最大のEコマースプロバイダーかつオンラインオークションマーケットプレイスであるTrade Meに所属していました。2013年の時点では、社内にはチームベースの構造がありませんでした。彼女曰く「人員配置はプロジェクト単位でされていました。しかしあるグループだけは、4チームからなるトライブでしたが、安定していて、非常に良い成果を出しており、メンバーも楽しく働いていました。社内の他のチームからは、それはそれは羨ま

---

[5]　クリスチャン・リンドウォール、著者によるインタビュー、2016年9月
[6]　Mamoli and Mole, *Creating Great Teams*, 5. [35]

しがられていました」とのことでした。そこで彼女たちは、組織再編によってそのような形への移行を実現させようと話し合いました。まず初めにマネージャーたちを1室に集め、過去にマネージャーが行ったような「リソース配分」を試みました。サンディはこう話しました。「信じられないほど多くの時間を無駄にしました。そこで、結局なぜこの話をしてるんだっけ? という話になりました。私たちは影響を受ける当事者ではありません。誰が何をしたいかも、誰が誰とうまくやれるのかもわかっていません。だったら、実際にそれがわかっている人に聞けばよいのではないか、ということになって……そうしたのです」[†7]

どのようにチームを自ら選んでもらうかについて、興奮と同時に心配や気掛かりもありました。こんな疑問が持ち上がりました。「校庭で誰からも選ばれなくて残ってしまった、みたいなことが起きたらどうすればよいだろうか? みんなが自分でできなかったら? 誰も特にどこかの領域で働きたいという希望がなかったら?」。サンディは、共著者でもありNomad8での同僚でもあるデビッド・モールと一緒にこの問題に取りかかりました。そして、自己選択のイベントを開くことを決めました。これは、今なおNomad8のコンサルティング業務で使われている、似たような多くのイベントの萌芽となるものでした。

何度も考えては計画を練り直し、包括的な進行計画を作り、失うものは何もないと判断しました。自己選択のイベントが失敗したとしても、少なくとも以前よりは多くの情報が手に入るし、それをマネージャーによるチーム選択に還元できると考えたのです。しかし「たられば」も考えました。もしみんながリスクに挑戦したら? 素晴らしいことになるのでは? 150人全員が自分のチームを自ら選べるとしたら、それは素晴らしいことになるはずです。結局本に書いてあるとおりですが、チームの自己選択というアイデアは、ダニエル・H・ピンクの『Drive』(邦訳『モチベーション3.0』)や経営コンサルタントのマーガレット・J・ウィートリーの研究と一致していました[†8]。さらにTrade Meでは、24時間のハックデーの一環として、80人規模の自己選択チームを体験済みでした。これが、さらに規模の大きい自己選択イベントのテストケースになりました。これらのことから、実行を決めたのです!

150人規模でイベントを開催する場合は、かなりしっかり事前準備しなければいけません。確かな計画が必要なのです。ざっくり言うと、サンディとデビッドは「マーケットプレイスのトップセラーの体験を改善しよう」とか「法務チームの仕事をもっ

---

†7 サンディ・マモリ、著者によるインタビュー、2016年10月
†8 Mamoli and Mole, *Creating Great Teams*, 7. [35]

と楽にしよう」といった外向けの目的やミッションを大きく書いたポスターを壁一面に貼った場所でイベントを行いました。目的やミッションに焦点を当てることは、サンディによると「ドメイン知識を得られるし、自分が作っているものを好きになれるから、単なるプロジェクトよりも長続きする」と考えられます[9]。会場に到着した人たちは、自己選択のために使う自分の写真を渡されました。イベントの進め方について概要を説明してから、プロダクトオーナーたちが自分の仕事を説明しました。参加者はイテレーションを繰り返しながら、どのチームを選ぶか考え、その目的を果たすにはどのような役割が必要とされているかを考えました。たとえば、エンジニア、UX デザイナーとか、QA エンジニアなどです。サンディとイベント運営者はチームの大きさに制約を設け、各スクワッドのメンバーが 7 名以下になるようにしました。

Trade Me のこのチームは、およそ半年ごとに自己選択によるリチーミングイベントを開催しました。その時点で、既存のチームからは名前が消え、また次の半年に向けてどの仕事に集中すべきか決める機会を手に入れました。今と同じミッションでも違うものでも、自由に選べました。サンディの言葉を借りれば「チームを常に新鮮に保つには良い方法だ」[10]とのことです。ミッションのなかにはすでに完了しているものも、まだ途中のものもありました。自分に合いそうだなと思えば、自由に移動できました。

もっと直接的にメンバーにリチーミングの権限を与えている会社もあります。部門全体というわけではなく、チームレベルでの話です。次節で見ていきましょう。

3.6　チームが戦略を立て独自のチーム構造を形成する

自由度のスペクトルのなかでもいちばん自由寄りとなるのは、チームがもっと効果的になるためにどうチームの形を変えられるかをチームに考えさせる会社です。次の 2 つの事例が示すとおり、そこには高度な信頼があり、関係するプロフェッショナルに対するリスペクトがあります。まず、Fitbit のエレインとそのチームが、開かれた対話を経てリチーミングした方法について事例を示します。次に、Hunter Industries の事例を示します。そこでは、業務を担当するエンジニアの自由裁量によるチーム間移動が許されています。

---

[9]　サンディ・マモリ、著者によるインタビュー、2016 年 10 月
[10]　サンディ・マモリ、著者によるインタビュー、2016 年 10 月

3.6.1 チームが解決すべき問題としてのリチーミング

2016 年、Fitbit のエレイン・ブロックとデバイス・コーナーストーンのチームは、複数の並行プロジェクトに参加できる人をおよそ 10 人から 50 人にスケールアウトする方法をメンバー参加で決めさせることに成功しました。エレインによると、同社はユーザーの生活に馴染むプロダクトと体験を設計することで、ユーザーが健康とフィットネスの目標を達成できるようにしているそうです。エレインに話を聞くと、2015 年当時、元のチームは 9〜12 人程度で、機能横断型のフルスタックエンジニアが、iOS、Android、Web クライアントといった複数のプラットフォームと連携する組み込みデバイスの開発に従事しているとのことでした。ウェアラブルデバイスへの需要が高まるにつれ、リーダーシップ委員会は組織再編をして、消費者の需要に応えてデバイス出荷の頻度を上げる方法を見つけなければいけませんでした。

エレインはこう言います。まず初めに「どうすればリチーミングできるか多くの検討を重ね、エンジニアたちに意見を聞きアイデアをもらいました。私自身とスクラムマスター、プロダクトオーナー、テックリード、エンジニアリングマネージャー、QA リードとマネージャーを入れてリーダーシップ委員会を作り、前に進めるために意味のあることは何か、ひたすら徹底的に話し合いを重ねました」[11]。委員会が、エレインが言うところの「先遣隊」チームを別に作って、Fitbit デバイスのための未来のアーキテクチャーの構想を作らせたいことは、当初から明らかでした。数か月後、この先遣隊チームはなんとかいけそうな計画を持ってきましたが、既存のチームはさらに大きくなっていました。それに伴い、委員会は新しい構造を考える必要が出てきました。

この新しい構造を考え出すことは、解決すべきパズルのようでした。エレインのリーダーシップ委員会は、この課題をチームに直接持ち込みました。エレインは「チームメンバー自身の話を聞きたかったのです。開発者全員、デザイナー、QA の人たち全員、つまりものづくりに関わるそれぞれの人からです」と教えてくれました。みんなが満足できる新しいチーム構造を実現するために、エレインは「リチーミングエクササイズ」と呼ばれるワークショップを進行しました。

そのやり方はこうです。大きな部屋に数時間チームメンバー全員を集めます。リチーミングエクササイズのあいだ、エレインはチームメンバー全員に、各個人とそのチームが所有するものをすべてホワイトボードに書き出させました。そして「自分た

---

[11] エレイン・ブロック、著者によるインタビュー、2017 年 7 月

ちが担当し責任を持っているコードが何をしているのかを書き出しましょう」と言いました。モバイルとクライアントチームは1つのホワイトボードで作業し、バックエンドチームは別のホワイトボードで作業しました。

すべての作業が終わり、担当がわかったところで、エレインはこのような質問を投げかけます。「このグループ分けから、私たちがどのようにグループ分けすべきかについて、何かわかることはありますか？　最適なチームの大きさはどのくらいで、それはどのような姿でしょうか？　現在のチームの姿は、今まさに取り組んでいることを踏まえると、どうでしょうか？　そして3か月後、半年後、9か月後、1年後のチームの姿はどうなっているでしょうか？　プロダクトロードマップに予定されていることを踏まえると、どのようになっているでしょうか？」

この方法で、エレインはリチーミングのパズルを現在のチームのすべてのメンバーに突きつけました。これは自分たちで共に解決すべき問題だったのです。結果的に、自分たちで見つけて広げた自然発生する仕事の領域に対してオーナーシップを持つ、つながりのある小さな「ポッド」がいちばん理にかなっているのではないかという結論になりました。そしてできる限り、「ポッド」にはリーダーがいて、今後の取り組みにおけるアーキテクチャー設計や実装方式の決定について調整するとよいとのことでした。「ポッド」チームごとにミッションステートメントも作られました。このインタビューが行われた時点で、このときのチームは半年以上存続しており、今でも引き続き発展しています。

このやり方で私が気に入ったのは、エレインたちが、将来に向けた再構築の課題をそのチームの仕事をよく知る人たちに持ち込んだことです。このようなリチーミングの方法には、たくさんのリスペクトが込められています。こういったリスペクトは次で触れる Hunter Industries の事例にも見られます。そこでは、チームメンバーの意見を取り入れながら、メンバーが自主的にリチーミングを始められるのです。

3.6.2　チームメンバーが自主的に配置換えしてマネージャーに伝える

Hunter Industries はカリフォルニア州カールスバッドにあるスプリンクラー製造会社で、モブプログラミングを実践しています。これは1台のコンピューターを使って複数の人たちがプログラミングを行うというものです。モブプログラミングは、ソフトウェア業界でのムーブメントで、実際には Hunter Industries でウッディ・ズイルと彼のチームによって始まりました。2016年の夏にソフトウェア開発ディレクターのクリス・ルシアンにインタビューしたとき、同社は成長期にあり、8か月間で

毎月2人程度を採用していました。彼は、さまざまなモブ（すなわち複数人のグループ）がオフィスに集まってコードを書くことの柔軟性について教えてくれました。それぞれが大型ディスプレイ、キャスター付きの椅子、共有のコンピューターとキーボードを完備しているそうです。

　Hunter Industries は、「誰でも好きなところで働ける。そのうち、場合によっては他よりもはるかに興味深い仕事があることに気づく。ということは、少なくとも特定のプロジェクトには最小限の人数の確保が必要だ」と考えました。そうして、プロジェクトごとに必要な人数を決めることにしたのだと続けました。たとえば「このプロジェクトに8人、このプロジェクトに8人、このプロジェクトに5人というように本質的に決めて、そうすればそこでモブが作れるから……」という具合です。

　それが始まると、みんなモブからモブへ開かれた流動的な方法で移動できるようになりました。各チームで何が起きていたかについてレトロスペクティブをすると、同社は「少し速すぎる。メンバー間で情報が保持されていない」ことに気づきました。どこかを変える必要がありました。そこから、クリスが「交渉ベースの再形成」と呼ぶものが始まりました。クリスの説明によると、このようなものです。

> 他のチームに行ってみたいなと思ったら、そのチームのなかから誰か自分と替わってくれる人を見つけて、替わるだけです。（中略）替わるのは3か月ごとでも、もっと長くても、もっと頻繁でもよいのです。チーム間で人の交換がうまくいっている限りは、他の人にとって速すぎることはありません。なぜなら、サポートとグループの知識、つまり人が入れ替わっても集団記憶があるというのがモブプログラミングの性質だからです[†12]。

　このチームの組み方の転換は、レトロスペクティブがきっかけであることに注目してください。チーム中心の変更についての重要なポイントです。これは14章で扱います。

　さらに、他のチームメンバーと交渉してチームを切り替えることは、Hunter Industries ではかなり定期的に行われています。ただし、本当に人によります。クリスによると、「3か月ごとに切り替えたい人もいれば、同じプロジェクトに長くとどまりたい人もいます。そしてもうひとつ、チームを替えたくないというフィードバックをくれる人もいますが、否応なしに新しい人がチームに出入りすれば本質的に新し

---

†12　クリス・ルシアン、著者によるインタビュー、2016年8月

いチームになります。つまり、取り組む技術やビジネスロジックの中身は変わらなくても、そのチームは別物になる」[13]ということです。1章で見たように、ダイナミックリチーミングの性質は、本当に避けようがないのです。あなたの身にも起きるでしょう。単にあなたのチーム変更を引き起こすだけではありません。

しかし、Hunter Industries で自分のチーム変更を引き起こしたい場合、支援を受けることが可能です。フルスタックソフトウェアエンジニアのジェイソン・カーニーは、場所を交換したい人にはその実現を支援する仕組みが用意されていると教えてくれました。

> みんな、移りたい先のチームを見て、居心地が良さそうだと感じれば自分で交渉に行きます。もしくは、シニア開発者に相談し、その人が代わりに交渉することもあります。その場合は、私たちは自ら他のチームに行って、「あの、これを試したい人がいるんですけど、入れ替わりで他の場所に行っても構わないという人はいますか？」と話しかけます。ほとんどの場合、答えはイエスです。「絶対に嫌だ」と言う人はいなかったと思います。何人か「今はちょっと、でも 2〜3 週間後にまた来てくれますか？ 今ちょうど途中なので……」[14]と言った人がいたくらいです。

Hunter Industries は、継続的なレトロスペクティブと学習の環境を醸成することにコミットしています。実際に、毎日 1 時間、金曜日は 2 時間のモブ形式の学習時間があります。これらの学習セッションでは、チームの垣根を超えて人が集まり、一緒にプログラミングの課題を解決したり、新しいスキルを学んだりします。インタビューの 8 か月前に同社を訪ねたときは、リチーミングの頻度はもっと上がっていました。レトロスペクティブによって、違うペースで、そしてまったく別の方法でリチーミングすべきだとわかりました。Hunter Industries は、レトロスペクティブによって適応型組織を構築できる素晴らしい例です。このふりかえりにもとづいてリチーミングを微調整していけるのです。これが、生成的で学習する組織になる方法です。

本章では、メンバーがチームに参加するさまざまな方法を詳しく説明しました。より管理されたトップダウンのリチーミングから、より開かれたボトムアップのリチーミングまで、自由度の程度は異なります。リチーミングプロセスに万能な方法はあり

---

[13] クリス・ルシアン、著者によるインタビュー、2016 年 8 月
[14] ジェイソン・カーニー、著者によるインタビュー、2017 年 1 月

ません。一般論として、リチーミングに自分の意見が反映されるほうが、気分の良い
ものだと思います。何の意見も聞かれずに移動させられるのは気分が良くありませ
ん。メンバーを頭に思い浮かべてうまくリチーミングできることは競争上の優位性で
す。実際、リチーミングがうまくなれば、ビジネス全体のさまざまなリスクを軽減で
きます。では、うまく行われたリチーミングがどのようにリスクを軽減し、会社の持
続可能性を促進するかを探ってみましょう。

4章
リスクを減らし
持続可能性を高める

　チーム編成を変更することで、会社のリスクを減らし、チーム間の結び付きを強化します。これによって、チームが解散したり人が辞めたりしても情報が失われません。ダイナミックリチーミングを通して、情報の共有、人材の育成、チーム間の結束を前向きに管理できます。詳しく見ていきましょう。

4.1　リチーミングは知識のサイロ化を減らす

　ソフトウェア業界において「バス因子」や「バス係数」という概念は新しいものではありません。バス因子を増やす、たとえば会社の専門技術を知っている人を増やすことで、安全性が高まります[†1]。そのなかの誰かが辞めても、他の誰かがその技術を知っていれば、それほど大きな痛手を負わず将来にわたって引き継げるでしょう。これは知識の冗長性を構築することであり、会社にとって良いことです。言わば集団記憶のようなものです。

　ですが、安全のためにただ人を追加するだけでは不十分です。個々のチームが大きくなりすぎてしまうと、うまく管理や手助けをしない限り、他の問題を引き起こすからです。たとえば、全員が発言、関与しないような長いミーティング、仕事の見通しの欠如、意思決定の難しさ、調整の不備などです。

　ペアプログラミングやテスト駆動開発はチーム内のバス因子を高める効果的な方法です。ここで重要なのは、チームの相互作用の質です！　各人がヘッドフォンをしながら別々の席に座って1人で仕事をしているのと、ペアを組んで隣同士に座り一緒に仕事をしているのでは雲泥の差があります。ペアの席を入れ替えるのはもっと良いこ

---

†1　Wikipedia, "Bus factor." (https://en.wikipedia.org/wiki/Bus_factor). [60]

とで、他の人の視点から学ぶことができます。モブプログラミングのように全員が協力すると、さらに多様性が高まり、より安全になるでしょう。

チーム間のレベルでは、リチーミングによって知識のサイロ化のリスクを減らすことができます。あるチームから別のチームへ知識を広めることは、会社を安全に保ち、開発者がサイロ化するのを防ぐ優れた方法です。AppFolioではコードの共同所有がありましたが、年月の経過とともにチームの専門性の偏りが見られるようになりました。たとえば、その傾向の例として、チームAは同じ機能セットを何度も担当するようになり、メンバーはその機能セットの専門家になりました。これはクリティカルな機能セットでした。しばらくして、チームBもこの機能セットに取り組めるよう、この知識を意図的に広めていくためのリチーミングに取りかかりました。これによって、組織の柔軟性が増し、安全になりました。

しかし、ここにはジレンマがあります。仕事を迅速に進め、全体像を気にかけられるよう、適度なコードのオーナーシップは必要ですが、特定の人やチームが「その機能」だけに固定されるようにはしたくないのです。サイロ化は自然に発生します。このことを念頭に置いて注意し、発生した場合には積極的にリチーミングしましょう。

有益なサイロについてはまた別の話です。これは違う目的で作るものです。詳しくは7章を参照してください。

4.2　リチーミングはキャリアの成長機会を提供し、チームメンバーの離職率を減らす

リチーミングや役割の再割り当てによって他の人から学ぶ機会を提供することで、組織が「粘り強いもの」となり、メンバーの離職率が減ることがあります。

AppFolioでは、エンジニアは別のチームに移る機会があり、キャリアの停滞を防いでいました。たとえば、エンジニアはフィーチャーチームを離れ、データセンター開発チームに移り、まったく違うことを学べました。インフラチームに移動して、システム全体に関わるコードの課題に取り組む人もいました。また、テクニカルサポートのエンジニアもフィーチャーチームで時間を過ごせました。別のスキルを探求したエンジニアのなかには元のチームに戻ることを選んだ人もいれば、そのまま新しいチームにとどまることを選んだ人もいました。

サンディ・マモリは、ニュージーランドのTrade Meで6か月ごとにトライブをリチーミングしたことについて話しています。6か月の時点でまだ作業が続いていても、希望者はまったく違うチームやミッションで働く機会が与えられました。これは

会社の重要な価値である自律性によって支えられています。Trade Me で働いていた
ウィリアム・テムは、これを彼のチームで数週間ごとに実践する方法を共有してくれ
ました。詳細は 8 章で説明します。

　人間は時間とともに変化します。生涯学習の心構えを持っていれば、自分自身の成
長は決して「完了」することはありません。会社はこのようなビジョンを受け入れ、
チームや役割の移動を後押しします。こうすることで従業員の定着が促進されます。
優秀な人材を会社に留めたくない理由はないでしょう。

4.3　リチーミングはチーム間の競争を減らし、チームの全体感を醸成する

　会社でいちばん避けたいのは、チームが互いに対立し、競争や比較し合うような状
況です。チームを超えて協力しなければいけません。特に、チーム間に依存関係があ
る大規模なコードベースを共有しているときは、緊密なコラボレーションが必要にな
ります。

　コムロン・サッタリは、AppFolio での経験をふりかえり、チームを移動し横断的
に働く能力が重要だと述べています。彼の話によると、「チームメンバーを常に入れ
替えることが重要です。全体のエンジニアリングチームを小さなチームに分割したあ
と、『このチームにはシニアメンバーがいるので良いプロジェクトを受け持つ』といっ
た部族戦争のような状況は避けたいのです。たとえば、1 つのチームにデータベース
関連の作業を許可し、他のチームには許可しないといったことです。メンバーを混ぜ
ることでチームへの帰属意識が強くなりすぎるのを防ぎ、コミュニケーションをより
簡単にします」[2]。リチーミングは「私たち vs 彼ら」という概念を減らし、チーム
全体の一体感をより高めます。

　Pivotal Software のエヴァン・ウィリーも、リチーミングがチーム間の競争を減ら
し、チーム間の共感を築くのにどのように役立つのかを語っています。チームを入れ
替え、違う領域のコードベースで仕事することは、ジェネラリズム（特定領域のコー
ドのみの専門家になることの反対）を育むのに役立ちます。彼はこう言っています。
「ジェネラリズムは共感にもつながります。私のチーム対そのチームという状況を
作りません。なぜなら、1 か月後にはそのチームにいるかもしれないからです」[3]。

---

†2　コムロン・サッタリ、著者によるインタビュー、2016 年 3 月
†3　エヴァン・ウィリー、著者によるインタビュー、2017 年 2 月

コードの共有を超えて、同じチームにいるという感覚を共有しているのです。

4.4　リチーミングはチームの硬直化を防ぎ、新しいメンバーを迎えやすくする

　お互いをよく知らない人たちで新しいチームを構成することは1つの挑戦です。なぜなら、チームは目標を達成するために一丸となり、うまく協力することが求められるからです。反対に、チームメンバーが長いあいだ一緒にいることも挑戦です。この場合、メンバーの絆が強くなり、変化に対しオープンでなくなることがあります。そこでは、チームの文化が固定化されます。メンバーは何を期待しているかを知っていて、「内輪の冗談」があり、共通の歴史を持っています。これはチームシステムに新しい人を迎えるときの障壁になります。すでに形成された文化に入り込むのは難しいのです[†4]。

　会社の急成長期で、リチーミングが頻繁に行われているように感じるときは、この問題は自然に解決するでしょう。本書のAppFolioの例で詳しく紹介しているとおり、リチーミングはあたりまえのことです。

　あとで見ていきますが、Pivotal SoftwareやMenlo Innovationsでは定期的にあるいは新しい仕事の発生に応じて意図的にリチーミングを行っています。このプラクティスによって新しい従業員の受け入れが容易になるかもしれません。つまり、変化のリズムが組み込まれているのです。

　いずれにせよ、時間が経つにつれてチームは年齢を重ね変化していくので、その準備をすることが重要です。

4.5　リチーミングは起こるべくして起こる

　本章では、リチーミングが知識のサイロ化を減らし、離職率を低下させ、キャリアの成長の機会を提供し、チーム間の競争を減らし、新しいメンバーの受け入れを容易にすることにどのように役立つか説明しました。これらはすべて、あとでメンバーを失ったり、困難に直面したりするリスクを減らすために、チームに変化を促し、変化を始める十分な理由です。ですが、これはダイナミックリチーミングのストーリーの

[†4]　Moreland and Levine, "Socialization in Small Groups," as quoted in Kozlowski and Bell, "Work Groups and Teams in Organizations," 19. [31]

一部にすぎません。複数の人に影響を与えるとき、リチーミングのリスクは高まります。何百人単位での組織の再編成のように、一気にリチーミングをするときは、極めて慎重に進めてください。この課題への取り組み方については、12章を参照してください。

　学者のルース・ワヘマン、ハイジ・ガードナー、マーク・モーテンセンの言葉を借りれば、「チームがよりダイナミックになり、頻繁に重なり合うにつれて、境界がある安定したメンバー構成はあたりまえではなくなります」[5]。私はこの現象を20年間見てきましたが、これは本書で述べた予測可能なパターンにも出てきます。メンバーは自身の生活状況によってチームを出入りします。会社が他社に買収されて、再編成を経て突然別のチームに再配属されることもあります。また、会社が次の四半期に方向性を変え、別の仕事に再配属されることもあるでしょう。自分でチーム変更を実施することすらあるかもしれません。いずれにせよ、チーム変更は避けられません。その準備をする必要があります。本書はそのためのガイドです。第II部で取り上げるパターンとストーリーを学び、ダイナミックリチーミングに備えましょう。

---

[5] Wageman et al., "Changing Ecology," 308. [59]

第II部
ダイナミックリチーミングパターン

　ダイナミックリチーミングは、チームの構造変更、そしてそれに対応する人間の戦術に関わります。構造変更をよく見てみると、いつもの基本パターンが浮かび上がってきます。業界でのストーリーと、そこに織り込まれた戦術を見ながら、これらのパターンに焦点を当て、詳しく見ていきましょう。

　私の研究から、以下に示す5つのダイナミックリチーミングパターンが導き出されました。

1. ワンバイワン
2. グロウアンドスプリット
3. アイソレーション
4. マージ
5. スイッチング

　リチーミングをパターンに沿って行っていたとしても、さまざまな理由でチームは変化します。会社の成長のため、仕事のため、学習のため、補充のため、持続性のため、法規制のためなどです。良くない状況からみんなを解放するための場合もあります。第II部はパターンごとに構成しており、前述の理由でリチーミングするときにどのパターンがいちばん効果を発揮するのかも説明します。では、ワンバイワンパターンから始めましょう。

5章
ワンバイワンパターン

　会社が成長すると、チームも変化します。1人ずつメンバーを採用します。幸運にも採用がうまくいっていると、複数の人たちを一緒にオンボーディングするという課題が出てきます。ときには、まったく逆の状況に陥ることもあります。退職や解雇、ときには大量のレイオフによってメンバーを失うのです。

　会社の成長は、そもそも喜ばしいことです。物事がうまくいっていて、新しいメンバーを採用するだけの資金があるのです。逆に、人が会社を去る場合、通常は良い状況ではありません。もちろん、一緒に働くのが困難な人がいなくなるような状況はありえます。そのときは、どちらかというと安心感とか、「難しい人」がいなくなって仕事がやりやすくなる開放感を感じるかもしれません。

　採用も退職も、ワンバイワンリチーミングパターンに含まれます。本章では、このパターンの両面を見ていきます。まずは、**図5-1**のようにチームに新たな人が加わる場面から見ていきましょう。

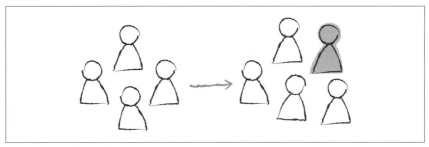

図5-1　ワンバイワンパターン

チームに加わる人、チームから去る人の個性にもよりますが、「エッジで調整する」のは、チームにとってリスクが少ない変化のパターンです。チームの中核はそのままにして、継続性を保ちます。既存のチームに新しい人を追加する場合は、こうすることで既存の文化を感じられるようになります。既存のチームの文化を保持したい場合に有効です。既存のチームの文化を保持したくないなら、アイソレーションパターンを使って、新しいチームを作り、育てるほうがよいかもしれません。そして、ある時点で、既存のチーム構造を廃止します。詳細は、7章を参照してください。

ワンバイワンパターンは、人がチームに参加する場合に加えて、チームから去る場合も扱います。本章では、このパターンをうまく使うためのさまざまな戦略を紹介します。まずは、新しい人を割り当てる方法から始めましょう。

5.1 新しい人を既存のチームに追加するか？ それとも新しいチームを作るか？

図5-2 に、新しい人を複数受け入れようとする状況を示します。「エッジでのリチーミング」戦略を大規模に適用して、新しい人を複数のチームに織り込んでいけます。大混乱を引き起こしそうに見えるかもしれませんが、AppFolio のような会社ではうまく扱えていました。メンタリングやペアリングと組み合わせることで、素晴らしくうまくいったのです。チームのサイズが倍になる場合は、このアプローチを考えてみるとよいでしょう。

新しい人をチームに織り込む負荷を共有する以外に、新しい人をいろいろなチームにばらまくことで、既存の文化をメンテナンスするという意味もあります。Unrulyのチームリーダーでコーチでもあるレイチェル・デイヴィスは、会社に資金が殺到し、新しい人がたくさん入ってきた状況をふりかえって、「新しい人だけのチームを作ってしまうと、文化の継続性が失われてしまいます」と述べています[1]。

既存のチームがエクストリームプログラミング（XP）やテスト駆動開発（TDD）などの有効なプログラミングプラクティスを実践しているなら、それらのスキルを身に付けていない新しい人だけでチームを作ってしまうと、組織全体を劣化させてしまうかもしれません。会社で実践している他のプラクティスについても当てはまるかもしれません。新しいチームにおいて、既存のメンバーを種にしてから、新しい人を追加するという戦略が使えます。でも、課題がないわけではありません。チームに種を

---

[1] レイチェル・デイヴィス、著者によるインタビュー、2016 年 12 月

5.1 新しい人を既存のチームに追加するか？ それとも新しいチームを作るか？ | **45**

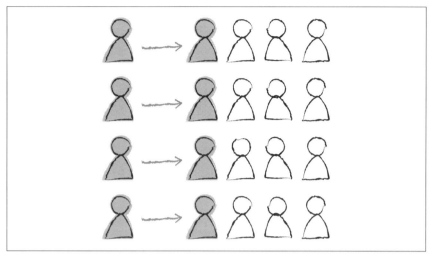

図5-2 新しい人をチームに分散する

まくにはコストがかかります。特に、欠員の採用を待っている「中途半端な」チームの場合はなおさらです。チームに種をまく方法を詳細に見てみましょう。

5.1.1 チームに種をまく

　組織の動きが速く、組織の他のチームのような完全なチーム編成ではない形で、新しいチームを立ち上げなければいけない場合もあります。最初の数人のメンバーをチームの種にして、あとからメンバーを採用する会社を複数見てきました。では、誰がチームの種になれるのでしょうか？

　Greenhouse Software の CTO であるマイク・ブフォードは、経験豊富なエンジニアがチームの種になることが重要だと学びました。会社が成長するにつれ、新しい人だけのチームを立ち上げるのは、非常に困難になるからです。「自分たちが何をするかをわかっている人間を 2 人集めて、新しく作るチームの種にします。新しい人だけを集めて、チームにはなったものの、何をすればよいかわかっている人は誰もいない、誰もチームの教育係になれない、という状況にしても仕方ありません」[2]

　チームに種をまくのはなぜでしょうか？ なぜ会社を成長させてから、新しい人を既存のチームに組み込むだけではいけないのでしょうか？ それは、大きなビジネス

---

[2] マイク・ブフォード、著者によるインタビュー、2020 年 1 月

チャンスのせいで、フルメンバーがそろっているチームを待つ余裕がない場合があるからです。そのため、大きく考えると、チームに種をまくのが成長戦略の一部になります。ただし、組織であたりまえだったチーム編成、もしくはあなたが期待するチーム編成を満たすメンバーが集まるまでには時間がかかります。これまでのチームが、プロダクトマネージャー、UX デザイナー、QA エンジニア、開発者 4 人で構成されていたとします。チームに種をまくということは、新しいチームを採用もしくはリチーミングによって作るということです。

どのようにすればよいでしょうか？ 私の経験では、ものすごくうまくいくこともあれば、本当に難しいこともあります。新しいチームの開発者がどのようなメンバーかによります。開発者のランクに関わらず、開発者が起業家精神を備えていれば、新しいプロダクトや機能のアイデアを活用し、新しいチームを立ち上げるという新しいポジションの自由度を最大限に活用しようとするでしょう。十分なサポートがあれば、チームにとってワクワクする経験になるでしょう。種をまいたチームには、十分な注意を払う必要があるのです。

逆に、新しいチームに種としてアサインされたメンバーに起業家精神が薄く、チームに欠けている役割（典型的にはプロダクトマネジメント、UX、QA）と仕事をするやり方に慣れている場合は、この「部分的」なチーム構造に課題を感じるようになるでしょう。完全な構造のチームしか知らないメンバーであれば、通常はその役割がチームに提供するサービスを他の人が代わりに行うのを「待つ」という罠に陥ってしまうかもしれません。このような状況では、コーチングが役立つこともあります。もともとの専門分野以外の新しいスキルを身に付け、この状況を学習の機会であると個々のメンバーが思えるようにします。種をまいたチームが行き詰まっているようなら、コーチやマネージャーがチームが前に進むのを助けることもできます。

新しいチームに種をまくときは、注意深く考えてください。種になるメンバーが、課題に取り組む準備ができており、触媒になる覚悟があるかを確かめてください。経営層がチームに十分な注意を払い、チームがサポートされていると感じられる場合に、種をまいたチームがうまくいくのをよく見てきました。種をまいたチームに注意を払い、チームと長い時間一緒に過ごすのは、とても長い道のりになることがあります。採用の進捗を毎週アップデートし、チームへの採用が優先されていると感じられるようにしましょう。

注意を払うだけではなく、チームメンバーが組織の一員であると感じられるようにしましょう。組織の方向性についてオーナーシップを感じられるようになります。実際の仕事にいちばん近いのはチームメンバーであり、組織の未来を決定するときは彼

らの視点が役に立ちます。

5.1.2　組織設計の活動にメンバーを含める

　組織設計にメンバーを含めることはあたりまえに聞こえます。それでも、チームを拡張しようとする場合は、既存のチームと明示的な会話が必要です。メンバーを増やそうとしているのを知ることで、既存のメンバーも新しいメンバーを採用する助けになるのです。変化のオーナーシップを拡張する方法の1つでもあります。

　私は、キャリアの初期、スタートアップでウェブエディターとして働いていました。そのとき、地元紙の求人広告で、今働いているスタートアップがウェブエディターを募集しているのを見かけました。まさに自分がしている仕事の求人広告だったのです。経験不足もあり、会社は私をクビにしようとしていると思い込みました。私はこの状況を恐れ、怒りを感じました。当時、会社のウェブエディターは私1人でした。会社がウェブエディターを増やそうとしているとは知りませんでした。グループの増員についての議論に、私は入れてもらっていませんでした。マネージャーに直接すぐに尋ねるべきだったのかもしれません。そうすれば、交代ではなく増員のためだということがすぐにわかったでしょう。このような状況は避けなければいけません。誰かに仕事を奪われそうになっていると感じて、ひどい気分でした。勇気を出して、会社にそのことを尋ねるまでには、ものすごく時間がかかりました。私は、そこまで怖がっていたのです。

　こんなやり方はやめて、どのように増員するかをチームと一緒に議論しましょう。ホワイトボードに、会社の成長によってどのような構造変化が起こるかを描いてみましょう。チームメンバーと、会社にどのような人がいたら有効かを一緒に考えましょう。付録Aに、このような場合に使える戦術をまとめています。

　アーリーステージのスタートアップだったAppFolioでは、従業員のコネクションを最大限に活用し、チームを成長させようとしていました。誰かうちの会社に入りたそうな知り合いはいないかと、友人たちとよく話していました。インタビューに呼んだ候補者には、全員、既存の従業員もしくは従業員の友人からの強力な推薦がありました。Greenhouse Softwareでも同じようなパターンがあったと、CTOのマイク・ブフォードは語りました。「アーリーステージのスタートアップはブランドもないし、採用予算も限られています。まずは自分のコネクションから採用しました。会社が成長してから、より多様性のあるチームを作るために、幅広い人材プールから採用する

方法を学び始めたのです」[†3]。

　急成長期にいた別のスタートアップでは、会社の上層部は、会社は成長しており、しばらくこの成長が続くと明確に言っていました。会社の成長に対する公式声明があることで、自分たちの未来をもう少し理解できるようになりました。採用計画をオープンに共有することを推奨します。インクルージョンを広げ、チームを変える機会を共有する方法として有効だからです。私たち全員がまだ同じ場所にいるときは、ホワイトボードに募集中のポジションを書いて、オープンに共有していました。このおかげで、既存の従業員も、会社にある他の機会を知ることができました。従業員が分散している場合でも、オンラインコミュニケーションチャネルを使って同じようにできます。

　新しい機会を社内で共有できていたなら、会社内部から採用ということもありえますが、通常は社外から採用することになるでしょう。採用プラクティスと会社での働き方を一致させることで、仕事のやり方を維持することに成功している素晴らしい例を次の節で見ていきます。

5.1.3　文化と開発プラクティスを維持する採用

　本書のためにインタビューした多くの会社で重視されていたのは、採用インタビューのプラクティス、オンボーディングのプラクティスと実際の開発プラクティスに一貫性を持たせることでした。Menlo Innovations、AppFolio、Pivotal Software、Hunter Industries の例を見ていきましょう。

　Menlo Innovations では、実験にフォーカスした**ペアリング文化**が、新しい人のリクルーティングとオンボーディングの一貫性に貢献しているようです。Menlo Innovations の共同創業者でチーフストーリーテラーであるリチャード・シェリダンにインタビューした日、会社では候補者の選考が行われていました。選考は次のように進みます。

　Menlo に入社したい人は、まず 1 日のトライアルに進みます。リチャードは冗談めかしながら、「幼稚園で必要なスキルがあるかテストする」と言っています。トライアルに合格すると、今度は実際の仕事をしている従業員とペアを組んで、丸一日 Menlo のフルタイム従業員と同じように働きます。これにも合格すれば、3 週間のトライアルに進みます。トライアル中、将来同僚になる可能性のある人たちとペアを組んで仕事を続けます。採用プロセスにはさまざまな活動が含まれています。社内見

---

†3　マイク・ブフォード、著者によるインタビュー、2020 年 1 月

5.1 新しい人を既存のチームに追加するか？ それとも新しいチームを作るか？ | **49**

学やクライアントへのプレゼンテーション、クライアントへの訪問もあります。すべての活動でセーフティネットになっているのは、ペアリングです。ペアとその周りのチームが、候補者をフルタイムの従業員として迎えるかどうかを最終的に判断するのです。リチャードによると、「チームがチームを作る」のです。採用活動に参加する人たちは、それを知っています。プロセスに透明性が組み込まれているのです。

従業員が普段から仕事場で使っているやり方を試すというアイデアは、Menlo の強固なペアプログラミング文化に重要なことなのです。**文化の下地づくり**とも言えます。同じような流れで、サンディエゴの AppFolio でも、エンジニアリングディレクターのデイモン・ヴァレンツォーナが**文化の種まき**の実践について教えてくれました。

文化の種まきをするとき、デイモンは新しい人とそれぞれ会って、AppFolio で重視されるエンジニアリングの原則と価値観について話をします。「新しい人も原則と価値観のオーナーシップを持ち、今や私たちの文化の一部でもあるのです。個人は重要ですが、同時に大きなファミリーの一員でもあるのです」。このような議論を新しい人と行う理由をデイモンはこう説明しています。「採用が決定する前でも、このような情報を共有するようにしています。どのような文化に身を置くことになるのかを知っておくのは重要だと考えるからです」[4]

デイモンが文化の種まきと呼ぶ、このようなやり方は、良いリスクマネジメントのやり方に思えます。会社に入った人には、みんな成功してほしいのです。同時に、会社の文化を保持したいという意思も明確に示したいと考えます。新しい人に、既存の文化に影響を与えたり、変化を促したりしてほしくないと言っているわけではありません。のちほど議論しますが、チームのサイズが倍になると、「それまでの」文化とのあいだでアイデンティティの危機に陥ります。これについては、「6.6 『私たちの文化をどのように維持すればよいですか？』と尋ねられることの意味」で議論します。いずれにせよ、少なくとも採用が散発的なうちは、文化が機能しているなら維持しようとします。

Menlo Innovations と AppFolio だけが文化の下地づくりをしているわけではありません。Pivotal Software の面接でも行われています。Pivotal では 100% ペアプログラミングが採用されていて、候補者のインタビューにもペアリングが含まれます。それが Pivotal のペアリング文化を保持するのに役立っています。エヴァン・ウィリーはこう言っています。

---

[4] デイモン・ヴァレンツォーナ、著者によるインタビュー、2016 年 10 月

私たちの採用プロセスでは、RPIというものを行います。RPIは、**ロブペアリング面接**（Rob Paring Interview）のことです。ロブというのは弊社のCEOで、このやり方を思いついた人です。RPIは候補者とのペアリングセッションで、おおむね客観的にスコアリングされます。私たちは、候補者の聞く能力、学習する能力、質問する能力、共感する能力、学習に対する姿勢を見たいと考えています。RPIに合格したら、まるまる1日のペアリングセッションに呼ばれることになります。最初の半日はあるチームと一緒に過ごします。残りの半日は別のチームです。候補者がシステムのなかに入って、どれだけすばやく学習できるかという能力にフォーカスしているのです。特定領域のエキスパートであることよりも、候補者の態度と共感を最重要なスキルとして重視しています[5]。

コラボレーションは、ソフトウェア開発において重要です。このように会社が技術的な専門能力だけでなく、共感を持ってコミュニケーションする能力を重視していることを私は好ましく思っています。

同じような流れで、面接をモブプログラミングでするのも賢いやり方です。Hunter Industriesでは候補者にモブプログラミングがどのようなものかを教え、それがHunter Industriesのモブプログラミング文化を守るのに役立ちます。フルスタック開発者のジェイソン・カーニーは2017年初頭時点での状況をこう語ってくれました。

つまり、4〜5人のグループにあなたは参加することになります。2名はチームメンバーで、そのうちの1人は監督者かガイドです。この2人の役割は面接をスムーズに進めることです。候補者が何かに行き詰まってしまったら、候補者を助けます。候補者が居心地良く過ごせるようにするのです。プロセスのあいだずっと、候補者に話しかけ続けます。また1人は記録者を務めます。起こったことを記録し、その記録は面接プロセスを改善するためのレトロスペクティブで使われます[6]。

候補者は、かなりのコラボレーションと濃いコミュニケーションを要求するHunter Industriesで働くというのはどういうことかを感じられます。モブのメンバーは、候補者のコミュニケーションスタイルと、将来どのような貢献をしてくれそうかを知ることができます。ジェイソンは「自分とスキルレベルが違う人たちと、どのように話

---

[5] エヴァン・ウィリー、著者によるインタビュー、2017年2月
[6] ジェイソン・カーニー、著者によるインタビュー、2017年1月

すかを見たいのです。解決が必要な小さな課題を 1 つから 5 つ提示して、チームは交代で取り組みます。現時点では、質問ごとに交代するやり方がよく使われています。候補者は、ナビゲーションをすることになります」と言っています。

このような採用と面接のプラクティスは、ワンバイワンリチーミングの実施を助け、採用後のオンボーディングもスムーズに行えるようになるため、失敗のリスクを低減できます。開発チームのメンバーが採用活動に参加しているため、候補者が採用されるかどうかも知ることができます。ある時期、会社では他のチームメンバーによって採用が決定されていました。採用が決まったことを知らされるまで、どのような人が来るかまったくわからなかったのです。次節では、人の採用が決まったとき、チームに知らせることの重要性について議論します。

5.1.4　新しいチームメンバーの参加を計画し、コミュニケーションする

チームは、新しい人が来ることを知っているべきです。新しい人の加入でチームをびっくりさせてしまったら、新しい人や既存のチーム、新たに立ち上げるチームシステムにとって居心地の悪い、荒っぽいスタートになるでしょう。

マネジメントコンサルタントで、チームについての数々のベストセラーの著者でもあるパトリック・レンシオーニは、著書『The Advantage』（邦訳『ザ・アドバンテージ』）で、過剰コミュニケーションは必須であると主張しています。リーダーは、「チーフリマインディングオフィサー」であり、新しいアイデアは **7 回**コミュニケーションしなければいけません[7]。同じルールは、新しい人を採用するときにも当てはまります。どうすればよいでしょうか？

チームが同じ場所に集まっているなら、ホワイトボードを使えばよいでしょう。新しい人の名前を大きな見やすいボードの中心に書いておきます。ボードを通りがかった人は、新しい人がまもなくやってくることに気がつきます。AppFolio では長年このやり方をしてきました。こうすることで、新しい人が来ることをチームで話すようになり、それに伴うチームの変化をより快適に進められるようになったのです。

バーチャルなコミュニケーションチャネルでも、他の人たちに新しい人が来ることを知らせましょう。メールを送りましょう。スタンドアップミーティングでアナウンスしましょう。全体集会でアナウンスしましょう。オンラインチャットツールでアナウンスしましょう。

---

[7]　Lencioni, *The Advantage*, 141-143. [34]

新しい人が来るまでに数か月ある場合は、私が「場を温める」と呼んでいる活動をしてみましょう。入社まで数か月ある人に、会社のノベルティやケアパッケージ、特別な何かを送りましょう。会社に対して良い感情を持つようになり、他の会社に行ってしまうのを防ぐことにもつながります。AppFolio では、新卒の人が大学の最終試験を受ける前に、冷凍のシカゴスタイルピザをよく送っていました。何年か経ったあとでも、当時新卒だったメンバーがピザの話をしているのを聞くことがあります。

新しい仕事を始め、新しいチームに入ろうとしたら、席がなかったというのは、ひどい経験です。自分が来ることをメンバーは誰も知らなかったら、もっとひどいかもしれません。新しい人が初めてオフィスに来るとき、私たちは準備万端でなければいけません。次に、新しい人の初日までに何をしたらよいかを説明します。

5.1.5 新しい人がオフィスに来るまでに準備しておくこと

新しい人に、いつオフィスに到着したらよいか、初日もしくは最初の週に何をすることになるのか、メールかテキストメッセージで伝えましょう。初日は誰かがランチに連れて行くか、少なくともその提案はしましょう。リモートチームの場合は、チームで簡単な自己紹介をするためのビデオ会議を設定して、歓迎ムードを伝えましょう。

新しい人が初日から使えるように、機材は発注しておかなければいけません。デスクにセットし、名札を置きましょう。新しい人が実際に働き始めるまでに準備は終えなければいけません。機材を発注する前に、その人の希望を聞いておきましょう。会社のノベルティをデスクに置いておくのもよいでしょう。リモートの場合は、あらかじめ必要な機材の配送を手配しておきます。チームの環境で推奨する考え方を表した本なども発注しておき、新しい人が読めるようにしておきましょう。

新しい職場に初めて着いたら、みんながあなたの到着を準備万端で待ち構えていた。これほど素晴らしい第一印象はないでしょう。逆に、初めて会社に着いたら、マネージャーがどこにいるかすらもわからない。どのような気持ちになるでしょうか？マネージャーが新しい人を出迎えて、初日に時間をかけて接することを勧めています。次の節で説明しましょう。

5.1.6 新しい人に注意を払い、影響を与えるようマネージャーに促す

新しい人が会社で働き始めるとき、マネージャーが一緒に時間を使うべきというのは、わざわざ指摘するまでもない、あたりまえなこととして受け入れられています。

5.1 新しい人を既存のチームに追加するか？ それとも新しいチームを作るか？ | **53**

いつも本当にそうなのでしょうか？ 誰か他の人に頼んだほうが、新しい人が働き始めるのをスピードアップできるのではないでしょうか？ 本章でのちほど説明しますが、新しい人にはメンターをつけることを私は勧めています。新しい人にいちばん注意を払うべきなのはメンターだと考えています。それでも、マネージャーが新しい人と一緒に過ごすべきではないと言っているわけではありません。入社して間もない時期は特に当てはまります。マネージャーが新しい人に注意を払っていれば、新しい人の仕事の変化に対する心理的ストレスを減らすことができるのです[†8]。

経験豊富なシニア開発者が入社した場合でも、注意を払うのを忘れないでください。他の場所で働いたことがあっても、この会社のコンテキストで働くのは初めてなのです。帰属意識を高めることにもなります。

注意を払うこと、マネージャーが答えるべき質問やマネージャーしか対応できない事項へ対処することは、マネージャーにとって良いリスク管理でもあります。組織心理学者のコズロウスキとベルによって提唱された**リアリティショック**という概念があります。入社後しばらくして、新しい人が、仕事が思ったものと違う、仕事に順応できないと感じる状況を指す言葉です[†9]。積極的に関わってくれて、相談できるマネージャーがいれば、このような症状を緩和できます。新しい人と顔合わせをするためのスケジュールをカレンダーに入れましょう。もちろん、初日から一緒にいることができれば、それに越したことはありません。

マネージャーは、自分自身を適切に自己開示して示すことで、参加するチームのソーシャルシステムを新しい人が理解するのを助けることもできます。入社したときに新しい人が求める、自分が組織の一員であり周りから受け入れられているという感覚を得るためのプロセスを助けられるのです。チームに参加するときの社会的な曖昧さを減らすことにもなります[†10]。これは、チームのテックリードやメンターも同じようにできます。

新しい人が参加するソーシャルシステムについて考えてみると、新しい人が参加するチームの既存のメンバーにとって難しい状況になることもあります。新しく参加する人が多ければ、「6.6 『私たちの文化をどのように維持すればよいですか？』と尋ねられることの意味」で説明するような、文化やアイデンティティに関わる疑問が出てきます。いずれにせよ、新しい人が参加するときには、既存のメンバーをサポート

[†8] Anderson and Thomas, "Work Group Socialization," 9, citing Nelson, "Organizational Socialization." [2]

[†9] Kozlowski and Bell, "Work Groups," 19. [31]

[†10] Kozlowski et al., "Dynamic Theory," 270. [30]

するためにできることがあるのです。

5.1.7 新しい人だけでなく、周りにいる人たちもサポートする

　仕事を変え、新しいチームに参加するのは、勇気がいることです。恐ろしく感じることもあるかもしれません。同時に、ちょっとした興奮もあります。弱い立場でもあります。新しい人は、チームが受け入れてくれるのかを気にしているかもしれません。

　忘れがちなのは、新しい人を受け入れる既存の人たちも、受け入れるための活動をしているということです。新しい人が参加することで、自分の仕事がどのような影響を受けるのかと心配しているかもしれません。新しい人の役割や役職によっても、感じ方は変わってくるかもしれません。

　新しい人が、同じ役割で自分より職位が高い場合は、自分が脅かされていると感じるかもしれません。既存のメンバーと、仕事や役割が脅かされないことについて会話するのは重要です。ジュニアメンバーがいるポジションにシニアメンバーを迎える場合は、ジュニアメンバーに学びの素晴らしい機会になりえることを強調しましょう。そのジュニアメンバーが会社のなかでその役割を果たす最初のメンバーで、近いうちにマネージャーに昇進できると考えているとします。他の会社で似たような役割を数年経験した人を会社は新しいマネージャーとして採用しました。これはすごく注意しなければいけない状況です。ジュニアメンバーをコーチして、状況を理解してもらわなければいけません。

　既存のチームメンバーの「負荷を下げる」ために新しい人を採用する場合も、仕事が脅かされていると感じられやすい状況です。既存のメンバーが仕事の責任範囲の一部を手放す準備ができていなければ、新しい人に憎しみを向けることにもなります。逆に、採用計画について既存のチームメンバーにオープンにできていれば、安心感と一体感を生み出し、チームの拡張について健全な会話ができるようになります。

　新しい人を採用して迎え入れるプロセスは、たとえ採用の対象者が経営層のメンバーだとしても、既存のチームと一緒にすることが助けになります。また、メンタリングプログラムも有効です。

5.1.8 新しい人にメンターを割り当てる

　新しい人がチームに参加するときの居心地の悪さをなるべく少なくすることは重要です。コードの書き方やメンバーとの付き合い方を考え込んで、新しい人がデスクにずっと座っているような状況は避けなければいけません。新しい人にはサポート

5.1 新しい人を既存のチームに追加するか？ それとも新しいチームを作るか？ | **55**

が必要なのです。受け入れられていると感じられることは、新しい人がチームに参加する初期のステージで非常に重要です。ジョン・ウィットモアの著書『Coaching for Performance』によると、チームメンバーは、チームの他のメンバーに受け入れられたいという強いニーズがあり、拒絶されることを恐れているからです[11]。チームに対する帰属意識と快適であるという意識は、非常に重要なのです。

AppFolio では、経験豊富なエンジニアがいるチームに新しい人を配属する場合は、それぞれにチーム内で特定のメンバーをメンターとして割り当てていました。社内のすべてのエンジニアのスキルセットを成長させるための意図的な取り組みです。教えること、メンタリングすることで学び、そして教えられること、メンタリングされることで学ぶのです。さらに、テスト駆動開発などの手法を使って自己テスト可能なコードを書くことは、この状況で学習をものすごく加速させます。テスト駆動開発とリチーミングについては、「11.2.2 ダイナミックリチーミングに影響を与える変数」の「テスト自動化の有無」を参照してください。

AppFolio で過ごした最初の 9 年間で、全員シニアなチームや全員ジュニアなチームはほとんどありませんでした。個人同士のメンター関係を最大限に活かせるようにチーム編成が設計されていたのです。でも、これはそのときの状況にすぎません。現在はまったく違う姿になっているかもしれないのです。

チーフサイエンティストのアンドリュー・ムッツは、2016 年の夏にこう語っていました。

> 会社が大きくなると、新しい人が入ってきます。入ってくるのがいつものことになったら、チーム編成をちょっと調整したくなります。新しいエンジニアが適切なメンター関係を持てるようにしたいのです。良いメンターがいることは、個人の成長にものすごく重要だからです。新しいエンジニアがチームに加わって、そこに完璧なメンターがいたとしたら、メンターとのあいだにものすごい量のインタラクション、そしてものすごい学びとフィードバックが起こります。適当にチームに配属されて、時間を割いてもらえず、メンターがいなかったメンバーと比較すると、1〜2 年後には、はるかに素晴らしいエンジニアになっています[12]。

私たちは、エンジニアリンググループとして、エンジニアリングメンターであることの意味について認識をそろえました。また、メンティーとなる新しい人に何をメン

---

[11] Whitmore, *Coaching for Performance*, 136. [61]
[12] アンドリュー・ムッツ、著者によるインタビュー、2016 年 4 月

タリングするかをまとめた 1 ページのチェックリストを作りました。チェックリストには、メンティーの開発環境の設定、テスト駆動開発の基礎を教える、コードのウォークスルーの実施、開発しているソフトウェアの概略の説明といったことから、ランチに一緒に行く、オンラインでのソーシャルタイムの共有を勧めることなども含まれます。反対に、メンティーには、メンティーであることの意味を解説した 1 ページのメモが渡され、質問が推奨されること、仕事環境の概略などが含まれています。

メンターを一堂に集めて、良いチェックリストを考え出すことから始めます。新しい人のメンタリングが始まるたびに繰り返します。チェックリストに含めるべき基本的な項目を挙げておきます。チームメンバーと一緒に、何を追加すべきか、何を削除すべきか議論しましょう。

チェックリストの出発点として、以下のようなものを使ってみてください。

- 最初の 1 週間の概略および部門で特別なイベントがある場合はその概要
- 開発環境を設定するための情報へのポインタ
- 開発しているソフトウェアとチームのミッション
- 使っているツールの規約
- オフィスや施設のツアー
- 忘れずに既存のチームメンバーに新しい人を紹介して回ること
- 忘れずに新しい人が参加すべきチームイベントを共有すること
- チームや他のグループとコミュニケーションするための適切なチャットチャンネルやメーリングリストへの参加方法
- イントラネットなど、よくある質問へのポインタ
- 会社で似た役割の主要なチームメンバーのシャドーイングへの招待

メンターチェックリストが運用できるようになったら、次に入る人向けのチェックリストを準備するのは、チェックリストの対象となった人にしてもらいましょう。次の人への共感もありますし、まさに経験した状況を考慮できるからです。

新しい人がソフトウェアエンジニアなら、コードベースへ参加するためのサポートは必須です。これにはペアプログラミングが役立ちます。

5.1.9 新しい開発者のオンボーディングにペアプログラミングを使う

チームに新しいソフトウェアエンジニアが加わるなら、ペアプログラミングが最初

5.1 新しい人を既存のチームに追加するか? それとも新しいチームを作るか? **57**

の加速に役立ちます。コードベースを扱い始めるときに、すぐにわかりやすいガイド
が得られるのは非常に助かります。またコードベース上でチームとして維持したい知
識や、技術プラクティスを伝えるのにも役立ちます。

オレゴン州ポートランドの Jama Software のエンジニアリングマネージャーであ
るクリスチャン・フエンテスは、新しく入った人が適応するのにペアリングが役立つ
理由を語ってくれました。「誰か新しい人を連れてきて、すぐに『生産的』であるこ
とを期待するのは無理です。コードを修正するのに、コードレビューでは遅すぎる
し、難しいです。チームの技術プラクティスや技術的な一貫性、チームの文化など
は、徐々に慣れていってもらうしかありません」。会社は、新しく入った人とペアプ
ログラミングを始めることにしました。「ペアプログラミングでコードベースを案
内できます。コードベース上には、片づけなければいけないレガシーな部分もたくさ
んあります。自分だけで調べるよりかなりマシになります。他の人と一緒に作業すれ
ば、その人が何かしらガイドしてくれますが、ペアリングをしていれば、自分もその
作業に貢献しているので自分自身で学ぶことになるのです[13]」。このようにペアプ
ログラミングを使うことで、チームのコンテキストで現れたチームとしての知識を共
有するのにも役立ちます。

Procore Technologies のソフトウェアエンジニアであるトーマス・オボールは、ペ
アリングとペアの交代が新しいチームメンバーを迎えるのに役立つ様子をこう説明し
てくれました。

> 開発経験のない新しい開発者をチームに迎えるときは、最初の加速を助けるため
> に無差別ペアリングをするようになりました。無差別ペアリングというのは、あ
> る程度の時間ペアリングをしたら、新しいペアリング相手と交代するというやり
> 方です。すべてのペアのパートナーを交代させます[14]。ある機能をよく知って
> いる人がいたら、その人とペアになった人もその機能がわかるようになります。
> その人は、また別のペアと交代するので、全員がその機能をある程度は知ってい
> るという状態になれます。ペアリングの期間をどうするかは実験を続けていま
> す。スプリントごと、1 時間ごと、20 分ごと、そして今度は 2 時間ごとという具
> 合です。ペアリングを通じて、メンバー同士はみんな良い友達になります。そう

---

[13] クリスチャン・フエンテス、著者によるインタビュー、2017 年 4 月

[14] 無差別ペアリングについての詳細は、アーロ・ベルシーの論文「Promiscuous Pairing and the
Beginner's Mind」(https://www.researchgate.net/publication/4231053_Promiscuous_pa
iring_and_beginner%E2%80%99s_mind_Embrace_inexperience) を参照してください。

なると学習はすばやく進むようになります。新しい開発者のオンボーディングが問題になったことはありません[15]。

ペアプログラミングに加えて、同じような役割のチームメンバーが、ミーティング中や、組織内の主要なパートナーに対してどのようにふるまうかを観察できれば、新しい人の参考になります。これがシャドーイングです。

5.1.10　シャドーイングを推奨する

シャドーイングとは、新しくチームに入ったとき、チーム内の同じ役割の人をフォローし、観察することです。新しい会社に入った場合や新しい役割を担うことになった場合などに使えます。

シャドーイングによって、役割の文化的な規範やふるまいが明らかになります。たとえば、チームミーティングに同じ役割の人が参加しているのをシャドーイングで観察しているとします。シャドーイングされる側の人は、ミーティングの目的やゴールを新しい人にあらかじめ伝えておきます。そうすることで、ミーティング終了後に一緒にまとめをすることもできます。特定のミーティングで、その役割が果たすことや、そのとき発言した理由、発言しなかった理由なども話し合えます。

私は、品質保証のチームメンバーのオンボーディングとトレーニングでシャドーイングが非常に有効に機能しているのを見たことがあります。アジャイルQAは技芸です。特に開発の後期からしかQAが参加しない旧態依然とした組織に加わった場合、積極的なQAチームメンバーとして生き残るために必要な関係性を構築するには、仕事のやり方を理解することが非常に重要です。そうすれば、ストーリーや受け入れテストを一緒に作るなどして、開発の早い時期から関われるようになります。

オンサイトのチームメンバーをシャドーイングすることもできますし、ビデオ会議ソフトウェアを使ってバーチャルチームのメンバーをシャドーイングすることもできます。いずれの場合も、シャドーイングする対象のチームに、シャドーイングの対象にしてよいかをメンターは尋ねるべきです。シャドーイングされる側は、いつシャドーイングされるのか知っていなければいけません。そうすればミーティングに参加している新しい人が何をしているのか、無用な詮索をせずに済みます。

シャドーイングには欠点もあります。チームにシャドーイングする人が多すぎたら、顕微鏡でずっと観察されているような気分がして、チームは不快に感じるように

---

[15] トーマス・オボール、著者によるインタビュー、2018年2月

なるでしょう。口をつぐんでしまうチームメンバーもいるかもしれません。技術職でない人が、チームの見積りイベントでシャドーイングをすると、そういう状況になりがちです。「観察者」がいる状況での見積りはプレッシャーが重すぎるかもしれません。

　余分な人が増えるといろいろと肥大化してしまいます。余分な人がイベントで発言を始めると、コミュニケーションが面倒になり、イベントが非効率になります。バランスをとって、チームでシャドーイングを認める人数を決める必要があります。バランスが取れていて、余分な人がチーム全体に対して破壊的でなければ、シャドーイングはチームを成長させる有効なやり方になりえます。

　新しい状況での適切な社会的行動をシャドーイングで学べれば、安心して新しい役割に取り組めるようになります。理論上は、不安を減らせるのです。「ここでどのようにしているか」を新しい人が学ぶのを推奨するだけでなく、別のテクニックとして、新しい人がどのような人なのかを共有してもらうというやり方があります。次の節で説明します。

5.1.11　新しい人に自身のことを共有してもらう

　新しい人を会社やチームに迎えるとき、会社での仕事のやり方を学び、帰属意識が得られるようなプロセスを自然に始めます。その人には、会社レベル、部門レベル、そして直接参加するチームやグループのレベルでオンボーディングが行われます。

　会社での仕事のやり方を学ぶプロセスは、**文化伝達**とか**組織同化**と呼ばれますが、ときには**吸収**と呼ばれることもあります[†16]。新しい人を採用するとき、なるべく早く生産的に働けるようになってほしいと考えるのは自然なことなので、そのような用語を使いたいことは理解できます。参加する文化を理解し、文化の一部となってほしいのです。歴史的にオンボーディングはこのように行われてきました。組織が能動的な立場になり、新しい人は受動的な立場です。組織から知識を受け渡されるだけになるのです[†17]。

　しかし、トップダウンからボトムアップへのパラダイムシフトが起こりました。受動的な役割から、能動的な参加者に変わったのです。この変化は、2001年にアジャイルソフトウェア開発宣言（https://agilemanifesto.org）によって始まったアジャイルムーブメントがソフトウェア開発にもたらした影響を示すものです。そして、そ

---

†16　Cable et al., "Breaking Them In," 2-3. [8]

†17　Anderson and Thomas, "Work Group Socialization," 5-6, quoting Schein, "Organizational Socialization." [2]

れは教育の分野でも同じです。1970年代、ブラジルの教育者パウロ・フレイレは、知識を預け入れられる受動的な学生を「教育の銀行モデル」から解放し、現実の主体的な実現者に変えるよう主張しました[18]。オンボーディングに当てはめると、新しい人は情報を受動的に受け取る役割は減り、参加する組織の形成と能力向上への積極的な参加者になるのです。

ダニエル・コイルの著書『The Culture Code』（邦訳『THE CULTURE CODE』）で引用されているケーブル、ギノ、スターツらによるコールセンターの研究では、オンボーディングを双方向のアプローチとすることで成功を収めた例が挙げられています。研究によると、新しい人に自分自身の個人的なアイデンティティや本当の自分について積極的に話すように働きかけたところ、従業員の定着率と顧客満足度が向上したとのことです[19]。

私はコールセンターで働いたことはなく、コールセンターの従業員を採用したこともありません。でも長年の経験から、個人のスキル、業務以外に興味のあること、学習のゴールなどの共有を促すことで、チームが共通の土台を効率的に見つけられるようになることを知っています。共通の土台があれば、コミュニティでのチーム活動につながります。食にうるさい人たちが、食べ物を持ち寄ってランチをしたり、アウトドア好きでハイキングに出かけたり、ゲーマーで集まって業務時間外にビデオゲームをしたりします。チームメンバーはお互いに関係を築き始めるのです。お互いに気を配るようになり、それはプロダクトを作り上げるためのコラボレーションに役立ちます。チームの関係がより緊密になるのです。帰属意識も高まります。他のチームメンバーと質の高い関係性を築けていれば、心理的安全性も高まり、関連する学習へのふるまいも高めます。新しい情報をより頻繁に求めるようになり、仕事上の仮説の妥当性に対して懸念の声を上げ、仕事のプロセス改善に時間を使えるようになります[20]。

私は2007年以降、自分がコーチしてきたチームで、意図的にこのような関係を育むようにしてきました。仲間意識が生まれるような状況を作ろうとしたのです。そのためにできることの例をいくつか挙げておきます。

スキルマーケットは、リサ・アドキンスの著書『Coaching Agile Teams』（邦訳『コーチングアジャイルチームス』）で学んだ活動です。チームを新しく作るとき、リチーミングするとき、新しい人が加わるような大きな変化があったときに、いちばんのお気に入りの活動です。1〜2時間のこの活動では、それぞれの参加者は自分につ

---

[18] Freire, *Pedagogy of the Oppressed*, 53. [22]
[19] Coyle, *The Culture Code*, 37-39. [11]
[20] Edmondson, "Psychological Safety," cited in Carmeli et al., "Learning Behaviors," 81. [9]

いてのポスターを作ります。ポスターには、チームに自分がもたらせるスキル、仕事以外の趣味や興味、次の数か月で学びたいこと、他の人に教えられることを書きます。ポスターができたら、参加者はそれぞれポスターの内容をプレゼンテーションし、他の参加者はプレゼンテーションを聴きながら共通点を探します。発表者の興味が自分と近いことがわかったら、指を鳴らしたり、感謝や激励のメッセージを書いたり、その他のメッセージを付箋紙に書いたりして、チームメイトのポスターに貼り付けます。オンサイトもしくはバーチャルでこの活動を行う方法については、「13.3 チームキャリブレーションセッション」を参照してください。

さらに深く共有するためにできる活動として、チームで**ピーク体験**について話すこともあります。ピーク経験とは、その人を形作ったと考えられる経験のことです。カリフォルニア州サンタバーバラでチームをコーチングしていたときは、周囲が素晴らしい景色とハイキングエリアに恵まれていたので、仕事の前にチームでハイキングに行っていました。ペアで山をハイキングしながら、お互いにピーク経験を共有します。頂上に着いたら、登ってきたペアのピーク体験の概要をグループで共有し、それらのストーリーに含まれる価値を書き留めておきます。そして、チームを前に進めるために、どの価値を尊重したいかを決めるのです。この活動の詳細も、「13.3 チームキャリブレーションセッション」を参照してください。このエクササイズのために登山は必須ではありません。会議室でも、オンラインビデオ会議ツールのブレイクアウトルームでも行えます。

オンボーディングは、本当に双方向なものです。新しい人に会社のことを教え、新しい人のことを学びます。そうして、自分たちの文化を築いていけます。私は、これがすべてだと思っています。「どうすれば私たちの文化を維持できるのか？」とか「これまでとはまったく変わってしまった」といったことを言い始めるチームメンバーがいるかもしれません。新しい人が加わることで、新たな個性や違い、化学反応がもたらされるからです。組織は、全員のデータの履歴を維持するために新たなプロセスを追加する傾向があります。プロセスが重たいと感じ始めるかもしれません。端的に言えば、文化は変化していくものです。詳しくは、「6.6 『私たちの文化をどのように維持すればよいですか？』と尋ねられることの意味」を参照してください。

当時の AppFolio のように、成長することがゴールであれば、採用がうまくいくようになると、ワンバイワンではなく大勢の新しい人が同時に入社する状況になることもあります。この状況では、別の戦略が必要です。それでもワンバイワンパターンの自然な進化、もしくはその拡大版だと考えられると思います。この状況では、ブートキャンプが有効です。

5.1.12 ブートキャンプで新しい人がネットワークを作るのを手伝う

新しく組織に参加するとき、特に組織に知っている人が誰もいない場合、最初は気が滅入るものです。多くの人は、同僚から認められたい、幸せでいたい、仕事で違いを見せられるようにしたいと考えています。AppFolioのシニアソフトウェアエンジニアであるブライス・ボーはこう言っています。「新しい人には安全な環境と公平なフィールドを用意したいと考えています。安心して仕事ができ、自信を育めるようにします。そうすればチームに参加したとき、必要になったら声を上げてくれるようになります。自分が何も言えない新参者だとか、自分の意見が有効でないと感じることがないようにするのです」[21]

AppFolioでは、新しいエンジニアの配属先は、アサインされたメンターもしくは「最初のペア相手」がいるチームです。このやり方は、新しい人の仕事の移行期を楽にするのに長年役立ってきました。同時に、自分たちのシステムを紹介するテックトークもたくさん実施していました。しかし、8年ほど経過したころ、ブライスは「新しいエンジニアのトレーニングとオンボーディングに一貫性が欠けている」ことに気づきました。初期のチームは、リーンの概念、テスト駆動開発、堅固でクリーンなコードを構築する方法などのトレーニングを受けていました。でも、長年の伝言ゲームの結果、トレーニングの内容は薄まってしまいました。ブライスは言います。「コードをメンテナンス可能にしたいのです。そこが大きな焦点です。すなわち、アトミックコミットが必要です。プルリクエストは、それぞれ単一の機能の提供にフォーカスしていなければいけません。それぞれのコミットは、対象のストーリーのテーマに含まれる何らかのエンドツーエンドの価値提供が含まれていなければいけません。エンジニアがそのようなコードを書けるように支援して、エンドツーエンドの価値を提供できるようにするのです」

ブライスは、会社における一貫性の問題の解決に取り組みました。いろいろな会社で行われている取り組みを試しました。オンボーディングに関して検索して、他のテック企業がしている例を発見しました。発見したことを他のエンジニアリングマネジメントと議論し、Ropesプログラムを始めることを決定しました。Ropesプログラムとは、AppFolioにおけるブートキャンプスタイルのプログラムで、**図5-3**のように、実際の配属の前に、新しい人を鍛えるプログラムです。

---

†21 ブライス・ボー、著者によるインタビュー、2016年12月

5.1 新しい人を既存のチームに追加するか？ それとも新しいチームを作るか？

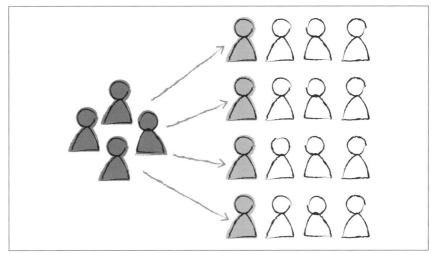

図5-3 新しい人はまず集められて、それからチームに配属される

　Ropesプログラムは次のように行われます。まず同時期に新たに入社した人が一緒に参加します。その人たちは小さなチームに分けられ、チームごとに1人のエンジニアリングメンターが付きます。このなかで、個人メンターとするのと同じようにスキルを習得しますが、内容はコントロールされていて、より一貫性がある方法で行われます。Ruby on Railsや他の内部ツールを学ぶ必要がある場合は、自習教材を利用します。新しい人たちはチームでプロジェクトを構築します。ブライスの言葉を借りると、「このプロセスのなかで、新しい人たちはGitとGitHubの使い方を習熟します。ストーリーに含まれている内容を考慮し、どうすれば解決できるか、どうすれば繰り返し実施して改善できるかを学びます。指示に従って作業をするだけでなく、曖昧な記述を理解して、何をしなければいけないかを理解し、使えるものを作り、顧客に価値を届けます。テストピラミッド（https://martinfowler.com/bliki/TestPyramid.html）についても議論し、ほとんどのテストはユニットテスト、本当に具体的なローレベルのテストで書かなければいけないことを学びます」とのことです。

　チームとブライスは、Ropesプログラムをふりかえって、改善の必要があることを理解しました。特に、新しい人がエンジニアリング組織で、より大きな人的ネットワークを作る必要があることを理解したのです（**図5-4**）。

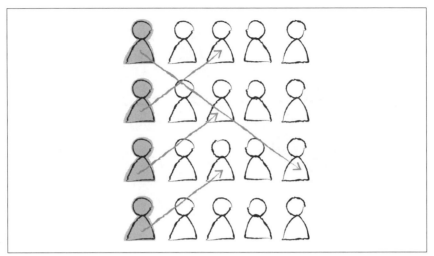

図5-4　新しい人がチームを超えたネットワークを作る

　ペアプログラミングはAppFolioの環境における要なので、Ropesプログラムにも組み込まれています。ブライスはプロセスをこう説明しています。

> Ropesプログラムでは、毎週2回2時間のペアリングセッションに参加することになります。ペアの相手は、毎回なるべく違う人になるようにします。プログラムの最後のペアリングセッションに参加するころには、少なくとも20回のペアリングセッションの経験があることになります。ほとんどの場合、ペアの相手は別のエンジニアです。ペアリングセッションには、アーキテクトも含めてほとんどすべてのシニアレベルのエンジニアが参加します。どのような人が、どのようなチームで何をしているか、参加者はだいたいわかるようになります。ペアリングはRopesのプロジェクトに対して実施します。実際の仕事に対して行うわけではありません。でも、実際の仕事についての質問はできるので、AppFolioで他の人が何をしているかがわかるようになります。またそれ以上に、新しい人が新しいネットワークを作れるようになるのです[22]。

　このソーシャルネットワークは驚くほど役に立ちます。他のエンジニアとのアイスブレイクはすでに終わった状態になっています。今後、仕事で何かの設計やアーキテ

---

[22] ブライス・ボー、著者によるインタビュー、2016年12月

5.1 新しい人を既存のチームに追加するか？ それとも新しいチームを作るか？ | 65

クチャーへの疑問があったり、もしくは自分の設計にインプットが欲しかったりしたら、このネットワークを使って、成果をより良いものにできるのです。ブライスは、新しい人にこんな経験をしてほしいと語りました。「ジムとはペアになったことがあります。すごい人です。Slackで捕まえて、ちょっとこれについて質問できるか聞いてみます。最初のころは話しかけにくい人だと思ってましたが、今はもう話したことがあるので大丈夫です」

メンターは、新しい人とのペア作業に全体で4時間ほど必要です。でも、個人のメンターになるのに比べれば、日々の仕事に対する影響はそれほどでもありません。チームのサイズが倍になると、特に「メンター疲れ」を感じるようになることも学びました。このアプローチは試す価値があります。ブライスは、何か課題があったり、興味を持ったりしたとき、新しい人が組織を超えて質問したり、助けを呼んだりしやすくなったと語っています。

数週間後には、新しいエンジニアは、いくつかのチームで働く状況を想像できるくらいの経験を得ることになります。いろいろなチームのメンバーとペアになった経験から、新しいエンジニアは次に働いてみたいチームを3つ選びます。チームを3つ選んだら、それぞれのチームと2日ずつ、合計で6日間を過ごします。「ホストチーム」は、自分たちが適切だと思う方法で新しいメンバーの候補を迎え入れる権限を持っています。

ここまでできたら、新しい人は参加したいチームを選びます。新しい人とチームの相互の選択にもとづいて、マネージャーが最終的な配属を決定します。おもしろいことに、他のチームより選ばれやすいチームが存在します。なぜ新しい人が特定のチームで働きたいと思うのだろうか？ 化学反応が素晴らしいから？ メンバーが話しかけやすいから？ おもしろい仕事がありそうだから？ そういった疑問が浮かびます。残念ながら本書に答えはありませんが、探索しがいのある領域だと思います。

ブライス・ボーにインタビューしたとき、このプラクティスは生まれて間もないころでした。このプロセスはレトロスペクティブによって駆動されているので、それまで実験に参加したエンジニアリングチームと新しい人からのフィードバックをもとに調整されているのは明らかでした。レトロスペクティブは、組織を進化させ、変化を促す中心的な活動です。ダイナミックリチーミングのカギでもあります。詳細は、14章を参照してください。

ここまでオンボーディングを有効にするためのさまざまなプラクティスや、会社にワンバイワンで人を増やすやり方について見てきました。ワンバイワンパターンの反対側には、会社から人が去る状況があります。チームから人が去るとき、チームも変

化します。ワンバイワンパターンの重要な部分でもあります。

5.2　人が去ったらチームは新しくなる

　人が1人増えても減っても、チームシステムは新しくなります。メンバーが1人去ったら、チームに影響を与えます。そして、チームや会社から人が去るとき、あらゆる感情が起こりえます。去る人が好ましくない嫌な人で、後ろ向きの感情や害をもたらしていたなら、いなくなることで安心するでしょう。逆に、みんなから好かれていて、チームが生き残るのを社会的かつ生産的に助けていた人なら、いなくなることでチームは落ち込み、ひどい気分になるかもしれません。人がチームを去るとき、状況を認識し、話さなければいけません。そして、リチーミングが必要かを判断するのです。ここでは、その変化に対応する方法について説明します。

　人は自発的に去ることもあれば、そうでない理由で去ることもあります。突然のこともあります。また、メンバーごとに一緒に働いていた期間が違うこともあります。

　人が解雇されたのか自発的に退職したのか、わからない場合もあります。解雇される場合も、表向きには自分から辞めたように見せかけられることもあります。それでは、ワンバイワンパターンの逆、つまり人が去る場合について見ていきましょう。まずは解雇、次に一般的な退職について考えます。

5.2.1　人を解雇する ── メンバーを外してリチーミングする

　メンバーが突然解雇されたとき、解雇について語るのはとても気まずいものです。解雇された人が、手に段ボール箱を持ち、建物から連れ出されるのを見かけるかもしれません。解雇された人は、ショックや怒り、絶望などを感じるかもしれません。このような別れは、すごく緊張感があり感情的になりえます。解雇の現場を見かけた人は、何をすべきかわからないことも多いのです。同情するかもしれないし、安心するかもしれません。自身の仕事を失う恐怖を感じるかもしれません。

　数年前に同僚が劇的な方法で解雇されたのを覚えています。マネージャーたちはその人の解雇について話し合い、金曜日の終業時に解雇する計画でした。解雇通知についてHR部門の許可も得ていました。マネージャーたちは、その人のデスクに向かいました。本人が「抵抗する」のをマネージャーは恐れていました。建物から連れ出される前に、持ち物を片づけるように促しました。個人の持ち物を片づける十分な時間はありませんでした。マネージャーが恐れたように抵抗することもありませんでした。のちほど、同僚が本人の持ち物を集めて送る手配をしていたことがわかりま

した。

　マネージャーが解雇を計画していて、破壊的な結果になるのを恐れている場合、本人と親しい別の人に、状況を本人に伝えるのを依頼する場合があります。つまり、準備のための予告をするのです。このような状況になると、誰かが解雇されるといううわさが広がり、不穏な空気と恐怖を呼ぶことがあります。良いやり方だとは思えません。冷酷なやり方だと感じられますし、実際にひどいことになる場合もあります。

　一般的に HR 部門は、解雇についてのポリシーやルールを定めています。多くの場合、会社は訴訟のリスクを避けるために決まったふるまいをします。解雇の適切なやり方を詳細に説明するのは本書の範囲を超えます。解雇は地雷のようなものです。会社の HR 部門と一緒に働き、会社のルールを理解しましょう。

　解雇の計画を立てるマネージャーに言いたいのは、解雇したら、次回が少しでもマシなものになるよう、あとでふりかえるべきだということです。人を失うプロセスも継続的改善の対象とするのです。あなたの会社でもきっといつか必要になります。人を解雇するのは簡単ではありません。しょっちゅうすることではないので、マネージャーにもスキルがないのが普通です。影響を受ける人への親切心と配慮を持って取り組みましょう。そしてレトロスペクティブを忘れないでください。

　解雇以外に、自発的に退職する場合もあります。

5.2.2　自発的退職

　ある匿名希望の同僚から、同僚の会社の最初の 4 つのチームについて聞きました。4 チームはそれぞれ別のプロダクトと密接につながっていました。新しい人が参加すると、既存の 4 チームのいずれかに配属されました。それで、しばらくはうまくいっていました。時間が経つと、チームのいくつかは「大きく」なり始めました。同僚にとって「大きい」とは、各チーム 15 人くらいいる状態のことです。それらのチームはレガシーな仕事のやり方をしていました。ちょっと変形したスクラムを実施していました[23]。自分たちのスクラムプロセスを変えたり進化させたりすることに対する抵抗がありました。チームを分割して小さくするという考えはありませんでした。そんな状態が何年も続いていました。どのような変化にも疑いの目が向けられました。主導していたのは、非常に経験豊富な 2 人の開発者です。2 人は威圧的で主導権を握っていました。ある日、2 人が突然退職しました。みんなショックを受けました。

---

[23] スクラムは複雑なプロダクトを作るチームのコラボレーションのフレームワークです。詳細は「The Scrum Guide」(https://scrumguides.org/) [47] を参照してください。

大変な目にあった開発者もいたようです。でも、残りの人たちはちょっと安心したところもありました。チームは、だんだん既存のやり方から脱却し、自分たちのやり方を繰り返し改善できるようになりました。チームがやりたい（そして必要とする）変更を繰り返すやり方に反対する声はもうありません。匿名の同僚はこう語りました。「新しいことに挑戦しようとしていた自分たちにとっては、安堵する状況でした。技術的に依存していた人たちにとっては、ショックだったかもしれません。プロダクトマネージャーにとってもショックだったと思います」。チームは、2人がいない状況に徐々に適応していきました。

今のチームについて考えてみると、冗長性を確保することで会社を守ることができます。つまり、ペアプログラミングやモブプログラミング、テスト自動化のようなプラクティスを取り入れることで、避けることのできないメンバーの退職に備えることができるのです。人が会社に永遠にいることはありません。どのように働き、どのようにチームを作るかは、戦略的に計画を立てられます。1章で述べたように、人の退職はチームの進化の自然な一部なのです。人が去ったとき、状況を積極的に認識して、いなくなったという変化の影響を和らげられます。どのように人が去ることを認識すればよいでしょうか？　どのように扱えばよいでしょうか？　見ていきましょう。

5.2.3　さよならを言う ― 退職をアナウンスするか？

大部屋1つに収まるスタートアップのような小さな会社なら、人が自発的もしくは非自発的に退職したことはすぐにわかります。デスクに誰もおらず、姿を見せなくなるからです。複数のオフィスビルや拠点に分散している場合、退職に気づくのは別の理由です。

社内で目立つ経営層のメンバーが退職する場合、退職はアナウンスされることがほとんどです。後継者をどうする予定かという計画も合わせて発表されます。会社の経営層の退職ですごく気まずかった経験があります。VPが退職の発表をしたあとも、会社が後継者を見つけられるまで6か月間も、ずっとオフィスに出勤し続けていたのです。一方で、別のリーダーが交代するときに、元のリーダーの姿は見かけなくなっても、給与はそのまま払われ続けていたこともありました。私は、後者の例のほうがマシだと思っています。リーダーの辞職が求められ、みんな知っているのに、本人がまだそこにいるのは気まずいものです。

経営層は、退職についての発表をどう扱うかの合意形成をしておく必要があります。複数の会社で、マネージャーがたくさんの人たちの退職を発表するのを聞いたことがあります。みんな不安になりました。理由が明らかでないのに短期間に多くの人

が退職すると、残った人は「この会社はいるべき場所でないのでは？」と感じ始めます。ブレネー・ブラウンは、著書『Dare to Lead』（邦訳『dare to lead』）で、情報がないと人はストーリーをでっち上げてしまうと語っています[24]。毎週のように退職のニュースを聞いていたら、どう感じるでしょうか？ 会社はつぶれるのか？ 良くない大きな変化が来るのか？ そのように感じることでしょう。

　アナウンスする以外に、イントラネットに掲示する会社もあります。毎日、面と向かって聞かされはしませんが、誰か退職したかどうかに興味があれば、情報を見に行けばよいのです。イントラネットを見なくても、ツールから退職がわかることもあります。チャットツールやWikiツールでは、誰かが退職すると、ユーザーのステータスが「無効化済み」になるからです。

　働く場所を公開しているLinkedInのようなソーシャルメディア上でわかることもあります。ある人の勤務先が変わっているのに気づくのです。

　私は、現在の勤務先を退職した人に、LinkedInでお別れのメッセージを送るのが好みです。どのような関係性だとしても、退職を認識したというメッセージを伝えたいからです。さよならを伝えることは一面にすぎません。別の面は、どのような理由にせよ人がチームを去ったという事実に向き合うことです。次の節で扱います。

5.2.4　人がチームを去った事実と向き合う

　チームメンバーが去ることになったら、そのことについて話し合い、明確に言葉にしなければいけません。その人がいない状況で、何をするかを考えなければいけません。本書で何回も強調しているとおり、役割に冗長性を持たせていれば、あるメンバーがいなくなってもこれまでしていたことを続けていくのはそれほど難しくないはずです。

　人は、その人だけの個性で、チームのソーシャルダイナミクスに貢献します。誰かがいなくなったときは隙間が開くことになります。その人がみんなに好かれている人だった場合やエキセントリックな人だった場合、隙間は大きくなります。ティムというエンジニアがAppFolioを退職したときのことを思い出します。ティムがいなくなったため、オフィスの日常からジャグリングはほとんどなくなってしまいました。ティムは難しい問題を頭のなかで分解しているとき、ジャグリングをしていました。ティムは休憩のたびにジャグリングをしていました。公式なHR部門とのイベントの前に、ナイフでジャグリングをするというスタントもやってのけました。ティムが

---

†24　Brown, *Dare to Lead*, 247. [6]

いなくなって、ジャグリングもなくなりました。寂しく思ったものです。それでも、私たちは前に進みました。

　同僚のポール・テビスと AppFolio で一緒にコーチングをしているときの議論から、ある戦術を思いつきました。チームで集まって、ホワイトボード上の質問に答える活動を実施します。質問は、「会社を去る人が、職務記述書の範囲を超えてしていた活動は何か？」、「インナーロールは何か？」です[25]。ティムのときに書かれた答えの 1 つがジャグリングです。リストはまだまだ続きます。インナーロールを挙げ終わったら、チームが前に進むために「生き残らせる」べきなのはどれかを議論します。ティムの名前をつけて定期的にジャグリングをしたらよいでしょうか？ チームで決めたことは、チームの合意事項として書き残します（覚えておくだけのこともあります）。

　昨年、チームのプロダクトマネージャーが他社に転職しました。チームは集まって、そのプロダクトマネージャーが組織上の公式な役割を超えてしていたことのリストを作りました。わかったことの 1 つが、チームがマイルストーンを達成すると、プロダクトマネージャーはチームをオフィスに程近い海辺の崖に連れて行って、全員で勝利を叫んでいたことです。公式の職務記述書にはもちろん書いてありません。チームでプロダクトマネージャーが担っていたインナーロールでした。チームは、誰かがこの伝統を引き継ぐことにしました。

　このようにインナーロールを掘り下げることで、チームメンバーを失った事実に向き合い、チームに良い影響を与えていたふるまいを祝い、継続させることができます。好むと好まざるとに関わらず、人は移っていくものです。人が去ることはチームの自然な進化の一部であるというのは事実なのです。

5.2.5　チームの人たちの進化

　私たちは会社に入り、そして去っていきます。1 章で説明したように、誕生期、成長期、成熟期、創造的破壊という自然なプロセスを個人、チーム、組織、それ以上のもので繰り返します（**図5-5**）。

---

[25] **アウターロール**と**インナーロール**は、Center for Right Relationship Global（https://crrglobal. com/）が提供する Organization and Relationship System Coaching（ORSC）の概念です。私はこの手法のトレーニングを受けましたが、ダイナミックに変化するチームに適用しやすいテクニックだと思います。

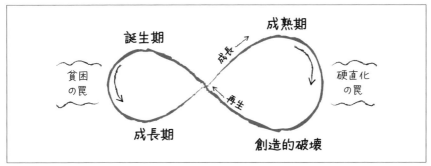

図5-5 適応的なサイクルにもとづいたエコサイクル (by Lance H. Gunderson and C.S. Holling, *Panarchy*; and Keith McCandless, Henri Lipmanowicz, and Fisher Qua, Liberating Structures)

　チームを去るとき、理由に関わらず、創造的破壊は避けられず、新しい別のものに変わっていきます。自分がダイナミックリチーミングエコサイクルのどこにいるかを考えてみることを勧めています。誕生期でしょうか？ 変化への準備はできていますか？ 硬直化の罠に囚われていませんか？

　人生の状況によって、退職を余儀なくされることもあります。新しい都市に引っ越そうとしているかもしれません。パートナーが別の場所で得た新しい機会のため、会社を辞めてサポートすることを選ぶかもしれません。見逃すには惜しい機会に恵まれ、キャリアのために会社を辞めることを選ぶかもしれません。残された人には、甘く苦い感覚が残ります。友人が新しくてワクワクするような機会を得ることは喜ばしいことです。でも、一緒に働くことを楽しんでいた相手なら、悲しくもあります。

　仕事の硬直化の罠に囚われて、自分たちにとって良い時間が過ぎたあとも、同じ仕事にとどまってしまうこともあります。給与の高い仕事であっても、**金の手錠**と呼ぶ罠があります。給与が良すぎるので、仕事をやめられなくなってしまうのです。居心地の良い場所にとどまり、ゲームのトップにいるように感じ、そのまま続けてしまいます。人は自ら決断します。私はその決断を尊重します。それでも、そのような理由で、成長を止めて会社にとどまり続ける人を見ると私は悲しくなります。

　コーチングは、人が硬直化の罠に囚われているとき（あるいは、何かを始めたばかりでうまくいかずに困っているという貧困の罠に陥っているとき）に役立ちます。コーチは、創造的破壊によって、人がエッジを越え、人生を変えていくのを助けます。予期しない解雇のような、創造的破壊によって意図しない変化を強制されている場合にも、コーチングが役立ちます。

ここまで、ワンバイワンパターンによる成長、ワンバイワンパターンによる縮小まで、いろいろな例を見てきました。このパターンにもいくつか落とし穴があります。

5.3　ワンバイワンパターンの落とし穴

本章で説明した、急成長する会社のスケールを支援してきた経験をふりかえると、以下のようなワンバイワンパターンの弱点や落とし穴が見つかりました。

5.3.1　シニアとジュニアのバランスが取れていないことに気がつく

組織に採用するエンジニアのレベルに気をつけながら、ときどき立ち止まって現在位置を確認しておかないと、気がつくと経験の浅いエンジニアばかりになっていたということがありえます。本書で取り上げた2つのスタートアップで、このような状況が発生しました。両方とも、いったん大きく後退させてから、ジュニアエンジニアの採用を抑えて、シニアレベルのスタッフの採用にフォーカスする対応を余儀なくされました。これは、両社のリーダーにとって不意を突かれたような状況でした。

複数の会社で働いた経験のあるシニアなエンジニアは、業界のパターンを熟知しており、会社で似たような課題に直面したときに役立てることができます。大学を卒業したてのエンジニアやインターン直後のエンジニアは、新しい視点や、新進気鋭な考えをもたらすことができます。新卒のエンジニアに業界の深い経験は期待できません。特にリスクが高く、世界を変えられる素晴らしい機会がある場合、経験年数には価値があります。健全なレベルのバランスを追求すべきです。そうしないと次の落とし穴、メンター疲れに陥ることになります。

5.3.2　メンター疲れ

新しい人をオンボーディングするとき、メンターをつけるのは素晴らしいやり方です。成長を加速できますし、メンターにとってはリーダーシップを身に付ける機会にもなります。でも、メンターが足りない場合、休むことなくメンタリングを行わなければいけなくなり、メンターがメンタリングに疲れ始めます。全員がメンターになりたいわけではありません。全員がマネージャーになりたいわけではないのと一緒です。インディビジュアルコントリビューターとして、仕事に取り組みたいときもあります。同僚や自分より経験を積んだエンジニアにメンタリングしてもらいたい場合もあります。チームで自分がいちばんシニアになってしまったけれども、それでも成長

したいとき、どうすればよいでしょうか？ AppFolioでメンタリングしていたときのことを思い出します。あるとき、新しい人をオンボーディングするメンターは、すごくシニアである必要はないということに気がつきました。そこで、メンターになれる条件を緩めました。会社で最低3か月の経験があれば、メンターになれるようにしたのです。同時期に入社する新しい人を集めて、メンターを共有するようにもしました。新しい人がたくさん入社する場合は、そんなやり方もあるのです。でも、今いる会社が小さな会社なら、メンター疲れを忘れないでください。

5.3.3　キャリアパスを最初から考えない

　私が所属していたどのスタートアップでもそうですが、あるところまで成長すると、一部の人がキャリアパスについて質問するようになり、マネージャーになりたいと言い始める人が出てきます。もともとのリーダーに報告する人が多すぎるせいで、自分に注意を払ってもらえないと指摘する人もいるかもしれません。昇進して、自分自身のエンジニアグループを持ちたいと考える人もいます。その結果、時期尚早な昇進が行われることもあります。昇給も寛大に行われるかもしれません。

　採用される人が増え続けると、ある時点で、昇進や昇給にフォーマルな規定が求められることになります。こっそりと給与を比較して、経営層に不満を漏らします。シニアで採用されたエンジニアの給与が、ジュニアなエンジニアより安いことに気づくかもしれません。逆もあります。立ち止まって考え、エンジニアのレベルやキャリアラダーについてのガイドラインを作り、それに沿った給与体系も作らなければいけません。具体的なやり方は、本書の範囲を超えます。ただし、これだけは言えます。小さいうちにスケーラブルなアプローチを計画しておくこと。他の会社の人と話して、他の会社のアプローチを理解しておくこと。プレッシャーがかかり始めるまで、すなわち「成長しすぎた」状態になるまで、この問題を放置しておかないこと。そうしないと、不満を扱うのがはるかに難しくなります。

　ワンバイワンパターンでスケールしようとする会社が、落とし穴に落ちる危険性に気づけるようになればと思っています。ワンバイワンは、どこにでもありそうなありふれたパターンのように見えますが、時間をかけてゆっくり見てみれば、とても豊かなことがわかります。でも気をつけておかないと、あっさり見過ごしてしまいます。

　本章では、ワンバイワンパターンのいろいろな面を見てきました。新しい人をチームに迎えるさまざまなプラクティスを紹介しました。チームから人が去る状況についても、ちょっと少ないですが探求してきました。8章では、チームから人が去るストーリーについて説明します。ひどいやり方になったレイオフについてのストーリー

もあります。

　ワンバイワンによって人を追加していった結果、チームは大きくなります。その結果、次のパターンに進むことになります。グロウアンドスプリットです。

6章
グロウアンドスプリットパターン

　ワンバイワンリチーミングをたくさん実施すると、自然とグロウアンドスプリットパターンにつながります。既存のチームに人を追加すればするほど、チームは大きくなります。成長するにつれて、システムが遅くなったと感じるかもしれません。たくさんの人がいるので、以前よりも物事に時間がかかっているように感じます。意思決定が停滞することがあり、前に進むためには新しい戦術が必要かもしれません。そこで、グロウアンドスプリットを導入し、**図6-1**のように、大きなチームを2つかそれ以上の小さなチームに分割しましょう。

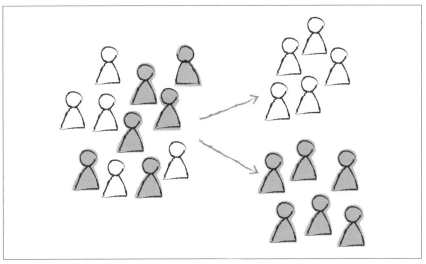

図6-1　グロウアンドスプリットパターン

既存のチームのダイナミクスを変える必要があると感じることもあります。1章で学んだように、チームは停滞や硬直化の罠に陥っているのかもしれません。以前のようにうまく機能しておらず、エネルギーが感じられなければ、少なくとも理論上は、チームを分割することでチームのエネルギーの再活性化を図りたいと考えるでしょう。

では、チームを分割するタイミングをどのように知るのでしょうか? チームが大きくなりすぎたときの兆候を見ていきましょう。

6.1　チームを分割したくなるときのサイン

チームが分割に向かう前兆として、4つの重要なサインがあります。ミーティングが長引く、意思決定が難しくなる、作業が分散する、そしてチームメンバーの把握が難しくなることです。誰かが行動を起こす決断をするまで、これらの兆候がしばらく続くことがあります。このような事態が頻発すると、多くの人が大きなチームを小さなチームに分割することに目を向け始めます。

6.1.1　ミーティングが長引いているか?

グロウアンドスプリットパターンは、多くのスタートアップが初期に直面するものです。最初の分割は記憶に残る出来事です。コムロン・サッタリは、AppFolio の初期にソフトウェアエンジニアとして働いていました。次のように回想しています。

> 初期のころ、私たちは本当に小さなスタートアップで、エンジニアはわずか4〜5人でした。コミュニケーションは簡単で、スタンドアップミーティングも短時間で終わっていました。しかし、人数が12人、16人、20人と増えるにつれて、突然スタンドアップミーティングが15分以内に終わらなくなりました。チームのコミュニケーションにはたくさんのオーバーヘッドがありました。あれこれたくさんのことに取り組んでいたので、1週間以上一緒に働いていなかった他の人とペアを組もうとすると、その分のキャッチアップが必要でした。相手が何をしていたのかわからず、また相手も私が何をしていたのか知らなかったのです。チームが大きくなると、それに伴ってかなりの立ち上げ作業が必要でした[1]。

---

[1]　コムロン・サッタリ、著者によるインタビュー、2016年3月

これは AppFolio でこれまでとは違うフィーチャーチームが生まれたきっかけになりました。彼は次のようにふりかえっています。「私たちは最初に 2 つのチームに分かれ、その後 3 つのチームに分かれました。それぞれのチームは 4〜5 人のエンジニアで構成されていました。当初は QA が全体をサポートしていましたが、最終的には各チームに 1 人ずつ QA 担当者を配置しました……。これらのチームは、次に進めるべきバックログやプロダクト計画の特定の部分を担当するようになりました。つまり、20 人のチームに『機能 1、2、3、4、5 をやろう』と言うのではなく、4 人のチームに対して、『機能 1 をやろう』と言ったのです」

欠点は、エンジニアにとってペアプログラミングの多様性が減ったことです。コムロンが言うように、「突然、他の 10 人のエンジニアリングチームメンバーと一緒に働けなくなる」のです。これは以前のように他のメンバーから学ぶ機会が減ることを意味します。小さなチームは、必ずしも万能というわけではありません。このチームは開発を進めるなかで、定期的にスイッチングパターンを導入することでこの問題を解決しました。詳しくは 9 章を参照してください。

長時間のミーティングや進行状況を把握するためのオーバーヘッドに加えて、グロウアンドスプリットパターンの始まりを知らせるもう 1 つの兆候は、意思決定に関わるものです。

6.1.2　意思決定がより難しくなっているか？

チームが合意による意思決定に慣れている場合、チームにメンバーを増やすにつれてそのやり方が確実に難しくなります。Procore Technologies のエンジニアリングマネージャーであるペイジ・ガーニックは次のように言いました。「レトロスペクティブで何か新しいことを試したいという話になったとします。たとえ大半の人が賛成でも、反対する人が 3〜4 人いると議論が長引いてしまいます。プロセスを改善するための意思決定は本当に大変でした」[†2]

チームが大きくなってもなお一緒に活動していると、意思決定を円滑に進めるために、さまざまなファシリテーションテクニックを活用するようになるでしょう。創造的なファシリテーションは、大規模なチームの仕事に役立つかもしれません[†3]。

---

†2　ペイジ・ガーニック、著者によるインタビュー、2020 年 1 月

†3　うまく意思決定を進めたいなら、サム・カナー著の『A Facilitator's Guide to Participatory Decision-Making』[29] をお薦めします。より大きなチームでより良い議論を行うには、キース・マッカンドレスとアンリ・リブマノビッチ著の『The Surprising Power of Liberating Structures』をお薦めします。

チームが大きくなると、意思決定が難しくなるだけではありません。もう1つの課題として、作業が関連性を失い、チームメンバーがそれぞれ違う方向に進んでしまうことがあります。

6.1.3　チームの作業の関連性が失われているか？

チームが大きくなると、より多くの仕事をこなせるキャパシティが増えたように感じます。これは、おそらく最初にチームを大きくした理由でしょう。人を増やせば、より多くのことを達成できると考えたからです。

しかし、チームが大きくなりすぎると、チーム内にサブグループが形成され、チーム全体に関係しないアイテムに取り組んでいることに気づくことがあります。ペイジは、彼女のチームが10人以上に成長したとき、自然とチームが自分たちの作業を管理しようとしたことについて語っています。彼女はこう言いました。「同時に2つか3つのプロジェクトが進行していて、8〜10人で取り組んでいました。メンバーは2〜3人のグループに分かれて、それぞれ違うことに集中していました」。これは自然なチーム分割でした。このような違う作業を扱うための分割は、大きく成長したチームによく見られる戦術です。「特別チーム」に分かれて、お互いに関連のない作業を終わらせ、そのあと大きなチームに戻るのです。

さらに、分散チームでは、チームが成長するにつれて、誰がチームメンバーなのかを把握するのが難しくなるという別の課題も発生します。

6.1.4　分散チームに誰がいるのか忘れているか？

オンラインミーティングで全員がビデオ画面をオフにしている場面を想像してください。全員がオンラインミーティングに参加しているにも関わらず、沈黙してしまいました。あなたはチームのミーティングのなかで、一部のメンバーの参加が減っていることに気づくかもしれません。チームがまだ小さかったころ、そのメンバーたちはもっと積極的に参加していたことでしょう。

アジャイルコーチであり、DevOpsツールの会社で分散チームと働くマーク・キルビーは、自身の経験からこのように述べています。「チームメンバーの他の誰がミーティングにいるのかを忘れているとしたら、それが1つの兆候だと言えます。また、過去2〜3回のスタンドアップミーティングで、あるメンバーの発言をほとんど聞いていないと感じるなら、チームが大きくなりすぎているかもしれません。私は全員が

会話に参加できるようにしたいのです」[†4]。ミーティング中、一部のメンバーだけが話し、残りのメンバーが黙ったままであることがよくあります。特にチームが分散していると、この問題はさらに複雑化します。全員がビデオをオンにして接続していない限り、その人たちを「見る」ことはできないからです。

チームを分割するための第一歩は、こうした課題を認識し、分割が有効な解決策であると判断することです。ただし、実際に分割を実行することは、また別の話です。

6.2　分割することを決めたら、どのように進めていくか

まず、チームに何も相談せずに分割を宣言してはいけません。メンバーに敬意を払いましょう。チームを巻き込まないまま分割を進めると、多くの不満を引き起こします。代わりに、チームが自らリチーミングを進められるようサポートしましょう。

6.2.1　決定にチームを巻き込む

では、チームを巻き込まずにトップダウンでチームを分割する以外に、どのようにチームの分割を進めればよいのでしょうか？ Spotify でクリスチャン・リンドウォールが実践したように、チームに寄り添いましょう。彼は自社でチームを分割したときのことを話してくれました。

彼はチームに次のように分割の話を持ちかけました。「朝のスタンドアップミーティングで、いくつかの変化や人の関わり方について気がついたことがあります。チーム内にサブチームができているようです。また、共通のミーティングでは、一部の人の時間が無駄になっているようにも感じます。みなさんもそう思いますか？ この状況に気づいていますか？ どう感じていますか？」[†5]

このようにチームの構造について強力な質問を投げかけるだけで、チームの歯車が回り始めます。こうして、誰かが考えたチーム変更の傍観者ではなく、自分たちの問題を解決する当事者としての意識が芽生えるのです。

さらに、変更について話すことは問題ないという考えをチームに共有し、チーム変更は特別なことではなく、より効果的に働くための1つの手段にすぎないという文化を育むことができます。私は定期的なレトロスペクティブミーティングでチームの構造について話し合うことを推奨しています。こうすることで、チームはうまく一緒に

[†4]　マーク・キルビー、著者によるインタビュー、2016 年 10 月
[†5]　クリスチャン・リンドウォール、著者によるインタビュー、2016 年 9 月

働くためにはどのように構造を変更すればよいのかを考えることができます。

いずれにせよ、チームの分割を決めたら、多くの考慮事項を念頭に置く必要があります。「6.3.5　チーム分割の感情的な課題」で述べるように、分割には感情的な反応がつきものです。そのため、慎重に進めていかなければいけません。私の経験では、自分たちで決めた分割が「いちばん簡単」です。しかし、そうでない場合もあり、外部から影響を及ぼそうとする人もいます。次にいくつかのガイドラインを示します。

6.2.2　チームを分割する理由を明確にする

なぜチームを分割するのか？ 理由を明確に説明できることが重要です。チームの周囲の人たちはなぜ分割が必要なのかを知りたがるでしょう。たとえば、新しい仕事が入ってきて、あるチームはこれまでどおりの仕事を続け、別のチームは新しい仕事に取り組むのかもしれません。もしくは、単にチームが大きすぎると感じているからかもしれません。あるいは、物事に時間がかかりすぎているので、より効果的に仕事を進めるためにチームを分割することにしたのかもしれません。どのような理由であれ、「エレベーターピッチ」を作成し、チームで意見を合わせましょう。そうすることで、チーム内外にこのアイデアを共有できます。

6.2.3　新しいチームのミッションを明確にする

チームにはその存在意義が必要であり、それは通常、チームが取り組んでいる仕事に関連しています。ミッションステートメントでチームの集中すべきことを宣言できます。ミッションとは「迷わず進むためのゴール」です。ミッションステートメントは、ミッションの**理由**を説明するものであり、なぜそれが重要なのかを 1〜2 文で記述します。Spotify のクリスチャン・リンドウォールは、自社のチームについて語ってくれました。Spotify は音楽再生に関係するソフトウェアを開発しています。Spotify には、ユーザーがプレイリストに曲を追加できる機能があります。クリスチャンは次のように述べています。「ミッションの 1 つは、『プレイリストを通じてユーザー自身が Spotify アイデンティティを形成することで、満足感のある体験を提供する』というものでした」。別の例として、Holistic Experience チームのミッションは、「他のチームがより高品質で、一貫したユーザー体験に移行できるよう支援する」でした。

他のチームメンバーと協力してミッションを作成することが重要です。クリスチャンは次のように述べています。

私はあるチームをコーチングしていました。そこには全体を推進するプロダクトオーナーもいました。プロダクトオーナーと何度か話し合い、ミッションを分割するための提案をいくつかまとめました。そのあと、この提案を検討するために、チーム全員を集めました。いくつかの提案は大幅に修正され、他の提案は微調整されました。最終的に、大きな問題やミッションを解決する3つのミッションにたどり着きました。そして、私たちはこのように言いました。「OK、これがミッションです。ではこのミッションに従ってどのようにチームを分割するかを考えましょう」[6]

ミッションについて議論する過程で、各チームにどのメンバーが参加するか決めるかもしれません。では、どのようにしてミッションにメンバーを割り当てるのでしょうか？

6.2.4　誰がチームに残るのか決定する

Spotify の例では、次に行われたのはホワイトボードを使ったブレインストーミングセッションでした。ここでは、メンバーが自分でどのチームに参加するか選べるようにしました。クリスチャンは次のように言っています。「私たちはミッションを策定し、ホワイトボードに新しいチームの円を描いて、全員の顔をアバターとしてボードに貼り付け、『数日以内にこれらのチームを作りましょう』と言いました。まずは、みんなが自分の顔を希望する場所に置くところから始めました。すると、メンバー同士がお互いに話し始めたのです。私たちはその会話をサポートし、数日後には新しいチームの構造が完成しました」

この例のように、メンバーにどのチームに移るかの選択肢を与えるのは良いアイデアです。問題解決をチームに委ねることはとても効果的です。メンバーはこれまでに、チーム編成よりもっと難しい問題を解決した経験があるはずです。

私はマネージャーがメンバーとの1on1を通じてチーム配属を調整して決定したあと、グループ全体で公式に発表するのを見たことがあります。3章で述べたように、チーム変更に対するアプローチには、さまざまなオープンネスの度合いがあります。

各チームのメンバーが決まったら、この変更の物理的な影響、たとえば新しいチームがどこに座るのかなどを考えることが大切です。もちろん、同じ場所にいることが前提です。

---

[6]　クリスチャン・リンドウォール、著者によるインタビュー、2016年9月

6.2.5 新しいチームのための座席配置計画を立てる

　同じロケーションで働くチームは、同じ場所に集まって座るべきです。各チームが自分たちの専用スペースを持ち、その場所を自由にカスタマイズし、チームシステムとして自分たちのことを表現できるのが理想です。チームの分割が決定したら、備品調達の計画が必要です。会社の適切な担当者と連携して、このような物理的な変更を実現させなければいけません。

　一方で、実際に全員が一緒に座ることが難しい場合もあります。そのような場合、「チームの部屋」を設け、ミーティングやイベントがあるときにはそこで集まり、終わったら各自のデスクに戻るという方法もあります。しかし、私の経験では、同じロケーションにいるだけでなく、同じ場所に集まって座ることは、コラボレーションをより促進することがわかっています。

　これはチームが分散している場合には問題にはなりません。分散チームの場合、チームの分割に伴って、ツールやシステムの更新が必要になります。これについては後述します。「6.3.4　設備部門やIT部門の巻き込みが遅い」を参照してください。

　私がチームに推奨しているのは、自分たちがどのようなチームシステムであるかを明確にすることです。このテーマについて、次の節で詳しく見ていきましょう。

6.2.6 チーム名を決める

　チームに名前をつけることは、チームのアイデンティティとオーナーシップを表現します。私は作成するツールや構築するコンポーネントにちなんだ名前をつけたチームも見てきました。メンバーが考えたまったくの造語やふざけた名前のチームもありました。

　AppFolioでは、何年ものあいだチームが自分たちで名前をつけていました。音楽バンドの名前とオタク要素を組み合わせた名前をつけるのが流行りました。たとえば、最初の2つのチームは「Diff Leppard」と「Hex Pistols」と名付けられました。3つめのチームは「Fu Fighters」と呼ばれました。数年後、チームは「Saving Private Repo」や「Ace of Rebase」などの映画の名前や、自分たちの好きな名前に分岐していきました。

　年月が経っても、これらのチーム名は生き続けました。これらのチームに人が出入りしました。仕事は会社の優先順位にもとづいてチームに割り当てられ、年々変化していきました。会社が成長するにつれて、5章で紹介したようなワンバイワンパターンを使って新しい人たちがチームに追加されました。

通常、チームへの人員追加が 1 人ずつ行われる場合、チーム名はそのままでした。変化がもっと大きくて、複数のチームに分割するような場合、結果として 2 つのチーム名が生まれました。一方のチームは元の名前を引き継ぎ、もう一方のチームが新しい名前を採用しました。名前が変更されると、チームは他のチームにその変更を知らせました。

6.2.7 チーム配属を他の人に知らせる

チーム分割後の各チームのメンバー構成は、会社内の既存のコミュニケーションチャネルを使って、全員に明確に知らせるべきです。誰がどのチームに所属しているのかを明示的に書き出し、チーム編成に関する潜在的な混乱を解消しましょう。たとえば、ホワイトボードに**分割前**と**分割後**の絵を描き、どのメンバーがそれぞれのチームに所属しているのかを書き出します（多くのチームに分割する場合は、それも含めます）。分割前後の絵がどのようになるのかは 12 章を参照してください。リチーミングを周知するときには、新しいチームが始動する日付をカレンダーに設定し、正式なキックオフイベントを開催します。

6.2.8 新しいチームの正式なキックオフをする

新しいチームを立ち上げるとき、私はチームキャリブレーションセッションを開催するのが好みです。私の経験では、2 時間もあれば実施できます。このセッションでは、新しいチームとしてどのように一緒に働きたいか、ミッションと仕事の内容について話し合います。また、チームとしてどのように協力して働くことでどのような成功と卓越性を達成できるのかを定義します。チームキャリブレーションに向けて検討することはたくさんありますが、それはどれだけの時間を割きたいかによります。詳細なアイデアについては「13.3 チームキャリブレーションセッション」を参照してください。

私はこれまでにさまざまな会社で、たくさんのチームが成長し、分割するのを目の当たりにしてきました。チームを分割すると、チームのダイナミクスを一時的に混乱させることになりますが、それはより良い状況を目指すための手段です。私がこれまで見てきたなかでいちばん成功した分割は、チームのメンバー自身が決めたものでした。多くの場合、分割の可能性についてたくさんの議論が重ねられていました。しかし、チーム分割はすべての問題に対する即効性のある万能薬ではありません。いくつかの困難が生じる可能性があります。

6.3 グロウアンドスプリットパターンの落とし穴

チームを分割するときに注意しないと、問題を別の問題にすり替えてしまうことがあります。ここでは、チームにとって課題となる落とし穴と、それを軽減する方法をいくつか紹介します。

6.3.1 チーム間で人を共有する

チームが分割されたあとに、プロダクトマネージャー、UX デザイナー、QA エンジニアなどの専門職を共有するケースをよく見かけます。これはかなり検討が必要な変化です。なぜなら、共有されるチームメンバーは、おそらく 2 倍のミーティングに出席する必要があり、かなりの負担になりうるからです。共有メンバーが増えると、まるで 1 つの大きなチームであるかのような感覚になり、チーム分割の目的が失われてしまいます。

この問題を理解して、分割後のチームに必要な人員を補充するために採用許可を得るチームもありました。ですが、採用には数か月かかることもあります。この方法を採る場合は、チーム内でこの問題の対処方法について合意し、役割を越えてでも前に進めましょう。代替策は、採用が完了するまで大きいチームのままでいて、そのあとに分割することです。

チーム間で人を共有するという落とし穴の他に、チームを半分に分割すると、チーム間に依存関係が生じて別の課題を引き起こすことがあります。

6.3.2 分割後のチーム間の依存に対処する

理想的には、チーム分割後は、各チームの作業は分離されていて、他のチームと過度に相談せずに自律的に運営できることが望ましいです。しかし、すべてのコードが同じコードベースにあるモノリシックなシステムを扱っているような場合、両チームの作業が共有されるのが一般的です。このような場合は、一方のチームの変更が他方のチームのコードを破壊しないよう、チーム間で円滑に情報をやりとりしなければいけません。このような状況をうまく扱うためのさまざまなアプローチがあり、書籍も数多くあります。ここでは、いくつかのポイントを紹介します。

まず、ラージスケール・スクラム（LeSS）フレームワークからヒントを得たアイデアを検討しましょう。チームごとにスプリントプランニング、スプリントレビュー、レトロスペクティブをし、その後チーム横断で行います。たとえば、依存関係の多い 1 つのチームを 2 つに分割する場合、各チームは個別に計画を立てたあと、代表者が

6.3　グロウアンドスプリットパターンの落とし穴 | **85**

集まって全体の計画を調整し、進め方を共有します。レトロスペクティブやスプリントレビューも同じです。レビューではイテレーションで開発した動作するソフトウェアのデモを行います。これは『Large-Scale Scrum』（邦訳『大規模スクラム』）[†7]で解説されている概念のとてもシンプルな適用例です。

2つめのアプローチは、Pivotal Software や AppFolio が採用していたスイッチングパターンを取り入れる方法です。これは、チームの境界を越えてメンバーがペアを組み、依存関係に対処するというものです（9章参照）。このアプローチでは、必然的にテスト駆動開発とテストコードが必須で、コードのオーナーシップは分散し共有されます。境界を越えて働くことで仕事を終わらせます。私はこのアプローチで好きな点がたくさんありますが、特にコード品質に意識的に向き合っているところが素晴らしいと思います。

3つめの方法として、会社がチーム間の依存関係を管理する担当者を置くこともありました。私自身、複数のチームにまたがる依存関係マネージャーとして、テクニカルプロジェクトマネジメントグループを採用、管理、育成した経験があります。この方法でうまくいくのは、テクニカルプロジェクトマネージャーがサーバントリーダーとして、チームの成功を支援する姿勢を持っているときです。この役割が生産的で成功し続けるには、採用やトレーニング、継続的なフィードバックが欠かせません。また、マネージャーがチーム間の「接着剤」となっている例も見ました。

チームを分割することでチーム間で作業を共有しなければいけなくなる場合、それが本当に良い選択かどうか慎重に考えましょう。作業が絡み合っているときは、むしろチームを1つにしておくほうが、オーバーヘッドが少なく、メンバーにとっても楽かもしれません。

チームを1つのまま維持するのであれば、大きなチームをより効果的にするファシリテーションの技芸を取り入れましょう。お薦めは Liberating Structures のファシリテーションパターンです（https://www.liberatingstructures.com）。これはチームの全員参加を促すように設計されています。また、サム・カナーの『Facilitator's Guide to Participatory Decision-Making』も参考になります。この書籍では、チーム内での合意形成や相互理解をより上手に行う方法や、意思決定に他人を巻き込む方

[†7]　ここで説明した私の適用例は、LeSS を軽視する意味ではありません。LeSS はもっと奥深いものです。クレイグ・ラーマンとバス・ヴォッデによる著書『Large-Scale Scrum』（邦訳『大規模スクラム』）では、複数のチームで依存関係を管理するための興味深い戦略を説明しており、一読の価値があります。また、ワークショップもとても刺激的です。

法についてのアイデアを紹介しています[†8]。

　本書で伝えたいメッセージの1つは、チームを変更すること自体は目的ではなく、軽々しく行うべきではないということです。クリティカルシンキングを使って、リチーミング後の状況を想像しなければいけません。そのために12章の計画テクニックを学び、適用しましょう。

　チーム分割の落とし穴には依存関係以外にも考慮すべきことがあります。たとえば、チーム分割のタイミングです。

6.3.3　分割を先延ばしにする

　チームの分割を決定しても、しばらく停滞することがあります。これは、分割の「リーダー」となる担当者を選んでいないからかもしれません。あるいは、日々の業務に追われて、分割という労力がかかるプロセスに時間を割けていないからかもしれません。

　このようなとき、私は次のように言います。分割を永遠に先延ばしにしないでください。分割する日付を決めましょう。席を変更するタイミングに合わせて、お祝いをしたりパーティを開催したりしましょう。チームが分散している場合は、オンラインで行います。創造性を発揮しましょう。同じ場所にいるときは、ケーキや食べ物を持ち寄って、分割を記念し、大きなチームの終わりをお祝いしましょう。このようなイベントを通じて、分割が進み、現実のものになります。本当です。変更が認識され、実感されるタイミングを作るのです。このタイミングで本当に新しいチームとして始動できるよう、すべての準備を整えておきましょう。チームはこの時間を使って新しいチームの名前を考えることもできます。そうすれば、このイベントのあとに新しいチーム名を他のチームや部署に発表できます。

　また、チームに分割のマイルストーンを含んだスケジュールを作成するよう勧めています。次の節で説明するように、大きな建物の設備部門やIT部門など、他部門と協力して分割を実現しなければいけないときは特にです。これらの部門との調整を忘れずに行い、分割が停滞しないようにしてください。

6.3.4　設備部門やIT部門の巻き込みが遅い

　チーム分割におけるもう1つの落とし穴は、適切なタイミングで必要な人たちを巻

[†8]　マッカンドレス他による Liberating Structures[36] とカナー他『Facilitator's Guide』[29] を参照してください。

き込まないことです。その結果、必要なときに対応できません。チームの変更を決めた以上、遅延が発生するのは避けたいものです。そうならないように、あらかじめ計画に組み込んでおきましょう。

なぜこれらの部門を巻き込むのでしょうか？ それは、チーム分割イベントまでに、すべてのツールが確実に更新されているようにしたいからです。たとえば、一部のチームは作業管理ツール（Jira など）で新しいプロジェクトの作成や更新が必要かもしれません。また別のチームでは、その他のツール（GitHub など）の更新が必要になることもあるでしょう。また、チャットプログラム（Slack など）で新しいチャンネルが必要かもしれません。さらに、チーム用の新しいカレンダーやメールアドレスの用意が必要な場合もあります。会社の規模が小さいときは、チームが必要とする内部のシステムを直接変更できることが多いです。しかし、規模が大きくなるにつれて、これらのプロセスがより形式的になり、他の担当者によって管理されるようになります。

同じ場所で働いている環境では、IT に関するものに加えて、チーム分割による設備への影響も考慮しなければいけません。デスクの移動や再配置は簡単にできますか？ デスクの移動や再配置について、設備部門や IT 部門とスケジュールの調整が必要ですか？ これらの手続きには時間がかかることがあるので、事前に計画に組み込んでおきましょう。

これらの落とし穴だけでなく、事前に考慮されていない別の問題として、チーム分割がもたらす感情的な影響や課題があります。

6.3.5　チーム分割の感情的な課題

別のチームに分割するのは必ずしも簡単ではありません。私が話を聞いたエンジニアのなかには、以前と同じように同じ人たちと働けなくなることに悲しみの感情を抱いていた人もいました。AppFolio のオフィスは 1 つの大きな部屋でした。最初のチーム分割後もエンジニアたちは同じ部屋で互いに顔を合わせていましたが、それはコード上で一緒に作業することとは違いました。それは 1 つの喪失でした。人間主義的な観点から、コーチ、マネージャー、思いやりのあるチームメイトとして、チームが分割されるときにメンバーがどのように感じているかに注意を払いましょう。メンバーの声に耳を傾ける時間を確保し、何が起きているかを話し合うように推奨し、支援するための最善の方法を見つけ出しましょう。

前述の AppFolio の話のように、特に会社で最初のチーム分割は分割への恐怖につながり、感情的になります。ロンドンのデジタル広告会社 Unruly で働くレイチェ

ル・デイヴィスも、同じような感情が起こったことを話してくれました。Unruly の
コーチ兼開発リーダーであるレイチェルは、あるチームを 2 つのチームに分割したと
きの様子を語ってくれました。同じ場所で働くチームにとってそれは非常に大きな出
来事でした。次の話が示すように、このチームのアイデンティティは強いものだった
のです。

> その大きなチームは、分割することでメリットが得られるサイズに達したと判断
> しました。そこで、チームは分割を実行しました。ただし、それはかなり社会的
> な側面を考慮したものでした。興味深かったのは、分割に対する懸念をすべて洗
> い出し、チーム全体で大規模なレトロスペクティブをしたことです。(中略) チー
> ムメンバーの 1 人が『指輪物語』をテーマにしたケーキを作ってきました。そこ
> には、レゴのフィギュアが乗ったチョコレートの火山が描かれていました。それ
> は仲間との別れを表現していました。明らかに、別れることに感情的になってい
> ました。たくさんの人がキャリアの初期にこの会社に加わり、長い時間を共に過
> ごしてきたため、「ああ、今、私たちは別れるのだ」と感じていたのです。

　レイチェルはこの分割がチームにとって、ひときわ感情的で恐怖心が伴っていた理
由を説明してくれました。それは、チームの多くの開発者が会社に入った当初、開発
チームは CTO に率いられていたからです。ちょうどこのころ、CTO はチームから
離れ、ビジネス側とより密接に仕事をし、新しい分析プロダクトの開発を推進するよ
うになった時期でもありました。つまり、この分割は「単なるチーム分割」を超える
ものだったのです。まさに組織全体に広がる大きな変化を象徴していました。
　結果的に、この分割はチームをより良い状態へと導きました。レイチェルは次のよ
うに述べています。「とても驚いたことに、メンバーは以前よりはるかに幸せになっ
たのです……。私たちはさらに多くのことを成し遂げることができ、スタンドアップ
ミーティングも迅速になりました」。チームは分割前、この変更を心配していました
が、分割後はより狭い範囲に集中することで多くのことを達成できるようになりまし
た。この分割はとてもうまくいったため、9 か月もしないうちに、そのうちの 1 つの
チームがさらに 2 つに分割されました。これは、チームが初期プロダクトの特定の機
能開発に集中できるようにするためでした。Unruly では、チームの分割がパターン
になり始めていました。
　ペイジ・ガーニックは、自分のコードに対してオーナーシップと愛着を感じると、
それを手放すのが非常に難しいことがあると語ってくれました。これがチームの分割

を遅らせる原因となることがあります。彼女は自身の経験をふりかえって次のように語っています。「この分割は私たちが望んでいたよりも長くかかりました。それはコードを手放すこと、つまり個人的な愛着の問題でした」[9]。コードのオーナーシップの強さがリチーミングの阻害要因となることもあります。これについては、11 章で詳しく説明します。

これまで紹介してきたチーム分割に加えて、ダイナミックリチーミングのグロウアンドスプリットパターンは、機能横断的なソフトウェアチームのレベルを超えて起こることもあります。次の節で紹介する事例のように、トライブ、つまりチームのチームのレベルでも起こりえます。

6.4　大規模な分割

「1.1　パナーキー」で述べたように、チーム変更は組織のさまざまなレベルで起こります。それは最下位のチームレベルだけではありません。複数のチームをまたいで起こることもあります。部門、事業部、そして会社レベルでも起こりえます。ここでは、このような種類のチーム分割に関するいくつかの事例を紹介します。

6.4.1　トライブレベルの成長と分割

AppFolio には、研究開発（R&D）組織内にいくつかの機能横断チームがありました。これらのチームは、通常 3〜5 チームずつ、「カレッジ」と呼ばれる構造にグループ化されていました。本書では、これらを「トライブ」と呼ぶことにします。これは、数年前に Spotify によって広く知られるようになった「スクワッド」と「トライブ」という構造的な概念に似ています[10]。

トライブは建物の同じ区域に集まり、そこでチームごとに分かれて座っていました。各トライブのエンジニアは、1 人のエンジニアリングトライブディレクターによって管理されていました。もしくは、トライブの規模が大きい場合は、トライブ内

---

[9]　ベイジ・ガーニック、著者によるインタビュー、2020 年 1 月

[10]　この概念の背景については、「Spotify Engineering Culture」の動画（https://labs.spotify.com/2014/03/27/spotify-engineering-culture-part-1）を参照してください。よく組織変革のときに、Spotify モデルをそのままコピー&ペーストしないように言われます。私たち AppFolio でも、既存の構造からその構造へとコピー&ペーストしたわけではありません。しかし、最初 10 人のチームから始め、私が現在ワンバイワンやグロウアンドスプリットパターンと呼んでいるものを適用していくと、次第にその構造へと成長していきました。これが重要な違いであり、その結果生まれたスクワッドの構造は、私たちにとてもよく適していました。

の実務経験のあるテックリードによって管理されていました。その他の役割、たとえばQAエンジニア、UXデザイナー、アジャイルコーチ、プロダクトマネージャーなどは別のレポートラインでしたが、チームと同じエリアに座っていました。

　少なくとも本書の執筆時点では、トライブ内のチームが行う仕事は、テーマ別のバックログから選択されてチームに割り当てられました。以前、チームはこの作業には関われませんでしたが、エンジニアたちからもっと選択の機会が欲しいというフィードバックを受けて、組織はよりプル型のシステムへと移行しました。コードの共同所有によって、組織と人は取り組む作業に柔軟性を持つことができ、アプリケーションの1つの領域だけで作業することに縛られなくなりました。

　会社が大きくなるにつれ、新しいトライブを成長させていきました。チームが増えるにつれて、エンジニアがトライブディレクターに昇進しました。外部から誰かをディレクターとして採用する場合も、その人はまず既存のトライブに加わり、通常のコードコントリビューターとしてチームの一員になりました。**図6-2**がそのイメージです。

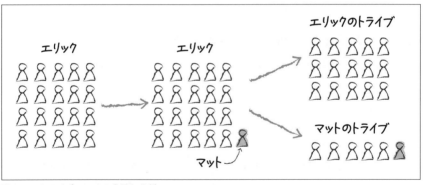

図6-2　トライブレベルの成長と分割

　既存のトライブディレクターが新しいディレクター候補のメンターとなり、この会社でディレクターとして働くことがどういうことかを詳しく教えました。新しいディレクターは、チームの通常業務において他のチームメンバーとペアプログラミングを行いました。チームメンバーも、このディレクターがいずれ新しいトライブのディレクターになることを知っていました。その役割に就くまでに数か月かかることもありました。この現場での経験を通じて、新しいディレクターは信頼関係を築き、プロダ

クトに関する重要なドメイン知識を獲得すると同時に、この環境でうまくいく管理方法の特徴を学ぶことができます。

これによって、外部の人をリーダーシップの役割に迎えたあとで、その人が適任でないとわかるリスクも減ります。段階的に参入してもらうことで、その人が軌道に乗るまでの影響範囲を小さくし、リスクを管理するのに役立つのです。

軌道に乗った時点で、そのディレクターとチームは離れて、新しい独立したトライブを作ります。このトライブを成長させるために、新しい人たちが追加されるか、別のエンジニアリングチームの人たちが参加します。これはどのようにして行われるのでしょうか？グロウアンドスプリットパターンを使うこともできます。また、5章で詳しく説明したように、メンターシップシステムを存続させるために、トライブの元のチームメンバーで新しいチームの種をまくのもよいでしょう。

トライブは、局所的なコミュニティと文化の構築を促進する役割を果たします。ソーシャルイベントの開催は AppFolio の文化の一部であり、トライブはチーム（および各トライブ）ごとにチームビルディング活動のための一定額の予算が割り当てられることも珍しくありませんでした。これには、チームでの食事会、近場へのちょっとした遠足、ワインテイスティング、さらには自社があるサンタバーバラでのセグウェイツアーなどのイベントも含まれていました。

このトライブ構造は、会社の規模が大きくなっても、小さな会社にいるような感覚を持たせることができます。これは、ダンバー数に積極的に対抗する方法です。ダンバー数は約 150 人までしか関係をうまく維持できないという理論です[11]。各人は自分のトライブ内の他のメンバーを知るようになり、これが将来トライブ内でのリチーミングを円滑に進めます。ブルース・タックマンの「形成期、混乱期、統一期、機能期」というチーム形成の哲学を支持しているなら[12]、多くの点で、人が変わり新しいチームの一部になる前に、トライブレベルでの計画的な社会化を先取りして始めます。これはリチーミングに向けた起爆剤のようなものです。

これまで見てきたような新しいリーダーのオンボーディングを用いたトライブレベルでの成長と分割以外にも、私たちの会社には特定の目標を達成するための大規模な分割パターンがあります。次は、Greenhouse Software の事例です。この会社では、違うタイプの目標、つまりコードのオーナーシップを再調整するためにリチーミングを実施しました。

---

[11] Dunbar, "Coevolution of Neocortical Size," 686. [14]
[12] Tuckman, "Developmental Sequence in Small Groups," 6. [54]

6.5 コードのオーナーシップを促進するための成長と分割

　ニューヨークにある Greenhouse Software で、CTO のマイク・ブフォードと、エンジニアリングシニアディレクターのアンドリュー・リスターと話をしました。2 人は Greenhouse がどのように成長し、大きくなっていったのかを話してくれました。ある時点で、チームが約 60 人のエンジニアになったとき、コードのオーナーシップをもっと明確にするために組織の再編が必要だと気がつきました。それまでは、誰もがコードベースのあらゆる部分に取り組んでおり、特定の領域のコードの所有者は「最後に触った人」になっていました。その結果、明確な所有者がいない領域がたくさんありました。マイクは次のように述べています。「私たちは、みんながすべてのものに取り組んでいて、明確なオーナーシップや説明責任を持てるように仕事を小さく切り分けるという重要な仕事をしていなかったことに気がついたのです」[†13]

　コードベースが成長し、人員を追加するにつれて、Greenhouse のエンジニアチームは 1 年で 40 人から 60 人にまで成長しました。その結果、オンボーディングの認知負荷も増加しました。すべてのエンジニアが、仕事ができるようになるためには**すべてを学ばなければいけない**と感じていました。新しいエンジニアをオンボーディングするために必要な時間がコードベースの規模とともに増加したため、次の成長段階で課題に直面することを予感していたのです。

　さらに、Greenhouse では、エンジニアが 1 つのスクワッドから別のスクワッドへ移動できるべきだと考えています。これによって、別の人たちと働き、社会的なつながりを維持し、リフレッシュできるからです。しかし、現在の構造には問題がありました。すべてのチームがコードベースのあらゆる部分で作業しているため、エンジニアがチームを移動するというのは、コードベースの特定の領域を優先するというより、他のマネージャーを優先しているように感じられることでした。この問題は、各チームがそのマネージャーの名前で呼ばれているという事実によってさらに複雑化しました。マイクはこの現象を「チーム変更に対する感情的な摩擦」と表現していました。2 人はこのパターンから抜け出したいと強く感じていました。

　そこで、このような問題を解決するために何らかのリチーミングが必要だと判断し、組織の再編成を構想しました。それは、多くのリチーミングが行われるのと同じような方法で行われました。誰かがそれについて考え、いくつかのアイデアを書き留

---

†13 マイク・ブフォード、著者によるインタビュー、2020 年 1 月

めます。ここでは、アンディが実行しました。アンディはドキュメントを作成し、新しい構造がどのようになるかを提案しました。顧客ドメインとペルソナを中心に、理想的には、各チームに専任のプロダクトマネージャー、デザイナー、エンジニアリングマネージャー、QA エンジニア、データサイエンティスト、ソフトウェアエンジニアがいるというものでした。

アンディとマイクは議論し、そのあとプロダクトリーダーに会いに行きました。プロダクトリーダーもこのアイデアをとても気に入りました。主要なステークホルダーの賛同を得たのち、提案を携えて組織に戻りました。アンディは私にこのように言いました。「チームの全メンバーと 1on1 を行い、そのアイデアの周知を始め、すべてのエンジニアリングマネージャーと話をしました。私はチームメンバー全員に対して、そのアイデアを個別に説明して回りました。私たちはメンバーにチームを移動するよう推奨しました。今では、複数のドメインを持つことで、それぞれ別々の領域で集中し始めることができました」[14]

最終的に、新しい構造へ移行する日が決まりました。それは 2019 年の初めでした。そして顧客ドメイン重視の新しい組織構造に移行してから約 1 年が経ちました。メンバーは移行したことを喜んでおり、メリットもありました。なかでもインタビューで際立っていた効果があります。

エンジニアたちが特定の領域のコードに対して高いレベルのオーナーシップを持つようになったため、アーキテクチャーをどのように進化させるのかについて話す機会を持ち始めていることに気がつきました。アンディは言いました。「今では、このような発言が聞こえてきます。『これは別のサービスになるかな？ もしくは別のライブラリー？ それとも gem？』」。これはコンウェイの法則（https://melconway.com/Home/Committees_Paper.html）が働いている証拠です[15]。

新しい構造は、コードベースのオーナーシップと集中を促すだけでなく、エンジニアリングリーダーがエンジニアの作業と各問題領域への投資額を結び付けるのにも役立ちました。これによって、リソース配分や支出を説明できるようになったのです。これはどの組織でもいずれ必要となることです。マイクによると、「チーム組織は、グループ全体で効率的に支出を配分するためのいちばん効果的なてこです」

そして最後には、誰かがチーム移動を希望するとき、それはもはや「マネージャー

---

[14] アンドリュー・リスター、著者によるインタビュー、2020 年 1 月
[15] コンウェイの法則、つまり「システム（広義に定義された）を設計する組織は、そのコミュニケーション構造とそっくりな構造の設計を生み出す」より。

から離れたい」という否定的な理由ではなくなりました。チームを変えるこの能力を
マイクは「人材維持の秘密兵器」と呼んでいます。マイクは言いました。「どのよう
な仕事でも、数年経つと何か新しいものを感じたくなるものです。人は変化を欲しま
す。この戦略はそのニーズに対応するのに役立ちます。別の機会を考えている人が必
ずしも現在の仕事に不満があるわけではありません。私たちはみな、人生において成
長や変化を感じたいと思っているのです」

　個人としてだけでなく会社としても、多くの動きと成長を経たあとに物事は違うよ
うに感じられていきます。私たちが規模をスケールするにつれて、リチーミングのあ
とにリチーミングが起こり、採用が激しい急成長段階ではそれがさらに顕著になるこ
とがあります。文化は変化し、進化します。人はそれに気がつき始めます。そこで、
居心地が悪く感じるようになるかもしれません。これについては、次の節でより深く
見ていきましょう。

6.6　「私たちの文化をどのように維持すればよいです か？」と尋ねられることの意味

　ここまで私たちは成長に関するリチーミングのパターンを探ってきました。これに
はワンバイワンパターンやグロウアンドスプリットパターンが含まれます。ある程度
の時間が経ち、あなたの会社がこれらの方法で成長したあと、状況が変わったように
感じ始め、周りの人たちが「私たちの文化をどのように維持すればよいですか？」と
尋ねてくるかもしれません。この質問が投げかけられるとき、私はこれをトリックク
エスチョンのように感じます。なぜなら、それはあなたの文化がすでに別のものに変
化したことを意味しているからです。

　私があるスタートアップに加わったとき、初期の従業員である何人かのエンジニア
にアドバイスやコーチングをする立場になりました。当時、従業員は 800 人ほどで、
エンジニアはおそらく 200 人ほどでした。これらの初期のメンバーは、会社が変化
していることに不安を抱いていました。新しく採用された多くの人たちを見てそう
感じていたのです。当時、私たち全員が、約 300 人を収容できる大きなオープンオ
フィスにいました。開発エリアを歩くと、知らない人にたくさん出会うようになりま
した。次第に、名前と顔を一致させて覚えるのが難しくなっていきました。まるでダ
ンバー数の例を実際に体験しているかのようでした。あまりにも多くの新しい人が採
用され、全員と関係を築くことができなくなっていたのです。単純に人が多すぎたの
です。

6.6 「私たちの文化をどのように維持すればよいですか？」と尋ねられることの意味 | **95**

　この成長は何年も続きました。ある人はこれを「急成長期」と呼ぶのかもしれません。この用語は、私の知る限り、通信会社 VimpelCom の CEO であるイゾシモフ・アレクサンダーによるハーバード・ビジネス・レビューの記事で、携帯電話のマーケットの成長について書かれたときに使われたのが最初です[†16]。私はこの用語を会社が狂ったように採用している時期を表すのに使っています。そこには、成長するという使命があります。多くのポジションが募集中です。これは会社の成長において非常に特徴的な時期です。多くのリチーミングが起こっています。私の経験では、ほとんどがワンバイワンパターンとグロウアンドスプリットパターンです。分割や組織の再編成がチームより高いレベルでも起こります。これらのことがあなたの周りで起こっているというのは、とてもダイナミックで変化しやすいと感じるでしょう。つまり、ダイナミックリチーミングです。

　しかし、これらのことが起こっているあいだ、遅くなっていることがあると感じます。人が増えたことで意思決定により時間がかかるかもしれません。スタートアップ時代よりも機敏さが失われたように感じます。より多くのプロセスが開発されます。以前と今ではやり方が違います。おそらく以前はもっと多くの自由と自律性がありましたが、今は変わっています。以前は使用していなかったソフトウェアを使う必要があります。物事が会社全体に「展開」されます。従業員が非常に多くなったので、従業員データを追跡する必要性が高まっています。私は3つの成長したスタートアップにいましたが、すべてで、従業員の名前と写真が入ったバッジが配布され、セキュリティ上の懸念からドアのロックが始まった日に立ち会いました。もはや全員を知ることはできません。これは身を持って経験することです。これは1つの節目です。これが会社が成長したというもう1つの兆候です。

　さらに、このような文化の変化が起こっているあいだ、力が周囲に移行します。私が在籍した3つのスタートアップはすべてエンジニアによって設立されました。エンジニアリングは常に会社の中心であり核のようでした。資金があり、力を持っているように見えました。私の経験では、時間が経つにつれて、これは外側に移っていきます。つまり、財務部門や HR 部門などの外の力によって物事が進んでいくようになります。これらのことが起こると、再び、違うと感じます。なぜなら、実際に違うからです。私たちは自分たちの部門以外から与えられた新しいルールに従わなければいけません。誰かがパフォーマンス管理の実践やキャリアの道筋などの人事システムをさまざまな部署すべてにわたって標準化しようとします。自部門で好きなように何かを

---

†16　Izosimov, "Managing Hypergrowth." [28]

する自由は、今では広い議論の一部になりました。リソース配分が議論されます。仕事が資本化されたり、コスト化されたりします。収益とコストの比率について全体集会で話し合います。より良い比率にするために、採用のペースが遅くなります。すると、急成長は新しい形になります。効率的で、「今あるもので、より多くのことをする」という新しい段階です。

このような変化はすべての人に向いているわけではありません。スタートアップが成長し、規模が大きくなると、人が離れ始めるのは自然なことです。初期の従業員のなかには、会社が自分にとってあまりにも変化しすぎたと感じ、別の仕事を見つけるか、自分で何かを始めるべきだと考える人もいるでしょう。私は、これは良い兆候だととらえています。人は自ら選択して去っていきます。もしその選択をせず、周りのプロセスの強化をよく思わない場合は、会社の足を引っ張ったり、会社が目指す方向と逆行するような行動をとったりする可能性もあります。したがって、私たちは去る人を前向きに送り出します。公の場でこれまでの貢献に感謝し、幸運を祈ります。

Netflix の最高人材責任者を務めたパティー・マッコードは、著書『Powerful』（邦訳『NETFLIX の最強人事戦略』）で、将来の会社に必要な人材を採用することについて話しています。彼女は言います。「解決したい問題、その問題を解決するための時間枠、成功する人材の特性、そしてその人たちが知っておく必要があることを特定し、そして自問してください。『準備が整い、実行可能になるまでに何をし、誰を巻き込む必要があるのか？』」[17]。この視点には多くの真実があると思います。現在のチームが、将来の会社のために必要なスキルや興味、積極性を持っていないかもしれません。しかし、一部のメンバーがそうだとしても、別の役割に変更することでうまくいくかもしれません。あなたはメンバーそれぞれについて、現在どのような仕事をしていて、将来の目標は何か、そしてどのように成長したいかを理解する必要があります。また、その成長の過程で支援し適切な機会を提供するか、あるいは別の役割がより適しているかを見極めなければいけません。また、すでにいるメンバーのことを考慮しつつ、同時に事業体のことも気にかけなければいけないのです。これは簡単なことではありません。

会社に対し誤った忠誠心を持ち、自分は絶対的だと思い込む人もいるかもしれません。最初からいたというだけでは、会社が規模をスケールして成功するためのスキルセットを持っていることにはなりません。ここで、会社にとって何が最善であり、どこに向かって成長しているのか、難しい決断が必要になります。

---

[17] McCord, *Powerful*, 78. [37]

6.6 「私たちの文化をどのように維持すればよいですか?」と尋ねられることの意味 | **97**

　スタートアップにいて、スタートアップが大好きな人は、会社が成長して変化することに耐えられません。しかし、世界を変えようとするような大きい、グローバルな会社に発展することが目標ならば、それは受け入れなければいけないことです。その船に乗れる人を採用しなければいけません。過去のスタートアップ時代への郷愁は、少なくとも私の2番めのスタートアップで、私が陥った罠です。物事を前進させることができる人が必要なのです。

　したがって、「私たちの文化をどのように維持すればよいですか?」と尋ねられたら、それを聞いてきた人たちに注意を払う必要があります。会って、耳を傾けましょう。もしかしたらその人たちは次のステップに進む準備ができているのかもしれません。あるいは、会社の変化に役立てる有益だと思う新しい役割の準備ができているのかもしれません。なぜなら、会社は変化しており、これからも変化し続けるからです。それがこの生物の本質なのです。

　ダイナミックリチーミングは成長によって促されますが、新しいチームで、新しいことに取り組みたい欲求によっても促されます。次の章では、新しい業務領域がきっかけになることが多い、アイソレーションパターンについて見ていきましょう。

7章
アイソレーションパターン

　ここまでは会社の成長に関するリチーミングパターンを見てきました。会社がリチーミングするもう1つの理由は、仕事の性質です。すなわち、これから取り組もうとしている新しい仕事は、チームを変えるか、新しいチームを立ち上げて取り組むのが最善のこともあるのです。これがリチーミングのアイソレーションパターンの存在理由です（次の章で説明するマージパターンも同じです）。

　新しい大胆なアイデアを追求するときに、集中が必要であれば、アイソレーションパターンを使って別のチームを作り、そのメンバーに自由に取り組んでもらうことを検討します。このパターンは、予期しない緊急事態が発生して、集中して対処が必要なときにも同じようにうまく機能します。私が最初に所属していたスタートアップが社運をかけてピボットしたときに、このパターンを経験しました。このときのストーリーは本書の「はじめに」でも触れましたが、本章で詳しく説明します。

　新しい仕事や緊急事態だけではありません。会社が大きくなるにつれて、プロセスや手続きが形式的になっていくことに気づきました。そして、注意しないと、物事にかかる時間が長くなり、重荷に感じるようになります。これは、1章で説明した硬直化の罠もしくは停滞期と同じです。すばやく物事を進めたいときに、プロセスが重たいと感じるようになります。アイソレーションパターンを使うことで、このようなダイナミクスを再調整できるのです。

　ダイナミックリチーミングのアイソレーションパターンは、チームを切り出して分離して配置し、以前の仕事とは違うやり方で仕事を進める自由をチームメンバーに明示的に与えます。既存のチームは今までどおり動かし続けながら、新しいチームを明確に分けて変化を促します（**図7-1**）。

　本章では、このパターンの実例となるストーリーを共有し、アイソレーションパターンを適用する場合の一般的な推奨事項を説明します。それでは、私が最初にアイ

7章 アイソレーションパターン

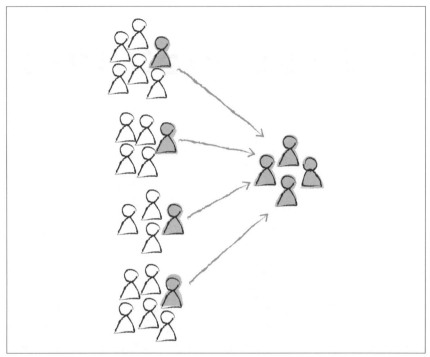

図7-1　アイソレーションパターン

ソレーションパターンを体験した Expertcity のストーリーから始めましょう。

7.1 会社が失敗からピボットするためのアイソレーション

　Expertcity では、私たちはテクニカルサポートのオンラインマーケットプレイスを作っていました。私たちはテクニカルサポートの eBay になるという構想を掲げていました。このアイデアは魅力的で、起業にあたって 3,000 万ドル以上の資金を調達できました。でもプロダクトは失敗しました。共同創業者のクラウス・シャウザーは、Catalyst for Thought で次のように語りました。「みんな画面共有ソフトウェアは好きですが、誰もテクニカルサポートにはお金を払いたがりません。1,000 万ドル

の教訓？ マーケットの検証を行うことです」[†1]

　次のプロダクトのリスクを低減するためにマーケットの検証をしたのち、Expertcity はピボットしました。そこで、リチーミングを始めたのです。新しいプロダクトのアイデアに取り組むために、既存のチームから数名のエンジニアを引き抜き、オフィスの別の場所に移動させました。私はこのチームにライターとして参加することができました。残りのエンジニアたちには、私たちが別のことに取り組んでいること、私たちを放っておいてほしいこと、通常のプロセスには従わないことを伝えました。こうして、私たちのチームは、特別かつ意図的で、有益なサイロのなかに置かれることになりました。

　私たちは、誰でもリモートから自分たちのコンピューターにアクセスして操作できるプロダクトを開発するタスクが与えられました。このプロダクトは GoToMyPC と名付けられました。

　プロダクトの初期段階では、私たちのプロセスは自由でした。他のチームが使っているウォーターフォール型の働き方から解放されたのです。ウェブページの精緻なモックアップは不要で、作ろうとしているものを説明する仕様書を書く必要もありませんでした。エンジニアは、あとで他の人がウェブページの化粧直しをするだろうと考えて、簡単なアートワークを作りました。このおかげですべてがすばやく進められました。作業にかかる時間を見積もる必要もなく、ただ作業を進めることができました。

　この解放的なピボットが、Expertcity を新しい道へと導きました。 そうして、私たちは GoToMeeting と GoToWebinar という、本書執筆時点でとても人気があるプロダクトを生み出しました。

　アイソレーションパターンによるリチーミングによって、苦境にあるスタートアップはピボットして新しい道を見つけられます。それだけでなく、会社で新しいプロダクトを立ち上げるときもこのパターンを適用できます。次は、AppFolio で SecureDocs を生み出したときに何をしたかを説明しましょう。現在 SecureDocs は独立した会社になっており、カリフォルニア州サンタバーバラを本拠地としています。

---

†1　Turner, "Catalyst SYNC." [55]

7.2　新プロダクト開発のためのアイソレーション

　それから約 10 年、AppFolio では 2 つめのプロダクトを作るためにアイソレーションパターンを使いました。M&A のときに使うオンライン上のセキュアなデータルームで、SecureDocs という名前でした。これについてコムロン・サッタリにインタビューすると、彼はこうふりかえりました。

> 私たちにはエンジニアリングチームの通常の仕事とは別のゴールがありました。青空プロジェクトのようなもので、まったく新しいプロダクトを作っていたのです。マーケットの検証もしたし、山のように実験もしました。チームは完全に分離しただけでなく、プロセスも完全に変えました。スプリントプランニングやスクラム、2 週間とか 4 週間のスプリントはなくしました。2 日後に何をしているのか予想もできないし、そんな状況ではスプリントプランニングは機能しないし、新しいことを学習した結果ストーリーの見積りは一夜にして 8 ポイントから 1 ポイントに変わります。そんな感じで、将来の作業計画は必ずしもうまくいかないので、もっとフローベースのプロセスに変えたのです。バックログを用意して、優先順位で並べ、上から順番にそれを取る、というのを単純に繰り返すようにしました。

　彼はまた、こう付け加えました。「1 週間すら必ずしも約束できなかったので、基本的に 1 時間スプリントに変えました。リストからストーリーを取り出し、そのストーリーに取り組むことで何かを学びます。このやり方は他のチームとはまったく違うプロセスでした。（中略）このやり方がどう機能するかは必ずしもわかりませんでしたが、大きなチームの外側にチームを分離し、独自のフィードバックループを持つようにしたことで、たくさんの実験ができるようになりました」[†2]

　SecureDocs は現在も存続する別の会社になりました。コムロンはその会社の共同創業者兼アーキテクトでした。この例は、成功するには、構成を変えない安定したチームが必要であるという神話を否定するものです。どちらの例も、もし「安定」したチームを変えずにそのままにしていたら、まったく違った結果になったでしょう。どちらも、これほどの速さでリリースできたとは思えません。ダイナミックリチーミングには大きな力があるのです。

　私は SecureDocs と成功を成し遂げた会社を誇りに思っています。AppFolio のな

---

†2　コムロン・サッタリ、著者によるインタビュー、2016 年 3 月

かでそのルーツが育まれているのを目の当たりにするのは楽しいものでした。Citrix でも、Citrix Online と呼ばれる部署が、アイソレーションパターンと似た手法を使って新しいプロダクトを立ち上げました。次はその話をしましょう。

7.3 会社で新たなイノベーションを起こすためのアイソレーション

2015 年、私の友人であり Citrix Online でプリンシパルプロダクトマネージャーを務めるキャリー・コールフィールドは、アプリ内コミュニケーションのツールを作っているチームを率いていました。 このツールの目的は、類似のサービスを提供している Grasshopper という会社の買収を検討するためでした。

そのとき会社を率いていたのは比較的新しい CEO で、キャリーと数人に「イノベーションを起こし、自社の目玉プロダクトである GoToMeeting を破壊する」というミッションを持つチームを作るよう促しました。新しいチームで違う働き方をするときが来ました。チームは、エリック・リースの著書『The Lean Startup』（邦訳『リーン・スタートアップ』）[†3] で紹介しているテクニックを適用しました。

新しいチームの最初のうちは、元のチームと同じ席のままでした。キャリーは「最終的に座席を移動しましたが、それが本当に役に立ちました」と言っています[†4]。彼らは**スタートアップと呼んでいるガレージのような場所**に移動しました。リチーミングのあとで場所を変えると、新しい体験をしているように感じます。それが重要です。分散している場合は、新しいチーム専用のチャットチャンネルを作れば同じ感覚を持てるでしょう。

チームがプライバシーを確保でき、それがイノベーションに役立ちました。「私たちがしていることを見ている人は誰もいませんでした。私たちは自分がしたいことをするだけでした」とキャリーは言いました。

チームはプロセスも自由で、必要ならサードパーティのツールを使ってよいと CEO から言われていました。「以前と同じようなやり方で物事を進める必要はどこにもありませんでした。オペレーションに話す必要もありません。UX チームから許可をもらう必要もありません。まるで、何年も抱え続けてきた重荷を脱ぎ捨てるようなものでした」

---

†3 Ries, *The Lean Startup.* [44]
†4 キャリー・コールフィールド、著者によるインタビュー、2017 年 4 月

しばらくしてチームはピボットし、Convoi と呼ばれるプロダクトを作りました。これはユーザーが 2 つめの電話番号を持てるようにするものです。プロダクトは人気でした。幹部チームは、Convoi に似たプロダクトを提供しており、マーケットを獲得している Grasshopper の買収を進めました。つまり、キャリーのチームはこの会社買収の検証を助けていたのです。最終的に、Grasshopper が Citrix Online に統合され、キャリーのチームは解散しました。

彼女のチームが Grasshopper に統合されると、チームの精神は変わりました。「もうイノベーションを起こす活動はしませんでした。何も開発することを許されなかったのです。既存の顧客を移行するだけでした」と彼女は述べています。そして、ガレージから出て、元のエンジニアリングチームに戻らなければいけませんでした。しばらくして、チームは解散しました。チームにとっては悲しいことでした。信じられないような旅を経て、この結末を迎えました。ダイナミックリチーミングには愛と喪失のような側面があります。チームはいつまでも生きながらえ拡大を続けるわけではありません。ときにはワクワクするような旅も終わります。

イノベーションや新プロダクトの開発を目的としてチームを隔離する以外にも、予期しない技術的な状況に対処する戦略としてアイソレーションパターンを活用できます。

7.4　技術的な緊急事態を解決するためのアイソレーション

AppFolio で最初のプロダクトである Property Manager を公式にリリースする以前の最初期のころ、内部的にテストをしていて、顧客向けにリリースするには速度が不十分だと判断しました。この問題に取り組むことを決め、そこでアイソレーションによるリチーミングを行いました。

そのチームの一員だったコムロン・サッタリによると、数人のシニアエンジニアが自分たちのチームを離れて集まり、数週間会議室にこもって、すべての速度を改善しようとしたそうです。彼は次のように説明してくれました。

> 私たちは 2 倍かそこら高速化する必要がありました。仕事の構造はほとんどなく、たくさんの実験をするのに多くの時間を使いました。私たちのチームは 3〜4 人で、全員が別々の方法を探索していました。それから共通する点が実際に見えてきて、バグや問題を見つけると、全員でそれに集中して直していました。そ

れから次の探索に移り、何が起きているかを把握しようとしました。そんなに長かったとは思いませんでしたが、2週間のうちにゴールを達成しました。私たちはこの小さなチームを解散し、通常業務に戻りました[5]。

コムロンと私はしばらくこのチームについて話をしました。彼は、この緊急作業は既存のチームには合わないと考え、そのために別のチームを作ったのだと語りました。既存のプロダクト開発チームの構造は、既存のソフトウェアプラットフォーム向けの新しい機能を作る上では機能していました。でも、緊急作業は違うと感じたのです。自由に違った働き方ができる必要があり、既存のチームにそうすることの必要性を納得させなくて済むような自由が必要だったのです。そこで、彼らは今アイソレーションパターンと呼んでいるものを使って、チームを再編しました。コムロンは「ときには、今のプロセスに必ずしも合わない問題が発生します。その場合はプロセスを少し変えることになります。それをするのは小さなチームのほうが簡単です。大きなチームだと、何をしようとしているのかを説明しなければいけないですし、他の人の日々のルーチンに必ずしも合わせられないかもしれないためです」と説明しました。

このアイデアは、通常のスプリントの作業のなかで**スパイク**を行うという考えに対する挑戦です。スパイクとはチームでときどき発生する特別な調査用のストーリーのことです。たとえば、プロダクトオーナーから頼まれたものをどのように作ればよいかがチームにはわからないとき、**スパイク**用のストーリーをバックログに入れておき、チームは決めた日数や時間というタイムボックスのなかで調査を行います。これはスプリントで行う他の種類の作業、典型的なものだと機能開発のように「わかっている」ことが多い作業とはかなり違います。2週間スプリントだと毎日スタンドアップミーティングをしますが、未知の作業の場合は1時間ごとのスタンドアップミーティングが必要かもしれません。別のリズムや既存のルールのなかでこれをするのは難しいでしょう。

コムロンは、パフォーマンスチームの例をもとにこの点を比較しました。

> 私たちには（パフォーマンスを改善するという）具体的なゴールがありました。でもそれは、プロダクトマネージャーが「ねぇ、XとYとZの機能を実装する必要があるんだけど」と言うようなものではありません。それなら、明確な最終ゴールがあって、そこにたどり着くのに既存のプロセスを使えます。スプリント

---

†5　コムロン・サッタリ、著者によるインタビュー、2016年3月

プランニングも、ストーリーの分解も、見積りもできます。（中略）高速化のためのタイガーチームでは、最終ゴールは「速くする」という曖昧なものでした。私たちは、それが何を必要とするのか知りませんでした。どのようなツールを必要とするのかも知りませんでした。結局コンサルタントを呼びました。専門家と会話するために 10 人が参加するオンラインミーティングを行いました。月曜日の時点で、火曜日や水曜日に何をすべきなのかすら必ずしもわかっていませんでした。

このような種類の作業は、2 週間スプリントのなかでメンテナンス作業に精を出すような違う作業リズムで進めているチームに組み込むのは不適切です。コムロンが言及しているように、作業が未知のものなので、何を終わらせるべきかを探索し発見するためには、もっと短いフィードバックループが必要だからです。数週間後、この短命チームはミッションを達成し、メンバーは通常のチームに再び組み込まれました。このチームにとって、既存プロセスの束縛から逃れられることは、解放感を与えるものでした。これはアイソレーションパターンの大きな利点です。

アイソレーションパターンは、共通のゴールを達成するために多数のチームが関わるようなコンテキストでも適用できます。たとえば、次のストーリーで紹介する、大規模モノリスのパフォーマンス問題を解決する場合です。

7.5　アイソレーションパターンのスケーリング

チームが 50 あって危機に瀕している場合、問題をすべて解決するために隔離したチームを 1 つ別に作るだけでは不十分な可能性があります。この場合は、複数のスクワッドをまたいで作業を調整する別の構造が必要になるでしょう。私はこの構造を**ハブアンドスポーク**と呼んでいます。これは自転車の車輪の中心から、タイヤや車輪の縁へとつながるスポークを想像させます（**図7-2**）。

このストーリーでは、デイリースタンドアップミーティングのためにワークスペースの中心に集まり、それから情報共有のために、周囲にある自分が所属するそれぞれのチームに戻るというパターンで構成されています。

この 50 チームは同じようにパフォーマンス問題に遭遇していて、リーダーは「ラインを止める」形の指示を出して、全員でパフォーマンス問題に集中するようにしました。この命令はチャットツール、メール、複数のエンジニアリングディレクター経由で共有されました。ここで私たちが行ったのは次のようなことです。

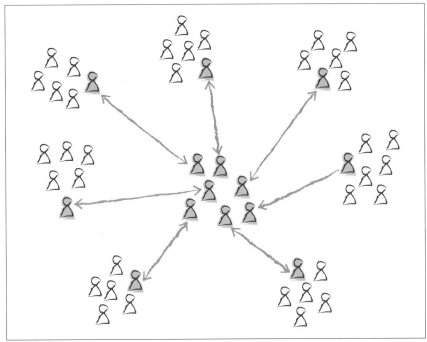

図7-2　ハブアンドスポークの構造でアイソレーションパターンをスケーリングする

初めはやや無秩序で、自分たちが見つけたパフォーマンス問題を解決するためにさまざまなことに取り組んで、それについて話すところから始まりました。助けたいと思っている人はいましたが、どうすればいいかはわかりませんでした。この問題を解決するため、いくつかの重要な戦術が浮かび上がりました。

- 取り組みの進捗を示すわかりやすいダッシュボード
- 明確な成功の定義
- スクワッドや複数のスクワッドのクラスタごとに主担当を決め、スクワッドに作業や支援の準備ができている人を割り当てる
- 主担当を集めたデイリースタンドアップミーティング（興味がある人は誰でも参加できる）
- 研究開発組織全体への定期的なステータス報告
- 自ら名乗りを上げて、この取り組みの顔となったリーダー
- 優先的な課題についてコミュニケーションし、同じ理解に至るためのエンジニ

アリングチームとプロダクトチーム間のリーダーミーティング

しばらく作業に取り組んで終わらせたことで、緊急事態の終結を宣言するに至りました。結果的に、私たちは、優れたダッシュボード、危機において組織化する能力、今後のパフォーマンス関連の取り組みを監視し戦略を立てるための実践コミュニティを得ることができました。これは創発的な組織設計であり、私たちにとってはとても効果的でした。今後危機に瀕したときは、ダイナミックリチーミングのアイソレーションパターンの適用を検討してください。

ここまでで、アイソレーションパターンの力を示すいくつかのストーリーを見てきました。次は、このパターンに関する一般的な推奨事項と避けるべき落とし穴について説明します。

7.6 アイソレーションパターンの一般的な推奨事項

紹介したストーリーや過去何年にもわたるアイソレーションパターンの経験から、このパターンを意図的に適用して成功するための一般的な推奨事項を説明します。まずはチームに誰を入れるかです。

7.6.1 起業家精神を持つ人をチームに招き入れる

隔離したチームでは、普段から他人の指示がなくても動ける人がいると役に立ちます。イノベーションや新しい仕事を推進する隔離チームは、障害にぶつかります。違った働き方をする必要もあるでしょう。従来の役割分担を飛び越えて何かをしなければいけないこともあるでしょう。物事を進めるのに必要なことをするのだという考えを持っているのが重要です。チームはシニアエンジニアだけで構成しなければいけないわけではありません。良いメンターの指揮のもとで、インターンで構成された隔離チームが非常に素晴らしい価値を生み出しているのを見たこともあります。会社が生きるか死ぬかの状況であれば、間違いなく厳選してチームメンバーを選び、頑張ってもらいます。

7.6.2 チームに働き方は自由であることを伝える

どのように仕事を組み立てるかを決める自由があることをチームに事前に宣言するというのは、特に厳格なプロセスを使っている人たちにとっては信じられないことです。隔離チームの人たちがこの領域にあまり関心がないなら、以前のチームで使っ

ていた基本的なプロセスを試しても構いません。ここで重要なのは、チームの人たち
をプロフェッショナルとして扱い、自由を与えることです。それがうまくいかないな
ら、あとからいつでもチームに働きかければよいでしょう。

7.6.3 チームを自分たち専用のスペースに移動する

物理オフィスで働いている場合、オフィス内外で場所を移動すると感覚が変わりま
す。まったく新しい仕事のような気がすることもあります。隔離チームを移動させ、
新しい場所で新鮮な気持ちで始められるようにしましょう。

7.6.4 他のチームに邪魔しないように伝える

チームがかなり集中しなければいけない場合、他のチームには隔離チームの邪魔を
しないように伝えましょう。隔離チームを管理する人は、誰かがやってきてチームの
邪魔をするときの緩衝材として機能します。あなたがマネージャーなら、このチーム
に質問がある人はあなたのところに来るように伝えましょう。

7.6.5 チームを継続するか、他のチームに戻すかを決定する

チームがゴールを達成したら、そのあとどうするかを決めなければいけません。
チームが新しいプロダクトを生み出し、それが存続しそうであれば、このチームの人
たちが初期メンバーとなって、その周りに他のチームを作って育てることになるかも
しれません。短期の緊急事態に取り組んでいる場合は、他のチームに戻るだけになる
でしょう。

推奨事項に加えて、アイソレーションパターンには注意すべき点もあります。次は
それについて説明します。

7.7 アイソレーションパターンの落とし穴

私が思うにアイソレーションパターンには3つの落とし穴があります。エリート主
義、隔離チームが作ったコードのメンテナンス担当の見通しを立てていないこと、隔
離チームでの取り組みが終わったあとに関与しなくなることです。この3つの落とし
穴について見ていきましょう。

7.7.1 エリート主義

隔離チームは、ときに通常のチームと比べて特権を持っているとみなされることが

あります。チームの人たちは輝かしい経歴を持ち、選抜されてチームに参加し、好きなやり方で物事を進める権限が与えられています。その結果、チームの人たちは自分たちには特別な地位が与えられているという態度を取るようになり、傲慢に見えることがあります。隔離チームのなかには、困難な問題を解決することで英雄とみなされるチームもあります。それはチームが達成した技術的な偉業によるものかもしれません。そうして、チームはスーパースターという評判を手にします。

　でも、すべてのチームがこのように自由に運営できるわけではありません。そのせいで、他のチームとのあいだに「私たち vs 彼ら」という状況を作り出す可能性があります。嫉妬が生まれるかもしれません。エリート主義を緩和するには、隔離チームと同じくらい他のチームにも注意を払う必要があります。他のチームも同じように素晴らしい仕事をしており、それを確実に認めるようにしましょう。

7.7.2　コードのメンテナンスをどうするか？

　既存のチームとは別にチームが作られ、のちに解散してメンバーが他のチームに戻る場合、隔離チームで作られたコードを誰がメンテナンスするかを把握しなければいけません。作られたコードをどのようにメンテナンスするかの戦略を立て、コードを引き継ぐことになる他のチームから賛同を得ましょう。そうすればあとでそれが摩擦のもとになることはありません。

　隔離チームが作られ、セールスチームの何人かが強く望んだ機能を開発したら、すぐに解散させられたのを見たことがあります。チームの作ったコードは即席のもので、そのおかげで何日も時間を短縮できました。でも、チームは、変更したコードの担当者だったエンジニアとの関係性を損ねました。つまり、チームは乱雑なコードを残したまま別のチームに戻ったのです。これによって会社のなかで摩擦が生まれました。それに代えて、もし隔離チームが、普段からそのコードを所有して仕事に取り組んでいる他のチームと事前に軽く合意していたらどうだったでしょうか？これからやろうとしていることを事前にすり合わせておけば、他のチームを驚かせることもなく、あとでもっと調和の取れた状況を作るのに役立ったでしょう。

7.7.3　刺激的な旅もいつかは終わる

　私が接点のあった隔離チームのほとんどは、最終的に解散し、メンバーは他のチームに戻りました。隔離チームで多くの自由を得たあとに、きっちりと管理されたプロセスを持つチームに戻る場合、違いは顕著です。その点について注意しましょう。隔離チームから離れたあとの仕事のアサインは、注意深く検討してください。チームメ

ンバーやマネージャーとの健全な 1on1 の会話が役に立つでしょう。

　本章では、アイソレーションパターンを使って、作業領域をもとに再編成したチームについて見てきました。このパターンは Expertcity のストーリーで見たように、仕事のピボットが必要なときに有効です。たとえば、パフォーマンス問題などの危機的状況を扱う必要があるときや、会社のなかでまったく新しいイノベーションを起こしたいと思うようなときです。

　アイソレーションパターンは、チームがプロセス面で硬直化の罠にはまる可能性があることを認識することでもあります。私たちは、ある 1 つのやり方で仕事をうまく進められているかもしれません。でも、通常の仕事とは異なる新たな困難に直面すると、イノベーションを起こす許可と自由が与えられ、小さなフィードバックループのなかで働くことをとても新鮮に感じるでしょう。これについては、SecureDocs のストーリーのなかで説明しました。

　アイソレーションパターンという知恵は、標準化して、全員にいつでも同じプロセスを守らせるという考えとは正反対です。個人的には、逸脱は楽しいですし、チームに違う働き方をする自由を与えることで生まれるエネルギーを目の当たりにするのは大きな喜びを感じます。

　仕事の種類に応じてリチーミングを行うもう 1 つのパターンは、マージパターンです。次の章で説明します。

8章
マージパターン

　仕事の性質によって引き起こされることが多いもう1つのパターンが、マージパターンです。マージパターンは文字どおり、**図8-1**に示すように、2つ以上のチームや組織が一緒になることを指します。

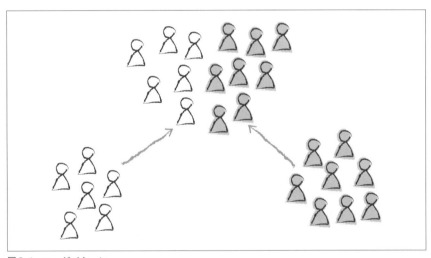

図8-1　マージパターン

　ではなぜチームをマージするのでしょうか？ 6章で取り上げたように、小さなチームほど利益を生み出すことを考えるとなおさら疑問に思います。
　たとえば、ある課題に取り組むために複数のチームの集合知を活用したいと考えるかもしれません。あるいは、作業領域ごとに1つのチームを置くのは制約が多すぎる

と感じ、もっと大きなチームのなかでリチーミングすることで作業配置の柔軟性を上げたいと思うかもしれません。さらには、他社を買収することで力を合わせ、自社だけでは何年もかかるような機能セットの提供スピードを上げたいと考える会社もあるでしょう。これらはマージパターンが適用されるシナリオの一例です。

ここからは、チームレベル、トライブレベル、会社レベルにおけるこのパターンの例を見ていきましょう。まずはニュージーランドの例から始めます。また、非常に難しい合併に関連して、このパターンの落とし穴についても議論します。

8.1　チームをマージしてペアプログラミングにバリエーションを持たせる

Trade Meでウィリアム・テムがデリバリーマネージャーを務める部門では、ウェブフロントエンドの**レスポンシブ対応**（すなわち複数のデバイスや画面サイズで閲覧可能にする）プロジェクトに取り組むにあたって、自己選択チームの実験を行いました[1]。

実験はこのように行われました。ウィリアムのトライブには、およそ8つのスクワッドがありました。250人規模のプロダクト開発組織の彼の担当範囲では、スクワッドは比較的固定されており、そのスクワッドに作業が割り当てられるというのが慣例でした。スクワッドが1つの作業を終えると、マネジメントが次に優先順位の高い作業を確認して、それを「解放された」スクワッドに割り当てていました。いちばんモチベーションの高いエンジニアたちが、いちばん興味深く自分にいちばん適したエピックに取り組めているか、マネージャーたちは疑問に思っていました。作業とメンバーをマッチングさせるのは、運任せか、タイミングの問題でしかありませんでした。そんなスクワッドのマネージャーでもあるウィリアムは、エンジニア、アナリスト、QA、UX、からなる3つのスクワッドの15人をマージして、定期的にダイナミックリチーミングを行うことで新しい働き方を試すことにしたのです（**図8-2**）。

このような実験を選択したのは、作業がある程度わかっていたからです。基本的には既存のフロントエンド機能セットをAngularに移植して、複数の画面サイズでもレスポンシブに動くようにするのが目的でした。これがマージパターンの実践例です。

始めるにあたって、レスポンシブ対応させる機能やエピックの名前を壁に張り出し

---

[1]　ウィリアム・テム、著者によるインタビュー、2016年11月

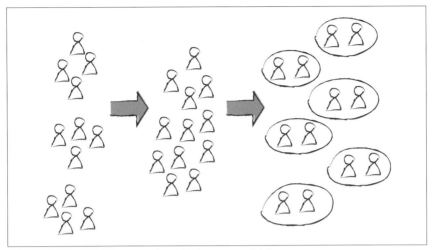

図8-2 スクワッドをマージして、自己選択型のペアリングをする

ました。チームメンバーは自分の名前を付箋紙に書き、これから数週間で自分が取り組みたい機能のところに貼ります。ウィリアムは、1チームあたり開発者とUXデザイナーとQAエンジニアがそれぞれ何人かなどのルールは設けませんでした。チームメンバーが自分で考えればわかるだろうと信頼したのです。自己選択チームを作るのに使う時間は、1回あたり20分くらいでした。これを繰り返しました。チームが特定のエピックを終わらせるまであと1～2週間という段階になると、それが次のリチーミングイベントを開催する合図です。壁に貼るのは「作業中」のエピックと、新しいエピックだけにします。すると、全員が自分の名前を書いた付箋紙を次の数週間で作業したい付箋紙に貼れるようになります。これは、ウィリアムに取材した時点ですでに半年続いていた、継続的なプロセスでした。

この自己選択のリチーミングの威力は、どんなに新しい作業が現れようと、最適な人がマッチングする機会があることです。「どの作業をどのエンジニアに割り当てるか」という意思決定をエンジニアの手に委ねることで、作業配分におけるコマンドアンドコントロールの性質を最小限に抑えられます。理論上は、メンバーの満足度を向上させる可能性があります。さらに、メンバーがすでに着手している作業を自己選択できるのです。つまり特定の作業にずっと従事していたいとか、特定のメンバーたちともっと一緒に働きたいというニーズも満たせるはずです。

チームのマージによって、会社は以前より大きなチームを持てるようになったこ

とに注目してください。これによって Trade Me は意図的なリチーミングパターン、この場合は、ペアリングとペア交換を実施しました。つまり、会社は作業が完了した時点で組織編成と組織再編が行えるような構造を導入したのです。6 章で説明したような、チームが大きくなったときに直面する課題を和らげているようにも見えます。忘れないでください。チームが大きくなるにつれ、チームを運営したりコミュニケーションしたりする方法が劣化しないように、円滑な構造を持たなければいけません。

　チームレベルで起きるマージばかりではありません。チームのチーム、つまりトライブレベルで起きる例を見てみましょう。

8.2　トライブをマージしてアライアンスを形成する

　Spotify のクリスチャン・リンドウォールは、開発の一時期、ミッション汚染の兆候を目にしたと教えてくれました。**ミッション汚染**とは、会社にミッションが多すぎることを意味しています。言い換えれば、同時期に集中すべき作業があまりにも多いのです。ミッションの一部は重複していて、複数のスクワッドが同じ包括的なミッションに取り組んでいました。大規模なグループにまたがるミッションを明確にするために、スクワッドの「リセット」が必要なのは明らかでした。さらに「組織の上位レベルで見れば、既存の組織構造を超えて図体ばかり大きくなっていた」とも教えてくれました。トライブの数も多くなりすぎていたのです。各トライブのリーダーたちは CTO に報告していましたが、それも問題になりつつありました。また、隣り合わせのミッションや似たようなミッションを持ったトライブがあり、トライブ同士の会話の機会も多いので、組織のなかでももっと近い位置に置いたほうがよさそうだと思われました。そこでスクワッドは、リチーミングしてトライブの集約が必要だと判断しました。

　クリスチャンはこう言います。「そこで私たちは、上位レベルから再形成を行いました。トライブをマージし、トライブをグループ化したものをアライアンスという概念として形成しました。スケーリングの問題、つまり私たちが構造に対して大きくなりすぎていたという問題を解決する方法でもありました」[2]。トライブはスクワッドの育成の場で、スクワッドをグループ化したものです。トライブに対して同じような役割を果たすのがアライアンスです。そのため、同じようなミッションを持っていたトライブは、最終的には 1 つのアライアンスにグループ化されることになりました。

---

†2　クリスチャン・リンドウォール、著者によるインタビュー、2016 年 9 月

8.2 トライブをマージしてアライアンスを形成する | 117

　クリスチャンは、Spotify がこの状況下でいかに組織再編を行ったかを説明してくれました。当時、彼が担当する組織では 200 人ほどが働いており、クライアントインフラストラクチャーチームとそこに深く関連するいくつかのトライブで構成されていたそうです。そこで決まったのは「ちょっと再起動してみて、どのミッションが意味をなすのか、どのチームが意味をなすのか、何が意味をなさないのか、どこをマージすべきか、どこをマージすべきでないかを見てみよう」ということでした。「そこで私は、限りなく透明性が高くて、全員参加でこれを行うにはどうすればよいか、徹底的に考えたのです。自分がどこに落ち着くか、誰と働くか、どのようなチームを持つか、どのようなミッションを持つかなどについて、本人が大きく影響を与えたりコントロールしたりできることは必須でした。これを 200 人に対して行うのはちょっと工夫が要りました」

　この「再起動」の方法は興味深いものです。なぜなら、その意図が非常に人間主義的な立場から来ており、単にチーム配置をしてから知らせるのではなく、当事者に選択肢を与えようと努めているからです。リンドウォールは、プロダクトオーナー、リーダー、一部のエンジニアなど、ミッションに近い人たちとの対話から始めたと言いました。初期の段階では、その対象は主に正式なリーダーシップの立場にある人たちでした（ただし、これを再度行うのであれば、もっと早い段階でより多くのエンジニアを巻き込むだろうとのことです）。対象者は約 40 人でした。複数のファシリテーション付きのエクササイズを実施して、上位レベルのミッションを明らかにし、それを新しいトライブ構造に落とす方法を見つけました。言い換えれば、「全員が関わる全体的なミッションと今行っている作業をいったん取り上げ、少しキリっとさせた」とのことです。何回かアイデアを考案するワークショップを行い、トライブ構造についていくつかの提案を打ち出すと、対象者を 200 人に広げた意見収集セッションの材料として持ち込みました。

　次に、スクワッドに対しても、そのミッションについて同じエクササイズを行いました。そして、セッションとセッションのあいだには、スクワッドをまたいだ会話や 1on1 での会話が多くなされました。

　結果的にみんなどのようにしてチームに参加したのでしょうか？ クリスチャンによると、次のようになったそうです。「最終的に、4 つのトライブと 15 ほどのスクワッドができました。私たちは巨大なホワイトボードを用意してこれら 4 つのトライブを描き、それぞれに対する案として、スクワッドのサイズに関するいくつかの制約とあらゆるミッションを書き出しました。そして全員に話しかけて、『というわけで、これが私たちが今やりたいことです。このボードは 1 週間そのままにしておきま

す。私たちは、自分たちでこのトライブとスクワッドへと組織編成をしていきたいと思います。これが、私たち全員で解決したいことです』と伝えたのです」。毎日、このボードの前でデイリースタンドアップミーティングが行われました。また、毎日午後には「フィーカ」(スウェーデン語でコーヒーブレイクを意味する言葉)を行い、提案された構造について話し合える人たちがホワイトボードの前に集まりました。それぞれ自分を表すアバターを作り、それをトライブとスクワッドの構造のなかで動かすことで、自分がどこに行きたいかを表現できるようにしました。既存のトライブリードやマネージャーに1on1でサポートしてもらうことで、個人的な懸念事項についても話すことができました。

最終的に、既存のスクワッドとミッションの一部は残り、それらはボード上に現在のチームメンバーのアバターと共に示されていました。クリスチャンは次のように回顧しています。「多くのチームはほとんどそのままでしたが、1人か2人は新しく興味深いこと追い求める機会を選びました」

この組織再編が行われる前、そしてその方法について議論しているときに、クリスチャンはこの方法に対して懸念があったことを教えてくれました。みんなこれがうまくいくのかと疑問に思っていたというのです。しかし、クリスチャンとこの方法を支持していた他の人たちは次のように考えました。「ご存じのとおり、みんな毎日難しい問題を解決しているような非常に賢い人たちなんです。であれば、みんなにとって自分たちをどう再編するかを考えるのは、解決すべき新しい課題の1つにすぎません。みんなにはそれができます。私たちはそれを手伝うだけです。途中で問題にぶつかるかもしれませんが、それは日頃行っていることです。同じように解決できるでしょう」

数日後、気づくとある特定のスクワッドが空白でした。これは、誰もそこにいたくないという意味です。そこで何人かに話を聞いてみると、このミッション自体が「みんなにとって興味深くも魅力的でもない」ことがわかりました。そこで「よし、このチームは消そう」となりました。

クリスチャンは次のように話しました。

少し大きすぎるとか、少し小さすぎると感じるチームもありました。それに、何人かとは話もしました。まあ、多少の説得はあったにせよ、行きたくないところに強制的に行かされた人はほとんどいなかったと言ってよいと思います。私たちの希望より少し小さくなったチームもありましたし、少し大きくなったチームもありました。しかし、大局的に見れば、それでも問題ないだろうと判断しまし

た。採用と成長に伴い、どうせ物事は変わっていくのです。人も辞めたり新しく入ったりするでしょうが、まあ、なるようになるでしょう。

　私が気に入っているのは、このリチーミングには当事者が参加していること、そしてリチーミングの主催者がみんなに将来の構造について十分に考える時間を与え、どこに行き着くかについても必要とあらば上司たちと会話する機会を提供したことです。このリチーミングの話には、メンバーに対する多くの信頼、配慮、尊重があります。

　ここで説明したトライブレベル以上によく耳にするのが、会社買収のときのマージです。次節で説明します。

8.3　会社レベルでのマージ

　1999 年、私は 15 番めの従業員として Expertcity に入社しました。私たちは、自分たちの発明した画面共有ソフトウェアで世界を変えているように感じていました。グローバルな通信技術に革命を起こしている会社の一員であることは、とてもワクワクするものでした。最初のチームには特別な熱気がありました。自分たちが構築しているものに対する興奮は、人から人へと伝わりました。私たちは汗水垂らして働きました。夜遅くまで働いていた日が何日もあったことを覚えています。日曜日に働いている人も多かったほどです。その場にいないと自分が置いてけぼりをくらうような気がしたのを覚えています。仕事は本当に楽しく、非常にやりがいがありました。

　4 年後の 2003 年、私たちは Citrix に買収されたという通知を受けました。当時の私のレベル（確か技術プロジェクトマネージャー）だと、この合併について知ったのは他の全員と同じように会社の正式発表でした。この発表は多くの人にとって失望するものでした。なぜなら、私たちは会社が上場し、多くの人が体験したことのない「株式公開」の波に乗ることを望んでいたからです。もちろん正直なことを言えば、その出来事で現金を手にしたいと思っていました。結果的に私たちの株はそれなりの金銭価値になりました。とは言え、ドットコム時代の悪評の原因となったような巨額の支払いではなく、懸命に働いてきた多くの人たちは失望していました。

　合併がどのように進められたかは、会社内での立場によって見え方が違ったはずです。私はエンジニアリング部門にいました。少なくとも私の手の届く範囲では、私たちはそのまま仕事を続けることができ、邪魔をされたりリチーミングを求められたりすることはなかったと記憶しています。私たちは GoToMeeting の開発と発明に

引き続き集中しました。これはほぼアイソレーションパターンのようでした。経営層は、何が起きようと私たちの緩衝材になってくれました。HR 部門や経理部門など、他の部門では状況が違っていたと思います。いわゆる**相乗効果**を見出す期間が置かれたのです。両社の重複する役割が整理され、一部の人たちが「ビッグ C」と呼ぶ新しい「母艦」に報告するようになりました。この時期に退職を求められた人がいたとしても、それが公表されることはありませんでした。

CEO が私たちを訪問して全体集会で話をした以外では、私は「新しい」会社の人たちとはあまり会った記憶がありません。私たちは別の部門のような感じがしていましたし、実際そうでした。私たちには Citrix Online という名前が与えられ、それが新しい強固なアイデンティティになりました。少なくとも私にとっては、しばらくのあいだはうまくいっていたと思います。

金銭的な失望以外には、1 年以上経って主要な創業者の 1 人が去り、次いで他の主要な技術系のリーダーたちも去り始めるまで、そこまで悪い気分はしませんでした。私にとっての終わりの始まりは、特に初期から一緒に働いていた大好きなエンジニアたちが地元の別のスタートアップである AppFolio（のちに私も入社）に移ったあたりでした。

私は合併する側もされる側も経験しています。この Expertcity の話では、私は買収される側の会社の一員でした。その後のキャリアでは、買収する側の会社の一員になりました。次はその話をしましょう。

2 番めに入社したスタートアップ AppFolio では、しばらくして MyCase という会社を買収しました。これは法律事務所向けのソフトウェアを作る会社でした。当時の AppFolio のミッションは、共有プラットフォームを使用して、さまざまな業界向けに業務用ソフトウェアを作ることでした。最初は不動産管理会社向けのソフトウェアを作っていましたが、MyCase の買収により法律という新しい分野が加わり、2 つの業界に携わっていると言える状態になりました。つまりこれは仕事の種類に関するリチーミングと言えます。これによって私たちのポートフォリオは拡張され、自分たちで新しい業界向けに構築するよりも早く、複数業界に展開している会社だと言えるようになりました。会社の文化も私たちとよく合っており、チームがどのように融合していったかは記憶にあります。

この合併により、MyCase のオフィスがあったサンディエゴに拠点を得ました。MyCase から新しいチームメンバーやリーダーが加わりました。最初は法律関連のソフトウェアをすべてサンディエゴに置こうと決めたのを覚えています。何年もかけて徐々に、AppFolio はそのオフィス内に不動産管理のチームも配置するようになり

ました。しかし、私たちは交流し、カリフォルニア州ビッグサーへの旅行など技術部門として一緒にリトリートも行いました。これは文化の融合を助け、**1つのチーム**になることを促しました。

1年以上も経つと、買収したスタートアップの創業者や他のリーダーの何人かが会社を去っていきました。これは合併後によくあるパターンだと思います。買収された会社の主要なリーダーたちが去り、他に移っていくことは避けられません。常にそうとは限らないかもしれませんが、私のキャリアで少なくとも5回は直接経験しました。

前向きに感じられる合併もありましたが、心をえぐられるように感じる合併もありました。合併は、ダイナミックリチーミングの他の例と同じように、表面上は明るく楽しい組織変更に見えるかもしれませんが、そうとも限りません。ときにはひどい痛みを伴います。

これがマージパターンの落とし穴につながります。チームレベルのマージでも、会社レベルのマージでも落とし穴を経験する可能性があります。次節では、両方のレベルについて探っていきます。

8.4　チームレベルでのマージパターンの落とし穴

複数のチームをマージすると、チームは融合し、必然的にもっと大きなチームが生まれます。大規模なチームのダイナミクスを管理した経験がない場合、これはいくつかの課題をもたらす可能性があります。最初の落とし穴は、キャリブレーション（調整）不足に関連しています。

8.4.1　大きくなった新チームをキャリブレーションしない場合

マージしたチームの最初の落とし穴は、大きくなった新チームをキャリブレーションしないことです。メンバーが新しいチームシステムがどのように機能するかを理解するには、キャリブレーションは必須です。メンバー、役割、作業内容、ワークフローについて、キャリブレーションを行う必要があります。「13.3　チームキャリブレーションセッション」で説明する活動を使用して、計画を立ててみましょう。

さらに、新しく融合したチームの構造について話し合わない場合、「新チーム」への移行期間が長期化するかもしれません。チームが融合することへの不安を持つ人もいるでしょう。自分と同じ役割を持つ人たちとどのように協力するのか、疑問に思う人もいるかもしれません。「重複する部分はどうなっていくのだろう？」とか、「せっ

かくしてきたことが重複するのでは？」とか、もしくは「実際は役割が縮小されるのでは？」とかです。たとえば、3つのチームをマージする場合を考えてみましょう。通常は、マージ後のチームに3人のプロダクトマネージャーを立てるのではなく、1人のプロダクトマネージャーだけが残ることが多いように思います。この重要な変更については、議論しなければいけません。変更について話し合わずに成り行きに任せると、混乱を招き、不満や挫折感にもつながりかねません。移行の概念については、13章でより詳しく説明します。

　繰り返しになりますが、チームをマージするときに必要なのは、大きくなった新チームで積極的にキャリブレーションセッションを実施することです。さらに、大きくなったチームシステムとしてどのようにコラボレーションしていくかを丹念に議論するのもよいでしょう。本章の前半で説明したTrade Meの事例のように、ペアプログラミングを行い、ペアを交代しますか？ 機会に応じて拡大縮小するサブチームを形成しますか？ 個々が作業を行い、他のメンバーにそのバトンを渡しますか？ 効果的な方法を見つけるために、実験してさまざまな方法を試せばよいのです。ポイントは、どのように協力していくか、そしてどのように始めるかについて話し合うことです。そして、そこからレトロスペクティブでチーム構造をふりかえるのです。

　チームをマージするときに再考すべきもう1つのトピックは、ミーティングです。これが次の落とし穴につながります。

8.4.2　大きくなった新チームをリセットまたはファシリテーションしない場合

　チームをマージすると、それぞれ元のチームで行っていた「レガシー」なミーティングのごった煮ができあがります。マージパターンのもう1つの落とし穴は、新しいチームシステムに合わせてミーティングを見直して調整しないことです。

　ミーティングについては、**何を始め、何をやめ、何を継続すべきか**を一緒に決める必要があります。レガシーなミーティングをすべてなくし、この新しいチームシステムにとって意味のあるものから始めるのもよいでしょう。大きくなった新チームと話し合って、何が必要か検討しましょう。

　さらに、ミーティングの規模も大きくなる可能性があります。参加者の多くが受動的でごく少数の人だけが発言したり関与したりするという構造がデフォルトにならないよう、計画を立てる必要があります。ここで活きるのが、効果的なミーティングを行うためのファシリテーションテクニックです。議題を用意してそれに従うだけではありません。ミーティングの成果に同意するだけでも足りません。ミーティングに活

気をもたらし、全員参加型で全員の声が聞けるような方法を考え出すことに挑戦してほしいと思います。

本書では何度か、私のお気に入りのファシリテーションテクニックとしてLiberating Structures を紹介してきました。このテクニックの素晴らしいところは、スケーラブルでオープンソースだという点です。このテクニックはどのミーティングでも適用できますし、参加者を会話に巻き込むことができます。バーチャルでも対面でも使用可能です[†3]。ミーティングのデフォルトとして使えるインタラクティブなファシリテーション計画を作成しましょう。さもなければ、気まずい雰囲気に備えておきましょう。

これに関連して、チームをマージするときは、チームのチャットチャンネルやメーリングリスト、その他既存のコミュニケーション手段をリセットしたくなるでしょう。そのあたりもあらかじめ把握しておき、「融合」の正式な日付が決まれば、すぐに対応できるようにしましょう。

チームをマージするときのもう1つの落とし穴は、意思決定のプロセスをそろえないことです。

8.4.3　大きくなったチームでの意思決定方法を決めない場合

大きくなったチームの意思決定スタイルについて全会一致がデフォルトになっていると、ミーティングで2人だけが話して他の全員が黙っているような状況は、非常に気まずくイライラするものです。これを回避するために、意思決定の場面で意見を言わない人に対して「発言がなければ同意とみなす」と言う人がいます。しかし、私にはそれがしっくりきません。強制的な感じがします。そんなふうにしなくてもよいのです。

その代わりにあなたがすべきことは、意思決定の方法を明確にすることです。どのような意思決定をどの役割がするのか、明確にしましょう。それぞれの役割とその役割が行う意思決定のタイプをリスト化すればよいのです。スクワッドの全会一致で意思決定を行いたいものがあれば、そのリストを作成してもよいのです。また、意思決定できない場合や、チーム外の誰かにエスカレーションしなければいけない場合の対処法も決めておけばよいのです。

スクワッドに好んで教えるテクニックの1つに、総意を得るための「意思決定の5

[†3]　Liberating Structures のウェブサイト（https://liberatingstructures.com/）を参照してください。Slack コミュニティに入りましょう。

本指」があります。以下は、私がチームにこのテクニックを教える方法です。特に、マージされて大きくなったチームで使うと非常に役立つと思います。このテクニックは、ジーン・タバカの著書『Collaboration Explained』[†4]でより詳しく説明されており、同僚のジャネット・ダンフォースからこの方法を学んだとしています。

意思決定の5本指

手を使って、1〜5本の指でアイデアに対する感情を表現します。ルールはこうです。

- 5 ― 強く支持する。
- 4 ― 支持する。
- 3 ― 特に思うところはない。チームに任せる。
- 2 ― 支持する前に明確化が必要（それから明確化の必要な点を説明する）。
- 1 ― 支持しない。

最初の投票で、アイデアを進めるか放棄するかが明確になるかもしれません。2が出た場合は、必要な明確化について議論し、再度「意思決定の5本指」の投票を行います。

意思決定の5本指で重要なのは、今から決定しようとしているアイデアに対して感情を示すことです。もし全員が3を出したなら、そのアイデアは追いかけないほうがよいかもしれません。

通常、このような投票を行って総意を得たあとでもその意思決定が明確でない場合は、チームで**多数決**を取ります。深掘りするなら、アイデアに実際に投票することと総意を得ることとは別です。多数決、すなわちアイデアに賛成する人が過半数の場合、それで意思決定を下すことができます。これは微妙な違いです。実際には、総意を得るために投票するだけで、チームが前に進むのに十分な意思決定を下せるようになるものだと私は感じています。

こういったチームレベルの落とし穴以外に、会社同士を合併するときにも落とし穴があると感じています。会社の合併は非常に複雑になる可能性があります。なぜなら、多くの人に影響を与え、大部分が抽象化されていて、自分たちに押し付けられる

---

†4　Tabaka, *Collaboration Explained*, 80. [53]

意思決定を実際に誰が下しているのかが不明確だからです。こういった意思決定はほとんどがトップダウンです。基本的に人の気持ちは前向きで、自社のために最善を尽くしたいと考えるものだと私は信じています。会社合併における落とし穴は、人間の感情のもつれや不明確なコミュニケーションによるものです。以下の心の痛む話が示すとおりです。

8.5　会社レベルでのマージパターンの落とし穴

　会社が統合して合併するときは、退職を求められる人もいます。これは本当に心が痛むもので、意思決定が不透明に思えます。誰が決定を下しているのかも見えず、すべてが劇的に変化し、心がないように感じられます。

　トップダウンで情報が伝達されていく過程で、失敗の罠に陥ることがあります。特に会社合併という緊張した時期であればなおさらです。私たちは、自分たちの考えが明確で、意図が伝わっていると思っていますが、実際にはそうではありません。このようなコミュニケーションの失敗が恐怖と大混乱を広げるかもしれない、というのがこのあとの 3 つの話です。まず、人員整理を長引かせた話、次に曖昧さと人員整理の話、最後に大混乱した買収の話をします。このようなシナリオは絶対に繰り返したくありません。しかし、本章で注釈を散りばめたように、そこから教訓を引き出すことはできると思います。

8.5.1　人員整理を長引かせる

　「そんな絆創膏みたいなものは剥がしてしまえばいいのに！ 私たちの部署がどうなるかを知るのになぜ来週まで待たなければいけないの？」。客先で一緒に働いていた友人であり同僚が、会社が競合他社に買収されるときにこう言いました。彼女は付け加えました。「ここ 2 週間、まともに仕事もできていないんです」

　キッチンに「新会社」への歓迎ポスターが貼られる一方で、オフィス内や複数の建物の外には依然として古い会社の看板が掲げられていました。私たちはアイデンティティの変更を強制されました。私も他のみんなと同じように、エンジニアリングチームと共に「現場」で働くコンサルタントとして、この激震の最中にいました。

　私たちはウェビナーを視聴し、ビデオメッセージ入りのメールを受け取り、新会社のメールと IT プログラムに統合されました。デスクの上には私たちを買収した会社のロゴが入った記念品が置かれ、それは新しい会社への歓迎の意を表していました。新しいリーダーシップ体制がテカテカした顔写真付きのメールで発表されましたが、

126 | 8章　マージパターン

「私たちの会社」の出身者はたった1人で、その立場も**暫定的**でした。

　次に、**相乗効果**を見出す過程が始まりました。役割が重複しているのは誰か？　誰が誰に報告するのか？　プロダクト別に再編成されるのか？　それともコンポーネント別なのか？　私たちは宙ぶらりんの状態でした。2つの会社が1つの「新しい」会社を形成するとき、組織構造全体を考え直し、再設計しなければいけません。これがマージパターンの肝です。この特別な合併の結果、会社は買収元の3倍の規模になりました。そのため、私たちは同僚の運命がわかるのを待ち、特定のオフィスの場所が閉鎖されるのか、それとも開いたままなのかを気にしていました。

　さて、ではチームは何をしたらよいでしょうか？　私たちはなんとか前に進み、現在のスプリントを終了し、次のスプリントの計画に集中しようとしました。張り詰めて陰鬱な雰囲気が漂っていて、私たちのいる施設の薄暗さによってさらに増幅されていました。対処法として休暇を取ったり、在宅勤務をしたりするのにはちょうど良いタイミングでした。多くのチームメンバーが実際にそうしていました。他の人たちは目の前の話題は一切無視で、来週にはひっくり返るかもしれない古い計画を押し進めました。それが自分たちのできることすべてだったのです。

　「部屋のなかの象」（みんなが知っているが誰も口にしない問題）についての議論は、昼食時や1on1の会話のなかで行われました。「上司は果たしてここにいるんだろうか」、「本当にその問題をジョーと無理やり進めるべきか？　来週にはいなくなるかもしれないのに？」、「上司が変わるのか？」、「聞くところによると、再編成して去年の再編成で捨て去った構造と同じ構造になるらしい」。話し相手が増えるほど、他の人たちよりも多くの情報を知っている人たちがいることに気づきました。しかし、誰がどの情報を持っているかすらナゾでした。

　来週の職があるかどうかわからない状況で、本来の仕事に集中するのは困難です。このときは、人員整理は2週間にわたって行われました。あなたの部署が2週めの対象だった場合、地獄のような不確実性のなかで過ごす時間が延びることになります。スティーブン・ヘイダリ＝ロビンソンとスザンヌ・ヘイウッドがハーバード・ビジネス・レビューの記事[†5]で述べているように、「再編成中の不確実性による心理的影響は、実際の人員整理よりも苦痛を伴う可能性があります。下手な計画による再編成が長引けば長引くほど、苦痛は続き、再編成が意図していたビジネスの結果が見えるまでの時間が長くなる」のです。

　このような状況を長引かせることは、当事者たちにとって本当に辛いことです。

---

†5　Heidari-Robinson and Heywood, "Assessment," 1. [27]

きっとこんな理由付けがされていることでしょう。「すべての部門の人員削減を同時に行えるだけのスタッフがいません。今週はセールス、マーケティング、サービス部門を扱い、来週はエンジニアリングとプロダクト開発部門に手を入れます」。理論上はそれが合理的に見えるかもしれませんが、人員整理が遅れているチームにいる場合、現場に対する影響は逆のものになります。

コンサルタントとしてこの状況の現場にいることは、私にとって新しい経験でした。同じ種類の恐怖を感じたことがなかったからです。私には自分独自の仕事があって、顧客も複数持っていました。それでも、1on1でみんなが不満を吐き出す相手をしていると、みんなの恐怖を肌で感じることはできました。また、リファインメントごっこやプランニングごっこのあいだにも恐怖を感じることができました。

みんながトラウマ的な経験をしているなかにいると、SNSで会社の人員整理について読むのとはまったく違うように感じます。現場で一緒にいる場合には、共感することも増えるのです。身振り手振りや表情を観察したり、少人数でひそひそ話しているのを見たりすることで、痛みが目に見えるのではないかと思うほどです。サイモン・シネックが著書『Leaders Eat Last』（邦訳『リーダーは最後に食べなさい！』）[†6]で書いたとおりです。この経験を通じて、私はこれを身をもって感じました。

では、このような状況にもっと人間主義的な方法で対処するにはどうすればよいでしょうか？　さっさと人員整理を行うことが、おそらくより人道的な方法になるはずです。恐怖（喜びも）を感じる環境は伝染性があります。来週にも建物から退去させられるかどうかわからない状態では、人は本来の仕事をこなすことすらできません。できたとしてもとてつもなく困難です。絆創膏はさっさと剥がさなければいけないのです。

そして、もしあなたがこのような状況を経験しているなら、上司と話をすることで何が起こっているのか知見が得られるかもしれません。部署の状況を理解するのに役立つかもしれないので、上司が何を知っているか確認しましょう。話すのが好きな人なら、同僚とオフサイトでランチを取りながら不満を吐き出すのも助けになるかもしれません。このような出来事を公に処理することが好きではなく、不満を吐き出すことに魅力を感じない人もいます。

このような状況では、代替案を持つことや他の機会を探すことはまったく間違っていません。今があなたにとって変化を起こし、仕事を変える良いタイミングかもしれないのです。そうは言っても、もし何年もその会社にいたなら、退職金のパッケージ

[†6] Sinek, *Leaders Eat Last*, 96. [50]

128 | 8章　マージパターン

を利用するために待つことを検討するかもしれません。何があなたにとってより良い選択肢か、誰にもわからないのです。

変化の時期には曖昧さが蔓延します。より大規模なリチーミングを進めるにあたって透明性をできる限り上げようとしても、私たちの心を切り裂くことがあります。次の話を見てください。

8.5.2　人員整理を巡る曖昧さ

「今日が私の最後の日なんです」とカルロスが駐車場で私に教えてくれました。彼が私に自慢げに見せてくれたシボレー・ボルトをちょうど私がリースしようと考えていたときのことでした。彼の目には涙があふれていました。

「解雇されたんですか？」

「そうです」と彼は言いました。

恐ろしい1週間の始まりだ、と私は思いました。なんてことでしょう。本当に身近に迫ってきているのです。

少なくとも寛大な見送りをしてもらっていることを心で祈りながら、「どのような退職金パッケージをもらえたのですか？」と私が尋ねました。「良いパッケージがもらえるとよいですね。長年勤めてきたんですから」

彼がこの会社に入社してから約15年、もしかしたらそれ以上経っていました。彼は重要なアーキテクトでした。ビザもスポンサーされていました。同僚からはとても尊敬されていました。高校生と大学生の子供がいました。彼はこの会社の重鎮でした。

彼の優しい目が揺らぎ、視線がそらされました。「まだわからないんです。今日中に知らされるはずなんですけどね」

私は唖然としました。彼はとてもシニアなエンジニアだったのです。2人でなかに戻るとき、車の話の興奮は消え去っていました。

来週は厳しい週になるだろうと感じました。私は自席に戻り、隣の席に座っているエンジニアのジョーに話さずにはいられませんでした。彼は、私がよく知る愛着のある顧客の現場で、短い期間とは言え仕事で再会できてうれしかった大勢のうちの1人でした。

「高給取りを排除しようとしているんでしょうね」とジョーは言いました。駐車場での出来事を話すと、彼は悲しそうな、共感を示すような目で私を見ました。

オフィスの別の場所に行くと、プログラムマネージャーがいました。彼女は私の表情を見て、「ええ、カルロスのことは私も聞きました」と言いました。

8.5 会社レベルでのマージパターンの落とし穴 | **129**

　私は自席に戻り、スタンドアップミーティングのためにタスクボードの準備を始めました。エンジニアリングマネージャーのブレントが通りがかりました。私は気づいて彼に近づきました。「カルロスが解雇されるなんて信じられません」

　彼は驚いた顔で私を見ました。「何だって？」

　「そうなんです、彼から今日が最後の日だって聞きました。退職金のことがわかるまで待ってるって」

　ブレントはどんどん興奮して、興味を寄せてきました。

　「あなたは彼の上司なんですか？」と私は尋ねました。

　「いや、彼の上司の上司です」と彼は答え、「ちょっと待ってて」と急いで去りました。

　というよりも実際には、ブレントは大急ぎで飛び出していったのです！　彼は状況を明らかにしようとしていました。なぜなら、カルロスは解雇されていなかったからです。大きな誤解だったのです。

　30分くらい経って、カルロスが私の席に来ました。「解雇されなくなりました」と彼は言いました。「そうだと思っていたけど、そうじゃなかったんです」

　「何事もなくてよかったです、カルロス」と私は言いました。「大変な1週間でしたね」

　あなたの会社で人員整理やその他の大きな変化について曖昧な部分がたくさんあり、絶望の渦に巻き込まれている場合、まず上司と話をすることが最善だと思います。あなたをサポートするのが上司の仕事です。あなたの職とその安全性について話し合ってください。上司はおそらく、組織で何が起きているのかあなたよりもよく知っているでしょう。不確実な時期には、マネージャーは質問に答え、部下に情報を伝えて、変化を理解できるようにしなければいけません。

　情報が不足しているとき、話をでっち上げてしまいそうになるものです。ブレネー・ブラウンは著書『Dare to Lead』（邦訳『dare to lead』）でこのトピックをしっかりと取り上げています。自身の著書である『Rising Strong』（邦訳『立て直す力』）のための研究を引用し、いちばんレジリエンスの高い被験者は、「私が自分に言い聞かせている話は……」、「私が作り上げた話は……」、「私が想像するに……」などの文を使用していたと指摘しています[7]。そのため、買収や合併、あるいは大きな不確実性があるような状況で、断片的な情報を扱っている場合は、そう考えるようにしましょう。あなたはどのような話をでっち上げているでしょうか？

---

[7]　Brown, *Dare to Lead*, 247. [6]

長引く人員整理、誰が解雇されるかについての曖昧さ、そして同僚を失うことは、次の話で見るように、マージパターンの影の部分です。大混乱で、不確実で、身体的にもひどい感じがすることすらあるでしょう。

8.5.3　大混乱の買収

サンフランシスコのオフィスに到着したときは、最悪の事態を覚悟していました。前の金曜日のスタンドアップミーティングで、あるエンジニアが「コードレビューにまだ着手できていません。オフィスのほとんどの人を解雇するのに忙しすぎたんです」と宣言したのです。私は、これまでの2つの話で触れた買収の最中にある会社でコンサルティングをしていました。私たちは競合他社に買収されたばかりでした。

悲しくて、苦しみばかりの時期でした。数日前にグローバル従業員の5%が解雇されていました。このサンフランシスコオフィスが最大の打撃を受けていました。オフィスに入ると、空っぽの席がたくさん目に入りました。チームメンバーの1人がそれを指して「私の席の周りの人たち全員が解雇されました。残っているのは私だけです」と言いました。

私はこの3か月間、このオフィスで2つのチームをコーチしてきました。この2つのチームにはサンフランシスコオフィスとサテライトオフィスの両方にメンバーがいたので、違うチームメンバーと知り合うために両方のオフィスを行き来していました。

前回サンフランシスコオフィスで働いたときは、人気者だった同僚のためにキッチンでベビーシャワーパーティが開かれていました。「ビリヤニを試してみて」とエンジニアのニミタが私に言いました。その訪問で彼女に初めて会えたときはうれしかったものです。でも、今回の訪問では彼女とはお別れです。彼女は他のチームメンバーと共に解雇されたばかりでした。2人とも非常に才能のあるモバイル開発者で、「引き継ぎ」のためにあと数か月はオフィスにいることが期待されていました。

確かに、今回の訪問では雰囲気が正反対でした。パーティに参加していた人たちはいなくなり、楽しい時間は過ぎ去っていました。空間ががらっと変わっていました。実際、その日のある時点で、何かに頭を殴られているような感覚がしました。その場所のエネルギーは、私がこれまで職場で感じたことのないほどのものでした。そのような環境におけるコーチとして、自分が必要とされていることはわかりました。だからこそ私はみんなと共にいて、受け止めたのです。

週が進むにつれ、オフィスを訪問する人がどんどん増えました。全員、新会社のヨーロッパ部門の出身でした。たくさん解雇したにも関わらず、会社は組織再編も進

めていたのです。

　私のチームもその影響を受けました。チームからは、プロダクトオーナーと UX デザイナーがいなくなりました。私たちは、ヨーロッパのオフィスから新しいプロダクトオーナーが来ると聞かされました。その週に彼に会って、始められることを楽しみにしていました。なにしろ、数週間前には別の新しいプロダクトオーナーがいたのです。私たちは、この 3 か月間で実質的に 3 人めのプロダクトオーナーに会おうとしていました。これは私たちチームが望んでもいないし、好きでもない、かなりのダイナミックリチーミングでした。回転ドアのように感じました。そう、とても破壊的だったのです。

　訪問者の多くは、終日大きな会議室にいました。私たちのプロダクトオーナーもそこにいると聞きました。そこで、彼が建物内にいるにも関わらず会えないので、名前を調べてメールを送りました。「チームに会っていただけるとうれしいです」と書きました。彼は、ほとんどの時間、ミーティングに参加していると言いました。

　チームメンバー数人がたまたまプロダクトオーナーに会いました。しかし、新しいチームメンバーとの正式な顔合わせはありませんでした。彼は忙しすぎて、そして飛行機に乗って国を離れてしまいました。「プロダクトオーナーがヨーロッパにいて、残りの私たちがカリフォルニアにいるので、ミーティングの時間調整が必要ですね」とプログラムマネージャーが私に言いました。彼女も南カリフォルニアに戻っていきました。それで終わりでした。

　これは控えめに言っても奇妙で「よそよそしい」リチーミングでした。それに、お互いを人として知り合う機会を逃したどころではありませんでした。何が起こったのかを知る前に、みんなが指のあいだをすり抜けて世界中に散らばってしまったように感じました。第一印象は重要です。これは想像以上に人間味のないものでした。私たちは、初めから対人関係のダイナミクスがダメージを受けた状態で、新しいチームをスタートさせることになりました。

　このような大混乱の買収に巻き込まれ、身体的にも散々だと感じたら、検討してほしい 2 文字があります。「休暇」です。使える休暇があるなら、それを使ってオフィスから離れるのは良いタイミングのように思えます。メンタルヘルスデーを取って病欠してもよいのです。リモートで働いて距離を置くことが、あなたの健康にとってはよいのかもしれません。

　このような時期にオフィスから離れられない場合は、現実逃避するために気を紛らわせてみるのもよいでしょう。会議室や、オフィス近くの外で仕事をするのもよいかもしれません。同僚と 1on1 の散歩に行くのもよいでしょう。私たちのなかには、困

難なときに人と話すことが助けになるという人もいます。一方で、静かに1人でいるほうが好きだという人もいます。このような状況にいる人には同情します。私の場合は、コンサルティングの担当を変更することが最終的な解決策でした。

本章では、チームレベルでどのように力を融合すれば協力し合う機会を広げることができるかを見てきました。また、複数のチームを1つにまとめて、仕事のミッションに向けて方向転換できるようにもなりました。これらは比較的限定的で小規模な組織変革であり、会社レベルでのより大規模な合併と比べれば、理解しやすいように思えます。

本章では、個々のチームを融合するときに何を間違いやすいか、または混乱しやすいかについて詳しく説明しました。この類の合併は、より高いレベルのパナーキー、つまり会社レベルでのマージよりもリスクが低いです。私は、フルタイムで働いたりコンサルティングを提供したりした3つのソフトウェア会社で、ディレクターレベルまでの抽象レベルで会社合併を経験しましたが、会社合併についてすべての答えを持っているとは言えません。しかし、人として合併を経験してきた私が言えるのは、成功するには人に対するたくさんの配慮と注意が必要だということです。それではどうすれば、ここで述べたような恐ろしい経験よりも良い合併ができるのでしょうか？それについては、別の本を書く必要があるでしょう。

それまでは、負のエネルギーは浄化して、新しいトピック、もっと明るく学びと充実感に満ちた話に移りましょう。次は「スイッチングパターン」です！

9章
スイッチングパターン

　退屈なチーム配属に息が詰まり、毎日が苦痛で、低迷していると感じることほど辛いことはありません。でも、そうなる必要はありません。仕事の熱意は、知的な刺激を受け、仕事において継続的に学ぶときに生まれます。時には、まったく違う人たちと一緒に、まったく違うことに取り組む新しい環境を見つけて、リフレッシュするのもよいでしょう。また、チームを移動する機会があることで、会社に素晴らしい人材確保の可能性をもたらします。

　それだけでなく、スイッチングによって、より持続可能でレジリエンスの高い会社を築けます。たとえば、重要なシステムをたった1人がメンテナンスしていて、その人が退職すると、ひどい失敗につながることがあります。では、なぜ積極的にスイッチングを導入し、このようなリスクを軽減しないのでしょうか？　このような罠に陥れる「安定したチームでなければいけない」という先入観に囚われないようにしましょう。

　ここからは、**図9-1**にあるように、1人がチームを離れて別のチームに参加するというスイッチングパターンについて掘り下げていきます。

　次の2つのストーリーにあるように、スイッチングにはチーム内のペアプログラミングでメンバーがペアを交代することも含みます。

図9-1 スイッチングパターン

9.1 チーム内でペアを交代する

　ペアプログラミングは、チーム内で知識を広げる昔からある手法です。2人のソフトウェアエンジニアが1つのモニターと、1つまたは複数のキーボードで、同じコードを同時に作業します。次の例で説明するように、スイッチングパターンと組み合わせると、チーム内で知識と学習を広める素晴らしい方法になります。

　リチャード・シェリダンは、Menlo Innovationsでの日々をふりかえり、ケント・ベックの『Extreme Programming Explained』（邦訳『エクストリームプログラミング』）を発見したときのことを私に話してくれました[†1]。自身もプログラマーだったので、ケントの本に衝撃を受けたのです。「ケントが次のように言ったときです。『私がしたようにふりかえってください。あなたがいちばん生産的だったのはいつですか？』と。私がいちばん生産的だったのは、他の人と密接に協力して働いていたときでした」。リチャードは自分がプログラマーだったころをふりかえり、他の人とペアを組んだときのことを思い出しました……。ペアを組むことで共に生産的になり、大きな間違いをしないという安心感を共有できたのです[†2]。彼とジェームス・ゲーベル（のちのMenlo Innovationsの共同創業者）は、Javaを学ぶ方法としてエクストリームプログラミングを実際に使うという実験をソフトウェアエンジニアたちに提案しました。

　これは1999年のことでした。彼らはJavaの知識をチーム全体に広めたいと考えていました。当時のチームには14人ほどの開発者がいましたが、そのうちJavaの知識を持っていたのはわずか3人でした。できる限りすばやく学習を広めるためにペ

[†1] Beck, *Extreme Programming*. [3]
[†2] リチャード・シェリダン、著者によるインタビュー、2016年10月

アを組みました。

この実験が進むにつれて、リチャードが「ダイナミックリペアリング」と呼ぶものが始まりました。彼が驚いたのはそのあとでした。「予想もしていなかった生産性の向上が確実に見られので、私たちは追跡調査を始めました。2週間ごとにペアを組んでもらい、その後は動的に組み合わせを変えていきました」

しばらくすると、「派閥が形成されつつある」ことに気づきました。これを軽減するために、ペアを割り当て始めました。これを実験として位置づけました。「私たちは、スクエアダンスのように、ペアを調整し始めました。また全員が全員とペアを組む機会をきちんと作りたかったからです」。メンバーはこれを気に入りました。誰とペアを組むかを決めるという社会的なプレッシャーがなくなったからです。もしあなたがペアを決めるときに最後まで残ったら、とても気まずい気持ちになるでしょう。

このペアシステムの副次的効果として、新しい友情が生まれました。リチャードは次のように言っています。「チームのなかには10年以上一緒に働いてきた人もいましたが、このような状況で一緒に働いたことはありませんでした。突然、チームの人たちを知るという新しいエネルギーが生まれたのです。ウソだと思うかもしれませんが、ほとんどが内向的なエンジニアだったので、これは自然な流れではありませんでした」

リチャードへのインタビュー後、私は彼の著書『Joy, Inc.』（邦訳『ジョイ・インク』）を読み返しました。彼は著書でもこのストーリーを語っています。この本で私が印象的だったのは、次の一節です。リチャードは、この実験中のチームの雰囲気について次のように書いています。「僕は自分の目が信じられなかった。新たな作業スペースはたちまちエネルギーと喧噪に満ちあふれ、協調と進化が見られ、作業も学びも、楽しさも立ち現れた。まさしく、喜びだ（もっとも、僕がこの言葉を使うようになるのは何年もあとのことだ）」[3]

1人でのプログラミングからペアプログラミングへの転換は、とても大きな、活気に満ちたものになりました。さらに、特にペアの交代は、その空間にいた人たちにさらに充実感をもたらしました。ペアを交代するとき、あるいはチームを移動するときも同じですが、新しい人たちや新しいアイデアに触れることになります。そこで、より多くのことを学びます。それは人としての気持ちを満たしてくれます。

私がAppFolioにいたころ、特に初期のころは、ペアを交代するときには常にアンカーを置いていました。このアンカーは、それ以前に私たちがトレーニングを受けた

---

[3] Sheridan, *Joy, Inc.*, 25. [49]

Pivotal Software から学んだ概念です。1 人のエンジニアが作業を続け、別のエンジニアが交代で入ってくるというものです。しかし、次の話にあるように、これはペアプログラミングにスイッチングパターンを適用する唯一の方法ではありません。次のストーリーも Menlo Innovations からのものです。

9.2　問題解決のためにペアを丸ごと交代する

　リチャードのストーリーのなかで明らかになった、ペアを交代することのもう 1 つの利点が、彼が「魔法の瞬間」と呼んだものでした。2 人のエンジニアがペアを組んであるバグに取り組んでいましたが、2 週間かけても解決策を見つけられませんでした。そのような状況では、たくさんの時間を費やしたように感じるので、ペアの交代（または分割）をためらうかもしれません。しかし、共同創業者のジェームスは、実験を提案しました。つまり、ペアの 1 人を交代させるのではなく、代わりにまったく別の他の 2 人をそのバグに割り当てたのです。交代で入った 2 人は、経験豊富な開発者 1 人と若手の開発者 1 人でした。そして、その 2 人は 1 時間でバグを解決してしまいました。

　リチャードによると、「同じ人が同じことを何度も繰り返し行うという考え方は、生産性や効率性などの根本的な思い込みから来ていますが、それは誤った前提です」。彼はペアが作業から外れ、別の新しいペアが取り組むときに見られるパターンについて話しました。「あまり知識がないと思われていた人たちが（中略）長年のチームメンバーよりも良い貢献者でした」。さらに、長年のチームメンバーはこのような機会に興奮していました。彼の言葉によると、「彼らに見えたのは興奮でした。人間のエネルギーが見えたのです。『ああ、新しいことを学べるんだ。同じことを何度も何度も繰り返しているわけではない』と考えているのです」

　リチャードの大きな知見は、彼の言葉にいちばん表れています。「それはマネージャーとして、ディレクターとして、副社長として、自分の思い込みへの挑戦でした。そして、私が真実だと思っていたものは、おそらく真実ではありませんでした。（中略）その瞬間、ジェームスと私は考えを改め、それ以来ずっとその考えを変えていません」[4]

　本章の始めで示したように、AppFolio の私の経験（私から見た、少なくとも最初の 9 年間）では、1 つのペアを丸ごと別のペアに交代することは非常にまれでした。

---

†4　リチャード・シェリダン、著者によるインタビュー、2016 年 10 月

ユーザーストーリーに対して元のペアの1人が残り、もう1人を交代させるのが一般的でした。これは、元の人の継続性と新しい「頭脳」の組み合わせでした。私はリチャードのストーリーから学んで、考え方を変えました。仕事には、たくさんのやり方があります。彼の本のなかで「私から私たち」に転換した話があります。「ペアが黙ってコンピューターの画面とにらめっこしていれば、別のペアがやってきて『どうした？』と声をかけた。競争と緊張の代わりに、安心と育成が見られるようになったんだ」と彼は述べています[5]。これは強い「チーム全体」の感覚です。

チーム内でペアを交代すると、組織内でスイッチングパターンが現れます。しかし、それだけではありません。次のストーリーが示すように、ときには知識を共有するという意図的な目標から、1人を別のチームに移動させることもあります。

9.3　知識の共有と機能の支援のためにチームを移動する

私がAppFolioにいた9年間、AppFolioにはコードの共同所有を行うフィーチャーチームがあり、フルスタックのRuby on Rails開発者がいました。何年ものあいだ、どのチームもコードベースのあらゆる領域で作業ができました。そこではコードの共同所有が重視されていました。しかし時間が経つにつれて、一部のチームが専門化されていきました。それは、特に複雑な商取引を扱うチームでした。この領域では状況によって速やかに作業を終わらせることが求められ、このチームはボトルネックになりました。私たちは、このビジネス領域の知識を他のチームにも広めるという決定をしました。

私たちはペアプログラミング信者だったので、ペアリングを通してチーム間で知識を広めました。初期の商取引チームの開発者は、将来、商取引関連の作業を行う新しいチームで時間を過ごしました。この開発者はそのチームで数スプリントを過ごし、それから初期の商取引チームに戻りました。この開発者が短い期間、自分のホームチームを離れて別のチームに行くことは、チームにとっては少し痛手と感じたかもしれません。でも、大局的に見れば、この開発者が離れている期間はそれほど長くはありませんでした。さらに、チームは同じ場所に配置され、お互いが近くに座っていたため、物理的にも彼が遠くに行っているようには感じられませんでした。

AppFolioのテクニカルサポートチームに主要な商取引機能の使用方法を教育するときも、同じでした。初期のチームがシステムを構築したあと、カスタマーサービス

---

[5]　Sheridan, *Joy, Inc.*, 31. [49]

がエスカレーションした内容に着手し始めました。会社の他の部門に関連する作業です。これが新機能の開発の妨げになっていました。そろそろ他のチームに知識と責任を移管しなければいけない時期でした。そこで、しばらくのあいだ、商取引機能をサポートするために、商取引チームの開発者の1人がテクニカルサポートとペアを組み、関連する質問への対応方法を教えました。テクニカルサポートチームと開発者のあいだで十分な知識が共有され、サポートチームが自分たちでカスタマーサービスの要求に対応できそうだと感じると、開発者はチームを離れ、元のチームに戻りました。

　私は、一時的にメンバーを別のチームに移動させ、その後、元のホームチームに戻すという戦略は、依存関係に対処する方法として見過ごされていたのではないかと考えています。次のストーリーでも取り上げますが、積極的に知識を広めるために、意図的に定期的にスイッチングするというアイデアもあります。

9.4　知識を共有するために定期的にスイッチングする

　Pivotal Software でも、知識を意図的に広めるためによくチームをスイッチングします。Pivotal Software では、事業として「PaaS」のデプロイを自動化しています。プログラムマネジメントディレクターのエヴァン・ウィリーによると、実際に組織戦略としてチームのスイッチングを組み込んでいます。Pivotal Software には Allocations と呼ばれる自社開発のツールがあります。これは、他のビジネス部門にいたコンサルタントが顧客案件から外れていた待機期間中に作ったもので、顧客満足のためのものではありません。このツールを使って、エンジニアリングマネージャーとリーダーは50人以上のチームを追跡し、誰が「今」、どのくらいの期間、どのチームにいるのかを把握します。エヴァンは Allocations を「私たちが行うメタレベルでのチーム創造活動であり、チームエンジニアのローテーションツールだ」と説明しました[6]。

　エヴァンは次のように言いました。「エンジニアリングディレクターとリーダーは、決められた儀式として週に2回、Allocations を確認します」。そして、誰がチームに残るべきか、誰が他のチームに移動するかを決定します。彼はこの様子を次のように説明しました。

　　チーム全体の構成をどのように再調整しているのか見てみましょう。かなり段階

---

[6]　エヴァン・ウィリー、著者によるインタビュー、2017年2月

的に行います。週ごとに変化します。バックログがどこに向かっているのか、そのチームの機能セットがどのくらい重要かといった要因に依存します。しかし同時に、9か月以上同じチームにいて、別のチームへの移動が予定されているエンジニアがいるかどうかも考慮します。誰かが2~3年同じチームにいて、あらゆる知識の保有者になり、情報のサイロ化が起きないように、これらの要因に目を光らせています。

Pivotal Software の組織構造とコード構成は、リチーミングしやすいように設計されています。各チームは極めて独立しており、エヴァンの言葉を借りれば、「私たちはできる限り、チームの関心事の分離を契約ベースや API ベースで維持しようとしています。チーム間でコードベースを共有しないようにしています。チームの機能のための全 Git リポジトリは、そのチームが完全に所有していて、他のチームがそのコードベースに追加や変更をする場合は、プルリクエストを送るか、チーム間ペアリングを行います。つまり、ペアの片方を依存関係のあるチームに送り、もう片方は元のアップストリームのチームにいて、機能に取り組むというやり方です」

Pivotal Software には、知識を広めるために行われる、意図的な2つのレベルのリチーミングがあります。強力なペアプログラミングの文化を通じて、チーム内のスイッチングが強く推奨されています。ペアはチーム内のマイクロチームのようなものです。2人が継続的にアイデアを融合させます。そしてペアが交代するとチーム内で知識が広がっていきます。エヴァンは言いました。「チーム内でペアのローテーションがないと停滞してしまい、最後にはメンバーにわずかながら不満がたまるので、私たちはそうならないように努めています」。さらに、私はエヴァンに「停滞」の概念について説明してもらいました。(これは私のリチーミングのインタビュー中にたくさん出てきた言葉です)。彼は協力について言及していました。「チーム内で頻繁にローテーションしていれば、さまざまな相互作用が生まれたでしょう」

ペアの交代は「Pivotal プロセス」においてとても重要で、ある役割と結び付いています。同社のチームにおける「アンカー」は、開発者がチームのデリバリーの健全性に責任を持ちます。また、アンカーはチーム内でペアの交代がうまくいっていることを確認する役割もあります。さらに、レトロスペクティブが行われ、スタンドアップミーティングの内容が健全であることも確認します。

リチーミングの2つめのレベルは、チーム間で行われるものです。あるチームが他のチームと依存関係があるケースについて、エヴァンは私にこう言いました。「それらのチームはペアを交代するよう計画し、ある人が数日から1週間、別のチームに移

動して機能を完成させることがあります」。これは明確な目標がある、とても機能的なリチーミングです。

依存関係を解決するためのチーム間スイッチングだけでなく、積極的に知識を広めるためにチームを入れ替えます。エヴァンによると、「通常、知識の共有は、すべてのチームを横断して継続的にエンジニアのローテーションをすることで行われます。こうすることで、違うタイプのチームと一緒に働く多様性を持つことができます」

いろいろな人たちとさまざまな課題に取り組むことは、お互いから新しいことを学び、社内の知識を定着させます。これは知識の維持を助けます。良いリスクマネジメントです。これは、10章でリチャード・シェリダンが説明する**知識の塔**のアンチパターンとは正反対です。「私たちはエンジニアリングスタッフ全体でジェネラリズムを構築したいのです」とエヴァンは私に言いました。「私たちは本当にジェネラリズムを信じていて、それが共感につながると考えています。なので、**私のチーム対あのチーム**という対立を作り出すことはありません。なぜなら、1か月後にはそのチームにいるかもしれないからです。これは、『人月の神話』に抵抗することにも少し役立っています[†7]。つまり、重要なプロジェクトがあったり、リリース途中で必須と言われていた機能の開発が長引いて遅れが出ていたりするときに、その機能に取り組んでいるチームを強化するという選択肢があるのです」。チームスイッチングを行っているため、チームを切り替えたり別のチームを手助けしたりする時間と労力が少なく済むからです。言わば、「すでにチームの関心事と機能に精通している人たちの巨大な蓄えがあるのです」。

このリチーミングは戦略としてチームを安定させ、「同じ」に保つことを推奨する、今では時代遅れで定番のソフトウェア組織のアドバイスとは正反対です。正直なところ、この意図的なジェネラリズムには驚かされます。まるで、チーム内やチーム間を移動する微生物を作り出しているかのようです。本当に**動く組織**を構築しているようです。停滞とは対極にあります。生きているのです。

他にも、チーム間でのスイッチングパターンを推奨する理由があります。それは、人間的な理由です。次の節で議論します。

[†7]　ブルックスの『人月の神話』[5] を参照。遅れているプロジェクトに人を追加するとさらに遅れると警告しており、これをブルックスの法則と呼んでいます。

9.5　友情とペアリングのために開発者をローテーションする

　あるとき、私はAppFolioで3つのチームと働いていました。開発者たちはペアプログラミングをしていました。本書で説明したグロウアンドスプリットパターンを使って1つのチームが2つのチームになりました。その後、さらに数人のメンバーを追加して3つめのチームを作りました。一部の開発者たちは、今は「他のチーム」にいる友人たちと、もはやペアプログラミングができなくなったことを悲しんでいました。

　そこで、その心配を取り除き、エンジニアの充実感を高めるため、**図9-2**に示すように、1人のエンジニアを定期的に別のチームにローテーションし始めました。この文脈では、かなり大胆な取り組みでした。

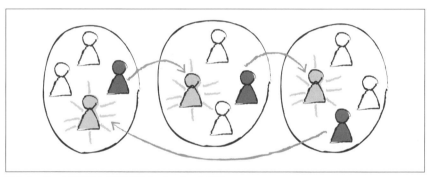

図9-2　チーム間でエンジニアをローテーションする

　コムロン・サッタリはこのことを回想して、次のように言いました。「つまるところ、人をローテーションさせたいのです。でも、一度に全員をローテーションさせたくはありません。そこで最終的に私たちが行ったのは、6週間ごと、あるいは数スプリントごとに1人をローテーションさせることでした。つまり、チームメンバーの3人はそのままにし、別のチームから1人を受け入れ、メンバーをローテーションさせていきました。最終的には、チームが完全に混ざり合い、より大きなチーム精神が生まれました。なぜなら、全員と一緒に働きながらも、より小さなチームに集中できたからです」[†8]

[†8]　コムロン・サッタリ、著者によるインタビュー、2016年3月

さらに、彼にとってこれがどのようなものだったのか説明してくれました。「これは本当によかったです。チームに勢いがありました。全員が何に取り組んでいるかを知っていました。私たちはすぐ隣に座っていました。コミュニケーションはとても簡単でした。そして数週間ごとに、新しい血が入り、新しいアイデアが生まれ、新しい顔ぶれが加わります。もちろん、みんな毎日オフィスで顔を合わせる人たちです。私がいたチームは、ドニーと一緒に仕事をするのが大好きでした。でも、ドニーは別のチームでした。でも、数週間後には彼が自分のチームに来ることもあると知っていたので、一緒に新しいことができるかもしれないと思っていました」

あらゆる状況に当てはまるチームローテーションのペースというものはありません。どこかから始めて、リチーミングを見える化し、なぜそれを行うのかについて意見を合わせ、定期的なペースでふりかえり、チームにとって最適な状況に向けて成長し進化させましょう。できれば、開発者の声に耳を傾けることです。何を必要としているかを見極めましょう。私は AppFolio がエンジニアに充実感をもたらすためのやり方は素晴らしいと思います。

仕事における充実感は、やりがいや定着率を高めるための 1 つのカギです。働いている会社で自らの学習目標を追求できるというのは、まるで宝の山を掘り当てているようなものです。おそらく、毎日仕事に行くのが楽しみになるでしょう。これは、次節のスイッチングの話につながります。

9.6　個人の成長や学習のためにスイッチングする

永遠に 1 つのチームに縛られることなく、成長志向のマインドセットがあるのは素晴らしいことです。凝り固まったマインドセットとは正反対です[†9]。私たちは人生で学び、成長し、変化します。さまざまな人たちと学び、交流すると、多くの刺激があります。

オレゴン州ポートランドにある Jama Software には、本書の執筆時点で約 35 人のエンジニアがいました。エンジニアリングマネージャーのクリスチャン・フエンテスは、会社が 9 人から 140 人ほどに成長するのを見てきました。クリスチャンは、チームメンバーが仕事のニーズと個人の興味にもとづき、自らどのようにして他のチームを選択するかを話してくれました。そこには、今いるチームを離れ、自分が学びたいことに合った別のチームに移動する機会があります。彼は次のように言いました。

---

†9　Dweck, *Mindset.* [15]

「あるチームメンバーが API の開発プロジェクトに取り組んでいて（中略）、たとえばフロントエンドを学びたいとします。その人は自分のキャリアの成長のためにフロントエンドの機能を開発している別のチームに移動します」。自分にぴったりで、楽しいチームのときは、チームを変えないかもしれません。彼の言葉を借りれば、「今のところ、あるチームやチームメンバーは一緒に働くのを心から楽しんでいて、そのまま一緒に働いています。一方で、複数のチームを渡り歩いているメンバーもいます」[10]

AppFolio では、不動産管理アプリケーションのあらゆる部分に取り組めるフィーチャーチームがありました。私がいたころは、いくつかの専門チームに分かれていました。1 つは、ソフトウェアを動かす場所を提供するデータセンターの構築やメンテナンスをするチームでした。他には、顧客に見えないような、エンジニアリングチーム向けのインフラプロジェクトに取り組むチームがありました。また、テクニカルサポートチームもありました。私は長年にわたり、アジャイルコーチとしてすべてのチームと働きました。

ときどき、インフラチームのエンジニアをローテーションしていました。あるエンジニアは、インフラチームで働くことで、フィーチャーチームとは対照的に、これまでとは違う、より大きくてシステム的な問題に取り組めたと言いました。そして、プロダクトマネージャーは他のエンジニアでした。それが彼にとって非常にモチベーションになったそうです。

テクニカルサポートチームのメンバーは、ときどき自分のチームを離れてフィーチャーチームで働くことがありました。そこで、テクニカルサポートチームで必要な機能に関する専門的な知識を獲得するのです。少なくとも 1 回は、テクニカルサポートのエンジニアが自分のチームを離れ、そのままフィーチャーチームに残ったことがありました。会社がこのような個人の成長と選択を許容する柔軟性を持っていたのは素晴らしいことです。

スイッチングできることには戦略的優位性があります。Greenhouse の CTO であるマイク・ブフォードは、これを「秘密兵器」と言っています。同じ場所で長く働いていると、変化を欲するかもしれません。そこで、別のチームにローテーションすることで「その欲求が満たされる」のです。彼は次のように述べています。「実際、チームを移動し、環境を少し変える機会があるというのは、人材維持における秘密兵

---

[10] クリスチャン・フエンテス、著者によるインタビュー、2017 年 4 月

器のようなものです」[11]

　ここまで、スイッチングパターンのさまざまな側面について言及しました。チーム内でのペアの交代や、チーム間でのスイッチングのときに、どのように適用されるのかを見てきました。知識の共有や、充実感を高めて学習を促すために、スイッチングパターンが適用できます。また、素晴らしい革新的な学習を促し、仕事で自分自身を再発見できる潜在的な力もあります。良さそうですよね？ ただし、このパターンにも落とし穴があります。

9.7　スイッチングパターンの落とし穴

　チームと個人の成長を念頭に置くことは、スイッチングの重要な要素です。しかし、これは脅威になることがあります。それは、最高の人材を自分のチームに留めておきたいがために、時としてスイッチングを制限したいと思うことです。また、チーム内の知識があまり定着していないとき、スイッチングはかなりの痛みを伴うので、避けようとするかもしれません。さらに、あるメンバーがチーム内で唯一の専門家であるとき、おそらくスイッチングに着手するのはもっと困難でしょう。これら3つの落とし穴について、優秀なチームメンバーを囲い込みたいという欲求から掘り下げていきましょう。

9.7.1　優秀なチームメンバーを囲い込みたいという欲求

　チームに「優秀な人材」がいると、その人を他のチームに行かせたくないと思うのは自然なことです。でも、これは学習や充実感を高めるためのスイッチングや、メンバーにとっての最善を妨げることになりかねません。これはレイチェル・デイヴィスとの会話で出てきました。彼女は、リチーミングを統括するマネージャーについて話してくれました。リチーミングするとき、マネージャーたちは自分の「スター」を手元に置きながら、能力の劣るエンジニアを他のチームに振り分けていたそうです。

　彼女は次のように言いました。「優秀な人材は手放したくないものです。チームローテーションの決定がチームリーダーに委ねられている場合、『ああ、そうですね。あまり優秀でないその人なら構いませんが、この優秀な人は貴重なので手放したくありません』というようなことが簡単に起こりがちです。でも、これはその人にとって

---

[11] マイク・ブフォード、著者によるインタビュー、2020年1月

良いことではありません」[†12]

　リチーミングの手法は、透明性の尺度で考えることができます。マネージャー主導のリチーミングとチームメンバー主導のリチーミングです。リチーミングの可視性が高いほど、チームメンバーは自分たちの運命をコントロールする裁量が増えます。

　マネージャー主導のリチーミングは、より閉鎖的で保護されたシステムになりがちです。一方、チームメンバー主導のリチーミングは、より開放的で自由のあるシステムとなり、より大きな自律性をもたらします。

　このような課題が組織にあるときは、リーダーと協力して、囲い込んでいるマネージャーにフィードバックをしましょう。フィードバックをするだけで、相手の見方が変わることもあります。『Crucial Conversations』（邦訳『クルーシャル・カンバセーション』）には、受け取る人のきっかけとなるフィードバックの構文が紹介されています。良い着想を得るには『Radical Candor』（邦訳『GREAT BOSS』）がお勧めです[†13]。

　もう 1 つのアイデアとして、部門全体の成功を支援するという共通の目標を持つマネージャーコミュニティの育成があります。マネージャーたちと現場から離れて、コーチングをしながら、自社のエンジニアリングマネジメントのあるべき姿について共通のビジョンと価値観を作り上げるセッションをしましょう。この一環で、リチーミングによるエンジニアのキャリア目標に向けた支援の下地を整えられます。

　もう 1 つは、ソフトウェアエンジニアの個人育成計画を強化することです。個人育成計画（Individual Development Plan、略して IDP と呼ばれることもある）は、たとえば、エンジニアの次の 2 四半期のキャリア目標を詳細に記したものです。エンジニアの学習目標がリチーミングによって後押しできそうなら、チーム変更の話し合いに活用できます。そして、個人の希望と会社のニーズのベン図の重なる部分を見つけ、バランスを取る必要があります。

　学習の道筋を支援することは、別のチームに移動することにつながるかもしれません。メンバーの移動への心の準備ができていないと、残りのメンバーは寂しがり、辛くなってしまうことがあります。

9.7.2　他のチームにメンバーを「貸し出す」ときが課題となる

　誰かと同じチームにいて、その人が別のチームに移動する（あるいは退職する）と

[†12] レイチェル・デイヴィス、著者によるインタビュー、2016 年 12 月

[†13] Patterson et al., *Crucial Conversations* [40]; Scott, Radical Candor. [46]

き、寂しさを感じ、喪失感を味わうかもしれません。その人と一緒にいるのが好き
だったかもしれません。日々、その人と一緒に働くことがとても楽しかったのかも
しれません。あるいは、チームの偉大な貢献者で、（一時的であっても）今はいなく
なってしまい、自分たちだけでやっていくのが難しいのかもしれません。これはすべ
て、考慮すべき情報です。もし、あるメンバーがいなくなることで進行中の仕事を進
めるのが難しくなるなら、将来的にもっと健全にメンバーの入れ替えができるよう、
チーム内のペアリングや知識共有への注力が必要かもしれません。どのような理由で
あれ、チームメンバーを入れ替えたいときに元のチームとして継続できるよう、より
レジリエンスの高い会社を作り上げましょう。また、1章で触れたように、いつかは
全員がチームを去ります。それに向けて準備をしましょう。そして、どのようにすれ
ばレジリエンスの高いチームになるのか、戦略を立てましょう。

9.7.3　単独の専門家で構成されたチームはスイッチングが制限される

　チームが専門の役割で構成されていて、たとえば、フロントエンドエンジニア、
バックエンドエンジニア、iOS エンジニア、Android エンジニア、QA エンジニア、
UX エンジニア、プロダクトマネージャーがそれぞれ 1 名ずつの場合、チームに専門
家「枠」を埋める人が入らない限り、役割のいずれかを入れ替えると損失が生じます。
このような専門家チームは、スクラムで提案している「開発チームメンバー」のよう
な、役割を超えて協力できる人たちと比べて、レジリエンスが低くなります。各役割
が 2 人ずついれば、多少はスイッチングの余地は増えるかもしれません。でも、現実
的に、会社は「ノアの箱舟」に投資してくれるでしょうか？ 私にはわかりません。た
だし、仮にそうだとしたら、チームが大きくなりすぎて、分割したくなるでしょう。
単独の専門家はチームが大きくなりすぎる根本原因の 1 つとなりえます。もしあなた
が専門家の世界にいるなら、開発者の「交換」を検討するとよいかもしれません。た
とえば、あなたの仕事に興味を持っているフロントエンドエンジニアを 1 人受け入れ
る代わりに、他のチームにあなたのチームのエンジニアを送り出すのです。

　本章では、スイッチングパターンとそれに伴ういくつかの落とし穴を見てきまし
た。スイッチングはとても人間中心のリチーミングパターンであり、ワンバイワンと
よく似ていると思うかもしれません。なぜなら、このパターンも、1 人の人をチーム
に入れたり、チームから送り出したりするからです。でも、この 2 つは違います。ワ
ンバイワンパターンは成長と退職に強く結び付いています。一方、スイッチングパ
ターンは、学習の追求、知識の共有、レジリエンスの高い持続可能な会社の発展、そ

して充実感の探求に強く結び付いているのです。

5つのダイナミックリチーミングパターン、つまり、ワンバイワン、グロウアンドスプリット、アイソレーション、マージ、そしてスイッチングがダイナミックリチーミングを定義します。実際のところ、これらのパターンは会社で同時に、そして違うレベルで起こります。会社レベル、部門レベル、トライブレベル、チームレベル、個人レベルです。これが1章で議論したパナーキーの概念です。これらすべてが一斉に、会社ごとにさまざまな度合いで起こっていることを理解すると、ダイナミックリチーミングという概念がもう少し理解しやすくなるかもしれません。

にも関わらず、リチーミングは簡単に経験できません。どのパターンを試そうとしているのか、どのように取り組もうとしているのかによりますが、とても難しい状況になることがあります。時間の経過とともに自然に起こり、それに対処するか、本書で紹介した5つのパターンを使って変化を起こすことを決め、その結果に対処するか、のいずれかです。ここでは無償で得られるものはありません。クリティカルシンキングをしながら、慎重に考え、ふりかえり、状況に応じて行動しなければいけません。ダイナミックリチーミングをただ「インストール」することはできないのです。

ここでリチーミングのアンチパターンの話につながります。各パターンの章にある落とし穴はアンチパターンです。しかし、これだけではありません。これから挙げるものは、私が繰り返したくない変化です。この世界にはまだ発見されていないものがもっとあるはずです。しかし、これらすべてのアンチパターンは、前向きな意思から生まれてくると考えたいです。私たちは会社の成功のために支援しますが、時としてうまくいかないこともあります。ですが、アンチパターンから学ぶことができます。探ってみましょう。

10章
アンチパターン

　リチーミングはすべての問題を解決するわけではありません。ひどいやり方のリチーミングもあります。チームにもっと情報を共有し、もっとコラボレーションしてほしいと考え、良いアイデアだと書いてあったペアプログラミングをチームに強制したらどうなるでしょうか？ 開発者の多くは不幸になり、あなたがチームを信頼せず、自由を奪ったと考えるでしょう。ある会社で、私が実際に経験したことです。ベストプラクティスを広めようとリチーミングを試み、同じようなひどい結果になった例を以下のアンチパターンの節にまとめています。これは1つの例にすぎませんが、ダイナミックリチーミングを実践しようとする場合は、ものすごく注意を払う必要があることを強調しておきます。既存のダイナミクスに影響を与える大規模なリチーミングを行う場合は、さらに注意が必要です。大規模なリチーミングの取り組みを計画しようとしているなら、12章を参照してください。

　エッジでのリチーミングは、それほどリスクは高くありません。エッジのチームにワンバイワンやスイッチングパターンを適用し、チームを2つに分割したり、メンバーを4人外してから2人追加したりしても、全体のダイナミクスには影響しません。

　リチーミングが簡単だとか、ダイナミックリチーミングですべての問題が解決できるみたいな話で、本書を埋めたいわけではありません。難しいかどうかは、あなたがやりたいこと次第です。未熟なアボカドでワカモレは作れません。準備のできていないチームや組織は変われません。でも変化はただ起こります。去ってほしくない人を引き留めることはできませんし、敵対的買収を防ぐこともできません。本書の執筆中に、地球がウィルスに覆われ、すべてが変わってしまう経験をしました。すべて1章で説明した、創造的破壊です。このようなことが起こったとき、何らかの準備をしておくことは役に立ちます。本書はそのためのガイドなのです。

ここではアンチパターンを掘り下げます。リチーミングの暗い側面のストーリーです。リチーミングが怖くなるかもしれません。リチーミングのネガティブな側面しか経験していないと、チームの安定性を説くようになり、うまくいった場合のリチーミングのメリットを享受できなくなるかもしれません。物事をどうとらえるかなのです。さまざまなコンテキストで働きながらキャリアを進めてくると、物事が進むパターンを収集でき、あなたはより広いとらえ方ができるようになります。では、最初のアンチパターンを見ていきましょう。

10.1 「ハイパフォーマンス」を広げる

チームに素晴らしい化学反応が存在し、高いパフォーマンスを出せているとき、チームメンバーは強く結び付いています。良いリズムで素晴らしい価値を届け続け、顧客を喜ばせています。変化の準備ができるまで、チームはそのままにしておきましょう。そして、変化させるときは、「エッジのチーム」で行います。AppFolio の共同創業者で CTO のジョン・ウォーカーは、会社の初期にこの教訓を得ることになりました。あるチームのハイパフォーマンスを複数のチームに広げたいと考えたのです。

「あるチームにはすごい経験者ばかり集まっていて、会社には山ほど新しい人がいました。そこで、そのチームを分解したのです。そして、後悔することになりました。ものすごく機能しているチームで、素晴らしい仕事を成し遂げていました。チームがしていることに、チームが興奮していました。分解したら、良いチームが 3 つできました。そうして、元のすごいチームを失ってしまったのです。まあまあ良いチームなら、チームを分解しなくても作れたはずでした」[1]。彼はそう語りました。ジョンは、チームの年長者を「負荷分散」しようとしたのです。理論上はうまくいくはずでしたが、チームの化学反応を失いました。

ハイパフォーマンスを広げようとするアイデアのストーリーは、デイモン・ヴァレンツォーナとのインタビューでも出てきました。デイモンは会社の別のロケーションのエンジニアリングディレクターでしたが、5〜6 チームのベストプラクティスを全体に広げようとして、「チームシャッフル」した話をしてくれました。ジュニアメンバーとシニアメンバーのバランスをすべてのチームで改善し、ジュニアメンバーは、シニアメンバーがどのように仕事をするかを実際に見ることができるようにしたかっ

---

[1] ジョン・ウォーカー、著者によるインタビュー、2016 年 2 月

たのです。ソフトウェアエンジニア、シニアソフトウェアエンジニア、スタッフエンジニア、プリンシパルソフトウェアエンジニアといった、ソフトウェアエンジニアのレベルの差を文章にするのは非常に難しいです。そのようなレベルの人が周りの人に対してどのように価値あるふるまいをするか観察することで、「レベルアップ」の感覚を理解できることもあります。

「シャッフル」は、**組織変更**を軽く言い換えただけのものでした。チームには2人だけ元のメンバーを残し、仕事のコンテキストを維持しようとしました。他のメンバーは全員入れ替えです。たいていの場合、プロダクトマネージャー、QAエンジニア、UXデザイナー、ソフトウェアエンジニア3人が入れ替わることになりました。

結果は、前に説明したジョンの組織変更と同じようなことになりました。チームの化学反応が被害者になりました。シャッフルの3か月後にデイモンと話しました。「ゴールの1つは、すべてのチームをもっと効率的にすることでした。でも、かすりもしませんでした。ベストプラクティスを共有するためのシャッフルでした。でも、チームが機能するようになるには、チームに多くの混乱が必要なのです。すぐに実ることはありません。そこで、チームの効率性とはチームの化学反応のことだと考えるようになりました。ベストプラクティスは必須ではないのです。チームを超えてプラクティスを共有するほうが簡単だと思っていました。でも、本当に難しいのはチームに良い化学反応がある状態にすることなのです」[2]

彼は学びについて、話を続けました。「効果的に働けているチームのエンジニアを移動させれば、ベストプラクティスを広めてくれるだろうという私たちの想定には、間違いがありました。ベストプラクティスこそがいちばん重要だとは思えないからです」。ハイパフォーマンスとは、仕事のやり方にあるのではなく、チームに良いダイナミクスが存在することと密接に関係している、と彼は理解しました。「本当にやりたいことは、チームに良いダイナミクスを生み出すことで、必ずしもプラクティスではありません。チームごとにプラクティスが違うことはあり、それはまったく問題ないのです。シャッフルすると、基本的にすべてのダイナミクスをごちゃ混ぜにしてしまいます。チームはまた最初から仕事のやり方を見つけ出さなければいけません」

ここでの学びは、ダイナミクスを複数のチームに広げるための「大規模」なリチーミングを行うと、チームがフロー状態に戻るのにかなりの時間がかかり、戻ったあとの化学反応がどうなるかは予測ができないということです。メンバーがチームを自分で選べない状況だと、さらにその傾向は強くなります。チーム編成は、小さく変更す

---

[2] デイモン・ヴァレンツォーナ、著者によるインタビュー、2016年10月

るほうがリスクが少なくて済みます。

　南カリフォルニアのウェストモントカレッジのバスケットボールプレイヤーだったジョンは、スポーツチームとの比較について述べています。「プロのアスリートであれば、チームが優勝できれば、たくさんのプレイヤーと一緒に、しばらくそのチームでプレイできます。チームで一緒に続けられるように、なるべく多くのチャンピオンシップで優勝しようとします」。ゆっくり人を追加するやり方についても語っています。「優勝できそうだったら、ちょっとだけ新しいピースを追加します。優勝から遠ざかっていたら、チームを解散してやり直します」。AppFolio では、少しずつ人を追加するのを成長戦略にしていました。このようなエッジでのリチーミングは、新しい視点を持ち込み、しかもチーム全体に対しては破壊的にならずに行えます。

　化学反応がうまく働き、顧客を喜ばせているなら、ハイパフォーマンスを広げようとしてリチーミングをするのは考え直しましょう。

　ここでの例は、ハイパフォーマンス（と年齢分布）を分散させようとしてチーム全体を壊していました。「エッジでのリチーミング」を使って、もっと実験しましょう。チームに1人加わったり、チームから1人去ったりするだけなら、チームを解散するより破壊的ではなくなります。

　すごくうまくいっているチームがあるなら、メンバーに「テックトーク」でチームのやり方を話してもらいましょう。自分が働いていた素晴らしい会社では、毎週のように1時間以内のテックトークを行うことをエンジニアに推奨していました。ランチタイムに実施して、ランチを提供すれば参加者を増やせますが、それすら必要のないこともあります。

　うまくできているチームに、チームのプラクティスについてブログを書いてもらうこともできます。Procore Technologies のエンジニアとはよくペアになって、ブログを書いていました。同僚から話を聞くだけでも、何かを試す気になるかもしれません。

　チームコーチングも探究のしがいのある道です。チームは自分で改善の努力をし、自分たちで自分の面倒を見られるようにならなければいけません。たとえばペアプログラミングがベストの方法だと見聞きしたところで、チームに強制することはできません。他の問題を引き起こしてしまいます。チームで自分たちの仕事のやり方をふりかえり、もっと効果的になるために実験することを勧めましょう。たとえばワークフローを効果的にしたいと考えたチームをコーチングしたとき、まずはホワイトボード上にワークフローを見える化するところから始めました。そして、ワークフロー上のボトルネックについて議論したのです。ワークフローで仕事が詰まって進めなくなる

ところはどこか？遅れはどこで発生しているか？チームは、ワークフローの詰まりを取り除くためのいくつかの実験を取りまとめます。そのあとのコーチングセッションで、どうなったかをフォローアップします。素晴らしい状態とはどのような状態のことを指すのかという議論をチームとできれば、スタートを切れます。

よく見かけるありがちなアンチパターンの1つは、Expertcity で経験しました。すごく感情的になる体験でした。コンポーネントチームで構成されており、私はテクニカルプロジェクトマネージャーでした。兼任アンチパターンを見ていきましょう。

10.2　兼任アンチパターン

私は、ウォーターフォールの環境で8年間働きました。最初は、ウェブ開発チームのインディビジュアルコントリビューターでしたが、その後、テクニカルプロジェクトマネージャーになりました。

チームはコンポーネントごとに構成されていました。コンポーネントチームに所属する人が、それぞれプロジェクトにアサインされていました。多くの場合プロダクトラインにアサインされることになりました。プロダクトラインには複数のプロジェクトが含まれます。アサインされた人は、プロジェクトごとに集中して使う時間の割合が決められていました。でも、実際にやってみると、ものすごく難しいことがわかります。人は本当に、10% はプロジェクト A、20% はプロジェクト B、40% をプロジェクト C のように割り当てることはできるのでしょうか？この状況で、プロジェクトマネージャーの私は、プロジェクトにアサインされた人に同時にアサインされている他のプロジェクトのことは知りません。そのため、他のプロジェクトマネージャーより自分を優先するように、プレッシャーをかけてしまうという落とし穴に落ちてしまいそうでした。この状況で新しい人が来ると、複数の新しいプロジェクトにアサインされることがあります。インディビジュアルコントリビューターにとっては、気が滅入りそうな変化です。

人間が自分で自分の可用性を制御するのは困難です。機械のほうが得意な分野です。チームの構成方法に気をつかっていないと、すぐに人をモノ扱いするという例です。

チームの有効性にも影響します。リチャード・ハックマンによる有効なチームの定義には、以下の要素が含まれています[†3]。

---

†3　Hackman, Leading Teams, 23-29. [26]

顧客満足

提供する仕事の結果が、チームの仕事を受け取る人の品質基準、量、納期に合致している。

チームの成長性

チームの働き方が、将来一緒に働いたときの能力を向上させるようになっている。

メンバーの成長と満足

チームでの経験が、チームメンバーの成長とウェルビーイングに貢献する。

人が同時に複数のチームにアサインされると、参加の程度が薄まり、仕事の品質、チームの成長性に影響を与えるのは明らかです。

兼任アンチパターンに遭遇したらどうすればよいでしょうか？ 断りましょう。誰かがあなたに過剰な負荷をかけようとしてくるとき、それを断るのも1つのスキルです。ちょっと勇気も必要かもしれません。このような状況であなたがリーダーだったら、ノーと言うことで会社の価値観を体現して見せましょう。あなたがノーと言うところを人に見せるのです。やり方をみんなに教えましょう。ノーと言ってよいという許可を広げるのです。

持続可能なペースで働き、仕事以外の生活も楽しむことに私は価値を置いています。あなたを過負荷な状態に置き、バランスが取れない状況を強いているなら、本当にその会社があなたに合っているのかゆっくり深く考えたほうがよいでしょう。

もうひとつ考えておきたいのは、会社で新しいことを試してみようというあなたのエネルギーと熱意についてです。兼任アンチパターンのシステムに組み込まれていたとしても、仕事の割り当てられ方を変えるための変化を起こしてやろうというエネルギーがあなたにはあるかもしれません。あなたは今、本書を読んでいるので、変化を起こそうとするでしょう。その場合は、12章に示したやり方を学んで試してください。

兼任アンチパターン以外に、ベストプラクティスを広げたいとか、すべてを「標準化」したいという理由でリチーミングして、うまくいかないのを見てきました。

10.3　生産的なチームを標準もしくはベストプラクティス準拠で破壊する

　チームが成功し、より生産的になるのを助けようとするマネージャーやディレクターに悪い意図はありません。チームがよりよくなるのをどのように助けられるかを集まって議論していることさえあります。チームのサイズに関わる統一されたメトリクスで判断し、それを押し付けようとします。こんなドキュメントが流れてくることになります。「ベストなチーム編成は、ソフトウェアエンジニア 4 人、QA エンジニア 1 人、UX エンジニア 1 人、プロダクトマネージャー 1 人とする」

　ハンドブックにまとめられることもあります。繰り返しのメッセージとして、チームミーティングのたびに共有されます。すべてのチームのサイズをチェックして、大きなチームは適切な「チームサイズ」のベストプラクティスに従うように例外なく分割するという判断をした会社にいたことがあります。びっくりしたエンジニアリングディレクターがやってきて、あるチームをどうすればよいかを議論しました。

　そのチームは、16 人まで大きくなっていました。匿名の約束で話してくれたマネージャーは、こう言いました。「チームはすごくうまくやれていました。毎週、必要な機能をリリースできていました。分割したくなかった理由はこれでした。誰も現状に波風を立てたくなかったのです。必要なリソースはすべてそろっていました。プロダクトの方向性も悪くありません。でもトップからのメッセージには、緊急性が感じられました」

　では、なぜ分割しようと考えたのかと尋ねたところ、彼女はこう答えました。「いちばんの理由は、プロダクトマネジメントチームから見ると、私たちが大きすぎるように見えたからでしょう。エンジニアリングチームも気づきました。ベストプラクティスから外れているように感じたのです」。またこう付け加えました。「大きく見える以外に、解決したい問題はなかったのだと思います。毎朝の巨大なスタンドアップミーティングが開発のフロアでジョークになっていたくらいですから」

　チームが実際にどのように働いていたかを詳しく尋ねてみました。彼女は、スタンドアップミーティングを生産的に保つために、見える化ボードの優先順位の順で、仕事の状況を尋ねるようにしていました。通常のスクラムで行われている、スプリントゴールのために昨日は何をしたか、スプリントゴールのために今日は何をするか、スプリントゴールの妨げになることはあるかを 1 人ずつ尋ねるというやり方はしていま

せんでした[4]。大きなチームとして、コミュニケーションとファシリテーションをうまく行う方法を見つけ出していました。チームは、ソフトウェアの複数のツールのオーナーになっていました。チームのサイズとツールのオーナーシップをうまく扱うリズムで動けていたのです。チームは、すごくうまくやれていました。

結局、チームの分割は行われませんでした。チームは大きいまま、これまでのやり方で働いています。チームメンバーはマネジメントと話し、成果を見せ、先に進んだのです。

外部の勢力がチームのパフォーマンスも見ずに、チームのサイズなどの外形的な特徴だけでチームを判断するような状況に置かれたら、どれだけ自分たちのチームがすごいかを時間をかけて伝え、評価者の視点を動かしましょう。まだそうしていなかったらチームのマネージャーに話し、サポートしてもらいましょう。まずは、質問することから始められます。たとえば、「どうしてチームサイズを変えることがチームの生産性の向上につながると思っているかに興味があります」のような質問です。そして、どれだけの頻度でプロダクトを顧客に提供し、フィードバックを得ているか、どれだけプロダクトが顧客に愛されているかを伝えましょう。

長いこと働いていると、誰かから、売る喧嘩は選べと言われることがあります。これは真理だと思います。判断を押し返すことは、馬鹿げていて生産的でないと思えても、ときには必要なのです。あなたのリーダーシップが問われるところです。チームへの要求を分析しましょう。メリットは？ デメリットは？ ソフトウェアを作っているときと同じように、チームの構造については、情報共有を十分にした上で判断を下しましょう。

次のアンチパターンは、食物連鎖の上位者の判断のせいで、急に誰かがチームからいなくなるという状況です。抽象化によるリチーミングのナゾに満ちた世界へようこそ。

10.4 ひどいコミュニケーションと抽象化によるリチーミング

大きなクライアントでコンサルタントとしてオンボーディングを受けているとき、30人近いチームメンバーと働いていました。まずチームメンバーがどのように働いているかを評価するために、チームメンバーを個別に1人ずつ訪ねることにしま

---

[4] Schwaber and Sutherland, *The Scrum Guide*. [47]

10.4 ひどいコミュニケーションと抽象化によるリチーミング | 157

した。

1週間ほど経って、集めたリストの半分の人とは会うことができました。会社は、大きな変化の最中でした。競合他社から買収されるプロセスの途中だったのです。「ハエのように落ちていく」とメンバーの様子を説明した人もいました。摩擦は大きく、みんな恐れていました。1か月後に仕事があるかもわからなかったのです。それでも、会社はエンジニアリングチームをこの不確実な状況でもより生産的にするために、私をオンボーディングしようとしていました。

参加していたスタートアップでは、QAエンジニアが突然いなくなりました。「高優先度」のプロジェクトに異動させられ、パッと消えました。別れの挨拶もありません。その人は、訪ねる人リストに含まれていましたが、四半期の初めに遠くで行われた「リソース最適化」プロセスによって、リストは短くなりました。

あまりに非人間的な退場に、私の心は揺れ動きました。起こったことはそれだけですが、チームを傷つけました。QA担当者を失ったチームは、前に進むのに苦しみました。チームは簡単ではなく予測もできなかった変化に対応するために、仕事のやり方を変えなければいけませんでした。

会社がチームの敵になったようでした。従業員が何千人もいる大きな会社でのことでした。マネージャーはスプレッドシート上で四半期ごとの目標「リソース」を記録しています。マネジメントレベルでは、プロジェクトごとのチームメンバーはコストとして認識され、（少なくとも私にとっては）抽象的なレベルで、人は会社内の別の優先度の高いプロジェクトにいつでも「再配置」できるのです。この状況は、関係構築に本当に害をもたらします。チームメンバーがいつでも突然別のプロジェクトにアサイン変更されるかもしれないなら、どうして関係構築に時間を割こうと考えるでしょうか？ ダイナミックリチーミングの暗い側面です。

会社の人と話すと、そのようなリチーミングはまったく新しいことではなかったことがわかりました。長年にわたって、大きな変化が「自分たちに降りかかる」ことに慣れきっていました。特に四半期の初めごろになると、いろいろなことが再評価され、プロジェクトの優先度が上がったり下がったりするのです。世界中にオフィスのある会社では、リモートミーティングのアナウンスで聞く人事異動の対象者を個人としてはまったく知らないことも普通です。経営層が次に何をアナウンスするかの「オブラートに包まれていない」情報は、給湯室で広まることもありました。気味の悪いことです。会社の古株の多くは、過去何回も行われてきたレイオフに耐えて生き残っていました。なぜ残っているのでしょうか？ 給与がすごく良く、仕事は柔軟に行えたからです。プロダクトも魅力的なものでした。彼らは、変化になんとか対処してき

たのです。

抽象化による**リチーミング**が行われるとき、人はたいていリソースと呼ばれ、そのように扱われています。マネジメントのスプレッドシートで操作されたとおりに動かされるのです。古典的なコマンドアンドコントロールのやり方で、誰かがスプレッドシートのセルを変更したら、現実の生活に影響が及ぶ変化が始まり、みんなに影響します。カーテンの裏に隠れたオズの魔法使いのようです。チームメンバーの運命を他のマネージャーの委員会と一緒に裏で決めています。離れたところで行われるので、明確でもありません。馬鹿げています。何が起きていて誰がリチーミングを始めたのかは、マネジメントレベルの人以外はわざわざ調べない限り誰もわかりません。マネジメントが離れたオフィスにいるなら、さらにナゾは深まります。スペースと距離は、人のつながりを本当に寸断してしまいます。リチーミングの責任者は、きっと会社について良い意図を持ってはいたのでしょう。ただ分断のために、リチーミングの実行中にそのメッセージは失われてしまいます。

抽象化によるリチーミングに直面したら、組織としてどうすればよいでしょうか？判断までの距離、判断を下す人までの距離を短くすることです。サイモン・シネックの著書『Leaders Eat Last』（邦訳『リーダーは最後に食べなさい！』）のアドバイスが私のお気に入りです。シネックは抽象化について論じ、まず小さなグループ、たとえばダンバー数である 150 人以下で働き始めるのが出発点だと結論づけています[5]。会社のなかで小さなユニットで働けば、人同士の距離は近くなり、お互いを知るようになります。チーム変更がいつ起こるかといった情報も伝わりやすくなるでしょう。ソフトウェアの業界では、トライブのような構造で仕事をすることにもつながります。

会社の異なるレベルでフィードバックループを形成することも重要です。インディビジュアルコントリビューターとマネージャーだけではなく、それを超えたフィードバックループが必要です。Peakon や Culture Amp のように、従業員がどう感じているかを継続的に収集できる商用ツールもあります。Peakon を使って匿名のフィードバックを送り、経営層が返事できるようにすれば、秘密を守ったままフィードバックループを構築できます。

前触れも警告もなく人が消える以外にも、有害なチームメンバーに関わるアンチパターンもあります。

---

[5] Sinek, *Leaders Eat Last*, 115. [50]

10.5　有害なチームメンバーのインパクト

　チームや社内に、誰も一緒に働きたがらず、物事を成し遂げる妨げになるような人を置いておくことは、非常に深刻に受け止めるべき状況です。仕事場の人間という妨害は、マネージャーや同僚として注意を払う必要があります。

　これまでに働いた経験を思い返してください。ある人の行動、もしくは行動しないことが、仕事を片づけるのにすごく邪魔になったことがないでしょうか？　傲慢なふるまいだったり、口汚かったりしたかもしれません。侮辱的だったり、失礼だったりするかもしれません。受動攻撃的で、情報を隠す人だったかもしれません。このようなふるまいは、チームの他の人、そして職場の安全性に対する脅威になります。安全に感じられることは、ハイパフォーマンスとつながっているのです[6]。安全性に対する脅威は、優先的に取り組む必要があります。

　職場における安全性は、新しい概念ではありません。フィッツパトリックとコリンズサスマンは、2012 年刊行の素晴らしい著書『Team Geek』（邦訳『Team Geek』）で 1 つの章を割いて説明しました。有害なふるまいから個人を遠ざけるという議論があります。有害なふるまいは、チームの注意と集中に対する脅威になります。有害な人は HRT すなわち謙虚（Humility）、尊敬（Respect）、信頼（Trust）を欠いています[7]。有害なふるまいには以下のようなものがあります。他の人の時間を尊重しない、妥協せず合意形成しない、自己本位の要求をする、地位を誇示する、敵意をふりまく、議論を荒らす、不要なまでの完璧主義などです[8]。人間は誤解されやすく、本当は良い意図だった可能性もあります。彼らは他人に不快感を与えるような行動をしているかもしれませんが、友人のクリス・スミスが言ったように、「本当に邪悪な人はほとんどいません」。人生でいろいろなことが起こっていて、そのせいで仕事でそのようにふるまっているだけかもしれないのです。キム・スコットの『Radical Candor』（邦訳『GREAT BOSS』）のアドバイスに従いましょう。好奇心を持つのです。彼女は「ずけずけと尋ねるが、個人としてケアする」ことを勧めています[9]。このやり方には、多くの知恵が詰まっていると思います。その人に何が起こっているかを調べるのに時間を使い、個人としてケアする必要があります。人には評判がついてしまうものです。仕事の世界でも、それを忘れてはいけません。

---

[6]　Edmundson, *Teaming*, 129-131. [17]

[7]　Fitzpatrick and Collins-Sussman, *Team Geek*, 89. [18]

[8]　Fitzpatrick and Collins-Sussman, *Team Geek*, 85-101. [18]

[9]　Scott, *Radical Candor*, 9. [46]

レイチェル・デイヴィスは、声が大きくてすぐイライラする人がいるチームに誰も移動したがらない話をしてくれました。「チームにはその支配者がいて（中略）、いつも大声で文句を言っているので、チームの他の人間はしゃべらなくなってしまいました。その人がいるせいで、そのチームにローテーションしたいと思う人もいなくなりました。落ち着いた環境で働きたい人もいます。新しいプロダクトをやってみたいけど、その人とは働きたくない。だからチームを変わりたくないのです」[10]

議論の後半で、リチーミングでは、チームの「自分が欲する文化を選ぶ」能力についての話になりました。レイチェルは言いました。「誰と働きたいか？　どこのコードを書きたいか？　どの言語でコードを書きたいか？　このような選択のみならず、毎日をどのような『ミニ文化』のなかで過ごしたいかというところまで関わってきます」。自分たちが欲しいものを自分たちで選べるのは素晴らしいことです。レイチェルがこうも言っています。「フロントエンドチームはのんびりしすぎているから行きたくないという人もいます。もっと仕事を片づけたいと考えている人たちです。のんびりできるからそのチームに入りたいという人もいます」。どのチームで働くかを選ぶようにできれば、いろいろなことを尊重できるようになります。

今いるチームのソーシャルダイナミクスがわからないと、たとえばある人がチーム変更の障害になっていることに気づいていない場合に、不幸な人を生み出してしまうかもしれません。会社がチームを遠くからリチーミング（抽象化によるリチーミングと私は呼んでいます）すると、相容れないチームができてしまうリスクが高くなります。自分たちでチームを選べるようにするか、もしくはわかっているマネージャーがチーム配属のソーシャルダイナミクスを考慮することで、パフォーマンスに害を及ぼすひどい化学反応がチームで起こるリスクを下げることができます。

ペアプログラミングをしていると顕著ですが、一緒に働きたくない人がチームにいるのはすぐにわかります。コラボレーションパターンが使われておらず、個人で独立して仕事をしている場合は、なかなか見つかりません。このような状況に気がついたら、好奇心を持って何が起こっているかを理解しましょう。

「有害な」メンバーにフィードバックすることが、このような状況を変えるためのカギです。自分のふるまいがそんな問題を引き起こしていることに単に気づいていないだけかもしれません。フィードバックによって、疑問を持つというメリットが得られます。変化し、失敗から学ぶ機会が得られるのです。それでも事態が改善しなかったら、他のマネージャーか HR チームと議論しましょう。

---

[10]　レイチェル・デイヴィス、著者によるインタビュー、2016 年 10 月

難しいチームメンバーは、新しいマネージャーにとって、非常に難しい課題になります。マネージャーにもコーチングを提供しましょう。課題を共有し、対応方法のアドバイスをするような形で、マネージャーのコミュニティもサポートできます[†11]。

有害なメンバー以外にも、誰も一緒に仕事をしたがらないすごく有害なチームに遭遇することもあります。そのようなチームを維持しておくと、課題が山のように見つかります。

10.6　有害なチームを維持する

人と同じく、チームにも評判がつきものです。おとなしいメンバーばかりで構成されたチームと仕事をしたときのことを思い出します。下を向いたままですが、チームは着実に仕事をこなしていました。チームは一緒にトレイルランニングに出かけ、素晴らしいものを作っていました。1つだけ大きな問題がありました。プロダクトマネージャーたちは、そのチームを恐れていたのです。結果として、エンジニアリンググループとプロダクトマネジメントグループの不和が起こるようになりました。何かを変えなければいけません。

このエンジニアのグループに「入っていく」のは困難でした。「入る」方法でいちばんよさそうなのは、一緒にスポーツをすることでした。チームと働いていたQAエンジニアは、一緒にスポーツをして、簡単に受け入れられていました。QAエンジニアが「入り込み」、エンジニアと関係性を築いたやり方は見事でした。しばらくのあいだ、そのQAエンジニアが、チームと「外界」のインターフェイスの役割を果たしました。静かで強いチームと、チームの周りの他の個性、すなわちプロダクトオーナーやUX担当者など、チームとやりとりをする必要のある人とのあいだの通訳の役割をそのQAエンジニアが果たしました。

チームとの特に激しいミーティングの翌日、プロダクトマネージャーは泣き出しそうでした。彼女は何をしているかわかっておらず、何を作るべきかも明確でなかったので、チームは明らかに彼女に敬意を払っていませんでした。チームが扱っている機能は、高度にテクニカルなものでした。システムを構築するのに、チームは彼女を必要としていなかったのです。彼女は、コントロールはおろか、影響すら与えられませ

[†11] マネージャーのコミュニティを育てるのに使える素晴らしいファシリテーションテクニックに、Liberating Structures のトロイカ・コンサルティングがあります。このテクニックでは、3人組になり、創造的なローテーションを行いながら、お互いにアドバイスをします。このエクササイズのやり方は、Liberating Structures のウェブサイト（https://www.liberatingstructures.com/）に説明があります。

んでした。でも、慣習的にどのチームにもプロダクトオーナーがアサインされていた
のです。彼女はうまくいっているとは感じていませんでした。誰にとってもうまく
いってなかったのです。

このチームにアジャイルコーチが1人アサインされ、状況を変える助けになろうと
しました。活動をファシリテーションし、事態はちょっとずつ良くなったか、少なく
とも状況がオープンに見えるようになりました。アジャイルコーチとチームで対話し
たり、レトロスペクティブをしたりしました。関係性を改善し、状況を修復しようと
しました。いつものエクササイズ、組織におけるハックのようなものです。根本原因
には取り組まず、摩擦の多い状況に包帯をして、和らげます。チームのメンバーの組
み合わせが、環境に対して有害だったのです。組織にとってもメンバーにとっても、
ベストな状況ではありません。

チームを見て自問します。「エンジニアリング組織の他のチームも、このチームに
ようになってほしいか？」。答えはもちろんノーです。チームの「ダイナミクスをリ
チーミング」できないかを検討します。チームを変える選択をします。もしあなたが
大胆なら、チームを破壊する選択をするかもしれません。化学反応を分割し、雰囲
気を捨てるのです。文化的に実施が難しいかもしれません。勇気といたわりが必要
です。

チームが価値を提供できているからと言って、そのチームが放つ雰囲気を会社に広
げたいと思っているとは限りません。チームを**安定させ**メンバーを変えるべきでない
という主張の問題点の一部はここにあります。化学反応を止めなければいけないこ
ともあるのです。組織の効果的なピボットのために、リチーミングを「まな板に載せ
る」という考えも必要なのです。

ダイナミクスに伝染性があり、さらにひどい問題を起こすこともあります。有害な
毒が残るようになるのです。代わりに、逆のことをしなければいけません。

私たちは、チーム内でお互いが高度に協力し合い、エネルギーが高まっているとき
の「乗数効果」を期待しています。静かなチームがいるのは良いことです。問題では
ありません。外向的な人ばかりのチームが欲しいと言っているわけではありません。
顧客を継続的に喜ばせることができる素晴らしいものを一緒に作れる人の集まりを作
りたいのです。そこにいる人にとって、素晴らしい経験にもなります。毎日、喜んで
仕事を始められるようにしたいのです。恥をかいたり、いじめられたりすることを恐
れずに、新しいアイデアを安全に共有できるようにしたいのです。

「デミングの14のポイント」の原則8によると、リーダーの仕事は、仕事場から恐

怖を追い払うことです†12。その原則は、ここにも当てはまります。大胆に立ち上がり、環境に恐怖を与えたりばらまいたりするチームを破壊する勇気を持たなければいけません。

本章では、ダイナミックリチーミングのさまざまなアンチパターンを見てきました。ほとんどのアンチパターンに共通することの1つは、機械的なアプローチを使ってしまっていることです。近くにいないマネージャーが、チームの構成や変更を判断することがありますが、私たちが望むような結果にはつながりません。働いているチームや取り組んでいる問題から離れすぎているのです。自分たちがいちばんわかっていると思い込みがちです。マネージャーとしての地位と給与が、「離れすぎている」原因になっているのかもしれません。

インクルージョンの話が入ってくるのはここです。リチーミングの計画づくりは、実際にインディビジュアルコントリビューターと一緒にやりましょう。そうすることで、リチーミングが失敗するリスクを減らせるはずです。実際に手を動かしている人が、影響を受けるシステムの関係性についてはよく知っています。誰と話せばよいかも知っていることがあります。あなたがマネージャーやさらに上位の職位にいるなら、ソーシャルダイナミクスに気づいていないかもしれません。水と油のような組み合わせのメンバーを同じチームに入れてしまうかもしれません。でも、リチーミングがうまくなる方法はあるのです。

アンチパターンからは、たくさんのことが学べます。リチーミングの暗い面を詳しく見てきました。逆に、アンチパターンが教えてくれることもあります。リチーミングが簡単だと言うつもりはありません。キャリアを進めるにつれて、あなたは多くを学び、多くのリチーミングを経験するでしょう。リチーミングを進める立場になってからも、多くのことを学ぶでしょう。ダイナミックリチーミングという概念全体を理解できるようになるでしょう。でも、さらに先に進みましょう。次の部では、会社でリチーミングをうまく行うためのさまざまな戦術を見ていきます。

---

†12 Deming, *Out of the Crisis*, 59-62. [12]

第III部
ダイナミックリチーミングをマスターするための戦術

　ここまでダイナミックリチーミングの5つのパターンをアドバイスと戦術を交えながら紹介しました。またアンチパターンも紹介しました。第III部では、さらに自信を持ってダイナミックリチーミングを促進するために活用できる具体的なプラクティスを深掘りします。それから、予期しないダイナミックリチーミングへの対処方法も共有します。第III部は次のような構成になっています。

　まずは、ダイナミックリチーミングのための組織設計に関するトピックを扱います。ゼロから始める必要はありません。これには、組織を進化させていくための方法も含みます。ダイナミックリチーミングのエコサイクルを再考し、会社の現状に対するチームのとらえ方がそろうようにします。

　次に、ダイナミックリチーミングにおける組織の制約と促進要因を掘り下げます。それから、将来のリチーミングに向けて組織を活性化する戦略を説明します。これには、コミュニティの構築や、役割の整合性の確保が含まれます。これらは、変化に向けて成長しつつ継続性を確保するための重要な土台です。

　それから、単一のチームというレベルを超えた大規模なダイナミックリチーミングを意図的に進めたい人のために、計画づくりに役立つツールを紹介します。このようなリチーミングはリスクが高く、困難が伴います。チームの再編は簡単なものではなく、細心の注意と準備が必要です。あなたが取り組むときに考慮すべき質問をいくつか含めました。

　続いて、リチーミングのあとで行う活動を紹介します。予期しないリチーミングのあとのこともあれば、意図的に進めたリチーミングのあとのこともあります。ワンバイワン、グロウアンドスプリット、アイソレーション、マージ、スイッチングのいずれの場合でも、リチーミングのあとで、新しいチームへと移行し、関係構築を加速し、仕事のコンテキストを設定し、ワークフローの足並みをそろえるには、同じような戦

術が使えます。私はこのプラクティス一式を「チームキャリブレーション」と呼んでいます。

　組織でどのようなリチーミングが起ころうと、行動とふりかえりを通じて進むべき道を探すことは不可欠です。そのため、最後に組織改革を推進するためのレトロスペクティブについて、いくつか推奨事項を紹介します。これらのアイデアすべてがリチーミングをうまく行う助けになり、あなたやあなたの組織が成熟しレジリエンスが高くなることを願っています。

11章
組織をダイナミック
リチーミングに適応させる

　ダイナミックリチーミングを念頭に置いて組織を成長させることで、柔軟でレジリエンスの高い構造を手に入れることもできますし、既存の組織を調整してダイナミックリチーミングを可能にすることもできます。どちらをするにしても考慮すべき因子はあるので、本章では双方のアプローチに有益なアイデアを提供します。

　最初に、同僚たちと自らのコンテキストを分析して整理するために使うツールを見ていきましょう。スタート地点となる心理的枠組みを合わせるためです。ここで役立つのが、1章で学んだエコサイクルツールです。

　次に、ダイナミックリチーミングの毒にも薬にもなる制約と促進要因を考慮に入れます。コラボレーションダイナミクスについて深く掘り下げてから、ダイナミックリチーミングに影響を与えるその他の重要な変数について説明します。

　最後に、組織がリチーミングに向けてどのような準備をするかについて話します。すなわち、組織内でつながりを育み足並みをそろえるために何をすればよいかを取り上げます。これによって、あとでリチーミングが起きたときの難易度が下がります。

　それでは、現在の仕事のコンテキストを分析するためのエコサイクルツールから始めましょう。

11.1　ダイナミックリチーミングのエコサイクルにおける自分の現在地を探る

　テーマパークで案内図のポスターを見つけて近づいてみると「現在地」の点が打ってあるのを見たことはないでしょうか？ エコサイクルツールを使ってこれと同じようなことができるのです（**図11-1**）。リチーミングについて話し合う前であっても、このツールを使えば組織のコンテキストを可視化し共有できるようになります。これ

は足並みをそろえるためのツールで、リチーミングについての議論を始めるにあたって私は戦略的に使用します。

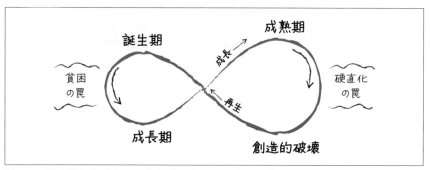

図 11-1　適応的なサイクルにもとづいたエコサイクル（by Lance H. Gunderson and C.S. Holling, *Panarchy*; and Keith McCandless, Henri Lipmanowicz, and Fisher Qua, Liberating Structures）

　チームやグループにこのエコサイクルを見せるとき、まず初めに 1 章で書いた森林の例を使って紹介するのが好みです。次に、以下のようなやり方で比喩を使って深掘りします。

　チームや組織はリチーミングの時期に来ているでしょうか？ チームが停滞しメンバーが大きな変化を求めているのではないかと感じたら、エコサイクルツールを持ち込んで、メンバーが自分たちをどの位置に置くか見てみましょう。ホワイトボードに描くだけでもよいですし、分散チームであれば画面共有でも構いません。個々のメンバーに、エコサイクルのどこに自分たちのチームを位置づけるか、そしてその理由を尋ねてみてください。

> ### エコサイクルによる状況把握活動
>
> 　会社の進化に向けたビジョンについて共有し足並みをそろえるのが目的なら、このような活動はどうでしょうか？ わずか 30 分程度の短い時間で行えます。
>
> 1. ホワイトボード（実物でもバーチャルでも）にエコサイクルの図を描きます。参加者には各自の紙に自分のエコサイクルを描いてもらいます。
> 2. 次の質問をします。「このエコサイクルで私たちのチームはどこにいます

か？ どうしてそう思いましたか？ その根拠をそれぞれ自分の紙に書いてください」

3. ペアになって書いたことについて話し合ってもらい、そのあとグループ全体に共有してもらいます。

4. この短時間のエクササイズについてまとめをします。チームのなかにはどのような見方があったか確認しましょう。認識は一致していますか？ 自分たちをどこに位置づけていますか？ 硬直化の罠に陥っていると感じていませんでしたか？ 創造的破壊とチームの改革というアイデアに対して受け入れる気持ちはありますか？ どれをきっかけにしても、リチーミングについての対話が始めやすくなるかもしれません。

また、合併の最中に同じ会社の人たちとこのエコサイクルを使用したこともあります。みんなに自分たちのエコサイクルを描いてもらい、現在の会社がエコサイクルのどこに位置すると思うかを×印で示してもらいました。自社を再生の段階にあるとみなす人もいれば、創造的破壊の段階にあるとみなす人もいました。そのなかには、合併対応で他の人たちよりも苦労している人たちもいました。また別の人は合併の混乱はとっくに乗り越えて前に進み、すでに再生に視線を移していました。

とりわけ会社が大きな変化の最中にいるときに、自分たちがどこにいるのかを話し合えば、周囲で起きていることを理解できるようになり、対処して前に進めるようになります。ときには、今起きていることに名前をつけ、それについて議論することが助けになります。エコサイクルツールが役立つのは、議論のきっかけとして優れているからだと思います。

リチーミングを妨げる可能性のあるもの（制約）と、自分たちのコンテキストにおいてリチーミングを容易にする可能性のあるもの（促進要因）が何かを知るには、エコサイクルにおける現在地の理解を共有することに加えて、チームに現存しているコラボレーションダイナミクスを分析することをお勧めします。

11.2　リチーミングに関する組織的な制約と促進要因

リチーミングに影響を与える要因はいくつかあります。リチーミングを難しくするものもあれば、容易にするものもあります。

スタートアップにいて、4章で説明したように、流動性とレジリエンスを最適化し

て持続可能で適応力の高い会社を構築することが目標であれば、組織設計を探るために適しているのがこの節です。

レガシーな構造を持つ既存の会社にいるのであれば、もっと上手にダイナミックリチーミングを可能にするためには組織をどのように変更したらよいかを判断するのにこの節を使ってください。

まずはコラボレーションダイナミクスから始め、そのあと、リチーミングに影響を与えるさまざまな変数について深く掘り下げていきましょう。

11.2.1　リチーミングを制約および促進するコラボレーションダイナミクス

チームメンバー同士のコラボレーションの仕方は、リチーミングの容易さや難しさに影響を与えます。本質的には、チームメンバー間に情報の重なりがある場合、理論上はリチーミングの難易度は下がります。重なりが多いほど、誰かを別のチームに移動させるのが簡単になります。この節では、コラボレーションの範囲について、極端な例として、1人でコードを書く場合から、グループでコードを書く場合までを取り上げ、その構成がリチーミングをどのように制約または促進するかについて説明します。

1人でコードを書くとダイナミックリチーミングは制約される

Menlo Innovations の共同創業者でありチーフストーリーテラーのリチャード・シェリダンは、ベストセラー『Joy, Inc.: How We Built a Workplace People Love』（邦訳『ジョイ・インク: 役職も部署もない全員主役のマネジメント』）の著者でもあります。彼が「知識の塔」問題と呼ぶものについて、経験を私に語ってくれました。これは彼が Menlo Innovations を設立する前に、ある会社の研究開発副社長として身をもって痛感した問題です。

彼の説明によると「知識の塔」問題はこのようなものです。

> ある特定のサブシステムについてすべてを知っている人が1人いたのですが、他には誰もその知識を持っていなかったために、彼は休暇を取ることもできませんでした。（中略）彼は常にプレッシャーにさらされていたので、とてもとげとげしく、気難しく、一緒に働くのが難しい人になっていました。彼はいつもたくさん残業をしていました。（中略）休暇を計画したときも、いつもどおりノートPC、ポケベル、連絡可能な電話番号を持たせて送り出していました。これでは

本当の休暇になるはずもありませんでした。彼の担当コード領域で何か問題が発生したら彼が必要な状態だったからです[†1]。

　この状況を想像できるでしょうか？　まるで仕事に縛られているようなものです。これを組織全体に広げてしまったら、全従業員が燃え尽き症候群に陥る運命です。

　リチャードは私に、英雄の集まりのような会社だったらスケールできないと言いました。1週間で60〜80時間も働かなければいけないなんて、そんなことをしたい人がいるでしょうか？　これは持続不可能です。生きていけません。そもそも機能しないのです。私たちは機械ではなく人間です。より良い労働条件を必要としているのです。私たちの目標は、常に学びがあり、毎日仕事に来るのが楽しみになるような職場を作ることです。

　それに加えて、個々で働く人が多いほど、つながりが少なくなります。専門性の孤島だらけになってしまいます。仕事の調整がどんどん複雑になり、コストも上がります。英雄は独立して大きな目標のために働きます。おそらく、そのうち必要にかられて、プロジェクトマネージャーがメンバー間のコミュニケーションインターフェイスとして調整を仲介することになるかもしれません。私は GoToMeeting を構築するコンポーネントチームのプロジェクトマネジメントをしていたとき、このシナリオを経験しました。メンバー間で共有する作業のリストを全員分手に入れるだけでも困難でした。スクラムに移行することで、少なくとも機能横断的な専門家を1つのチームに集めることができます。そうなれば、「スクラムガイド」のルールに従って共有の作業リストが手に入るのは確実です。しかし、スクラムチームで専門家が「1人で」働き続けるなら、1人でコードを書くときの以下のような問題は依然として残ります。

　1人でコードを書いていると、エンジニアが他のテーマに取り組むためにスイッチングする機会が減ります。なぜなら、多くの責任が他の人と共有されていないからです。しばらくすると、自分が担当する機能セットに束縛されているような感覚になることがあります。リチーミングして知識ベースを拡張できるような学習する組織を構築したいのであれば、この配置はお勧めしません。あまりにも柔軟性に欠けています。

　また、長期間1人で作業していた人のコードを引き継ぐのは簡単なことではありません。特に、テストがなかったり、将来の開発者のための先見の明がなかったりする場合はなおさらです。

[†1]　リチャード・シェリダン、著者によるインタビュー、2016年10月

ペアプログラミングとモブプログラミングは冗長性をもたらし、必要なときにチームをスイッチングする難易度を下げてくれます。テストを含めてコードを書くことと組み合わせれば、アジリティは上がり、動きもよくなります。さっそく見ていきましょう。

ペアプログラミングとテスト駆動開発がチームの流動性を上げる

AppFolio の共同創業者兼 CTO のジョン・ウォーカーが言うには、AppFolio でのリチーミングの成功はペアプログラミングとテスト駆動開発によるところが非常に大きいように思うとのことでした。このプラクティスはどちらも、（入社でもスイッチングでも）チームに新しく加わる人のスタートを円滑にし、開発者が特定の領域に縛られることなくコードベースのどこでも自由に作業することを可能にするものです。

彼はこう言っていました。「新しい人を 1 人追加したいとき、ペアプログラミングをすればすぐにスピードアップできます。本当に早いんです。テスト駆動開発も素晴らしい安全策で、よく知らない領域のコードにも変更を加えられるようになります。そして、テストハーネスもあります。何かが壊れたら、テストが失敗します。こういったものがなければ、リチーミングはかなり難しくなるでしょう。他社が頻繁にリチーミングしない理由はそこだと思います」[2]。ペアプログラミングがあれば、エンジニアがどのようなチームにも入っていきやすくなります。

これはメンタリング以上のものです。ジョンが言うように、「誰かがメンタリングをしてくれると言っても、たまに話しかけてくれるだけです。毎日一緒にペアプログラミングをしてくれるのとはまったく別物です」。

ペアリングとセルフテストコードを組み合わせることで、先ほどの「知識の塔」の節で見たような、ある領域のコードの「知識源」であることの束縛から解放されます。ジョンは言います。「自分たちの働き方で見つけた大きな利点の 1 つは、開発者が特定の役割に固定されなくて済むことです。これは、テストがあることが大きく、誰でもどのコードでも作業できるからなのです。そのため私たちはコードのオーナーシップを長いこと避けてきました。今では少しずつコードのオーナーシップの概念を取り入れ始めていますが、オーナーシップといってもとても軽いものです」。個々の開発者としてコードベースの特定の領域に縛られていなければ、あとでスイッチングしやすくなります。

ジョンがうまいことを言っていました。「1 人のエンジニアが去っても、その電球

---

†2　ジョン・ウォーカー、著者によるインタビュー、2016 年 2 月

の仕組みを知っている唯一の人を失うわけではありません。ジョンだけがこの電球を扱える唯一の人間にならないでいることは、プログラマーにとっても大きな利益があります。電球に何かをするたびにジョンが必要になるようなことはありません。そしてジョン自身も『自分が 20 年前に書いたその古い電球のコードなんて触りたくない』と思っているのです」

ペアプログラミングをすることで、知識の相互交流が起き、何をしていたかについて共通の記憶を持っているという感覚が生まれます。そして、テストによってこれが強化されると、テストの成功もしくは失敗というフィードバックによって、コードベースに変更を加えるエンジニアの自信は本当に高まります。モブプログラミングによって、この知識の相互交流と共通の記憶やコードの仕組みについての共通理解をさらに深めることができます。

モブプログラミングでリチーミングはさらに流動的になる

モブプログラミング（1 台のコンピューターを使ってグループでプログラミングすること）は、南カリフォルニアの Hunter Industries でウッディ・ズイルが率いるチームから生まれたムーブメントです。Hunter Industries のモブプログラミングの専門家、ジェイソン・カーニーによると、これは「継続的な会話」です。彼は「アイデアはいろいろな視点からさまざまなタイミングで出てきます。それが一気に入ってくるのです」[†3]と述べています。彼はこの手法についての学びが深まった状況を説明してくれました。

> これは実際に私が体験したことなのですが、私がコーヒーを取りに行って、20 分ほどある人との会話に巻き込まれたことがありました。モブに戻ってくると、みんなの話す内容などを理解することで、中断した箇所からすぐに再開できたのです。それは継続的な会話だからです。良い会話から 20 分離れて戻ってきても、完全に置いていかれるわけではありません。おそらく 10 分ほどで追いつき、再び会話に加われます。すべてがそのような感じで、私にとっては目から鱗の体験だったのです。

全員が 1 つのキーボードと画面を共有し、お互いに「ライブ」でコードを書いていれば、チーム間の移動ももっと簡単になります。これは単純に、チームメンバー間の

---

†3　ジェイソン・カーニー、著者によるインタビュー、2017 年 1 月

知識の冗長性が高いからです。

モブで作業するにあたり、そこには特定の相互作用パターンがあります。ドライバーとナビゲーター、そして残りのモブです。定期的にこれらの役割を交代しますが、モブプログラミングタイマー[4]によってそれを促すこともあります。コミュニケーションパターンがモブのなかで共有され比較的一貫していることで、チームからチームへとスイッチングしやすくなり、人もチームに入りやすくなります。

チームの大半を解体するのは破壊的です。「場所を交換する」プラクティスに従うなら、チーム全体にあまり混乱を与えることなく、モブプログラミングチームの出入りも可能になります。「3.6.2 チームメンバーが自主的に配置換えしてマネージャーに伝える」を参照してください。全員が同じことに取り組んでいることで、「集団記憶」と思考の流れが発生します。新しい人も参加できます。構築しているものについてのすべての詳細が、別のチームにスイッチングした人の頭のなかだけに残ることはありません。したがって、このコラボレーション構造は冗長性も耐障害性も高いと言えます。

「知識の塔」があり、コラボレーションやペアリング、またはモブプログラミングがあまりない環境で働いている場合、何ができるでしょうか？ どのようにしてチームがもっとコラボレーションしながら働くようにできるでしょうか？

1つの考え方は、7章で説明したアイソレーションパターンを適用することです。隣でチームを立ち上げます。この場合はたとえば、もっとコラボレーションして働きたい人たちをそのチームに招待します。この新しいチームに参加することは、たとえばペアプログラミングを行うことを意味します。そのチームに新しいエンジニアを採用して、チームを大きく育てます。そして6章で説明したように、2チームに分けます。これで同じように働く2つのチームができました。成長と分割を続けることで、そこからさらにチームを構築できます。時間が経てば、2チームでペアになり「ランチでラーニング」を行ってもらい、働き方を共有してもらいます。誰が知るでもなく、これらのプラクティスが他のチームにも広がっていくかもしれません。

リチーミングの難易度に影響を与える他の要因もあります。私たちは環境が違えば、メンバーも違い、使っている技術も違います。次節では、このトピックを探るためのいくつかの変数について見ていきます。

---

[4] ディロン・カーンズ作の Mobster (https://mobster.cc/) をチェックしてください。設定方法と使い方はルウェリン・ファルコによるこちら (https://github.com/LearnWithLlew/MobProgrammingFacilitatorsGuide) を参照してください。

11.2.2　ダイナミックリチーミングに影響を与える変数

ソフトウェア開発のコンテキストはすべて違います。会社ごとに、何が備わっていて何が欠けているのかは違います。そこから文化やダイナミクスの独自性が生まれます。ここでは、リチーミングの難易度に影響を与える変数について議論します。ある条件が備わっていること、欠けていること、そしてその条件の質は、リチーミングの制約にも促進要因にもなりえます。

それぞれの変数に関して、あなたのコンテキストについて深く考えてみましょう。そうすれば、本書の概念をもっと上手に適用できるようになるでしょう。

コンテキスト分析の活動

- 過去にリチーミングに取り組んだときのことを思い出してください。このあと紹介する変数のうち、どれが影響していましたか？ その影響はどのようなものでしたか？
- 次に、あなたのコンテキストで起きそうな将来のリチーミングの取り組みを想像してください。変数を見てください。リチーミング戦略で考慮すべき変数はどれですか？ 起こるかもしれない課題をどのように和らげますか？

プラットフォーム

チームを変更するとき、その人は同じプラットフォーム（iOS や Android、ウェブなど）で仕事を続けるでしょうか？ それとも新しいプラットフォームにスイッチングするでしょうか？ 新しいプラットフォームにスイッチングするなら、学習が順調に進むとは限らないことを念頭に置きましょう。新しいプラットフォームで仕事をするには、新しい機器を調達する必要もあります。私が以前働いていた会社では、モバイル開発チームをウェブ開発チームに統合して分散させる取り組みに関わりました。これは、顧客向けの機能の開発を別々ではなくもっとシンクロさせて共同開発できるようにするためでした。最初の 2 人の iOS 開発者をウェブチームに移動させると、まずテストとデプロイに関する制約に直面し、進捗が遅れました。新しいチームに所属する QA エンジニアは、新しいテスト機器が必要になったり、既存の iOS テスターとペアを組んで作業を完了する方法を見つける必要があったりしました。その

上、新たに誕生したクロスプラットフォームチームにとって、iOS プラットフォームへもデプロイできるようになることは、新しい学習領域でした。

チーム変更は学習を強制する仕組みです。計画を立て、組織的なサポートがあれば、学習はもっと簡単になります。私たちは、このリチーミングによって生じた学習の必要性に応え、エンジニア同士で教え合うエンジニアリングアカデミーを作りました。モブプログラミングの創始者の1人であるウッディ・ズイルは、組織全体のなかで興味を持つチームメンバーを対象に、コラボレーションして働くことについてのワークショップを開催しました。もっとコラボレーションの多い働き方に触れることで、新しいチームにはプラスの影響がありました。なかには、すぐにモブプログラミングを実施してプラットフォームをまたいでコラボレーションし始めたチームもありました。これによって学習は加速しました。

プログラミング言語

チームを変更するとき、その人は新しいプログラミング言語を学ぶ必要があるでしょうか？ これは、リチーミングの容易さとスピードに影響します。テクノロジーの世界は、変化が速いです。多くの人にとって、関係性を保つために学び続けることが必要なのは明らかです。キャリア全体を通して1つの言語でコードを書いてきて、そのあとに新しい言語を学ぶ必要が生じるといった場合には、学習は一筋縄ではいかないものです。先ほど触れたモバイルのリチーミングでは、iOS エンジニアがウェブ開発者と同じチームで働くことで、既存チームのウェブ開発者が Swift を学ぶきっかけになりましたし、iOS エンジニアは Ruby on Rails を使ってコードを書くことを学び始めました。ペアプログラミングとモブプログラミングによって、この学習が捗りました。この学習は、短期的には進行中の作業を遅らせることは間違いありません。それでもうまくいけば、将来的にチームの適応力は高まり、複数のプラットフォームで顧客のニーズに応えることも容易になるでしょう。

別の会社のあるチームでは、ウェブ、iOS、Android、Windows のプラットフォームでソフトウェアを作成していました。ビジネス上の理由で、Windows プラットフォームの作業を**停止**または中断することが決まりました。そのチームの開発者たちは iOS での開発に移りました。エンジニアのなかには、ソフトウェア業界で20年以上ずっと C++ でコードを書いてきた人もいたのです。この計画を聞いた私は、望んで選択したことでないならネガティブな経験になるのではないかと心配しました。結果としては、特にエンジニア個人としてはかなり新鮮な経験になったようです。時として、押し付けられた変化が前向きに受け止められることもあります。とは言え、そ

うすることはかなりリスクが高いというのが私の意見です。

単一の専門家の役割 vs フルスタックの役割

働き方がまったく違うチームに新しくスイッチングする場合、それはリチーミングの問題となったり遅延の理由になったりします。たとえば、自分たちがバックエンド開発者のような役割で、フロントエンド開発者、iOS 開発者、QA エンジニアなどのサイロ化された役割の人たちと働いているチームから、フロントエンド、バックエンド、その中間のすべてのコードを書くフルスタックエンジニアにならなければいけないようなチームに移動する場合、（特にその考えが好きでない場合には）変化は厄介かつ困難な可能性があります。さらに、たとえばテストを増やすことで品質を確保するようにコードの書き方を変更し、私たちの作業の品質をチェックする別の役割にコードを「投げ渡す」ことをしなくなるなら、それもまたリチーミングをさらに困難にする変化です。

逆に、すべてのチームに単一の専門家の役割がいて、単にチームを変更して単一の専門家の役割が維持されるなら、両方のチームは等価でありリチーミングは比較的容易になります。現在のチームにフルスタックのジェネラリストがいて、フルスタックのジェネラリストで構成される別のチームに移る場合も同じです。

ジェネラリストとスペシャリストは最終的にはバランスを取る必要があります。会社のニーズに合った適切なバランスを決めるのは会社次第です。ジェネラリストが主体の環境では、スキルを向上させるためには、コンサルティングや流動的な立場でチーム横断的にスペシャリストを適度に散らばせておくことが有効かもしれません。AppFolio には非常に専門性の高いフロントエンドエンジニアがいて、チームからチームへと遊牧民のように移動し、公開型の学習セッションを開催して他の人たちのフロントエンド開発スキルを向上させようとしていたことを覚えています。

リチーミングは学習を強制する仕組みです。T 型人材の育成を奨励することもこの議論の一部であり、計画的に行うこともできます。おそらく、特定の専門分野について深い知識を持っている人がいるのではないでしょうか。それが T の垂直部分です。次に、他の分野でもさらに多くのことができるように学習し、能力を広げていきます。これが T の水平部分です。チームを変更することで、私たちは学習するようになるのです。

コードの共同所有 vs 厳密なコードのオーナーシップ

チームがコードベースのオーナーシップを共有し、どのチームもアプリケーション

のどこをいじってもよいのであれば、組織設計の流動性は高くなります。組織の優先事項として新たな作業が発生しても、その作業に取り組む準備ができているチームが多いからです。これは組織に信じられないほどの柔軟性をもたらし、顧客やマーケットのニーズの変化に対応できるようになります。AppFolioでは、会社設立当初からコードの共同所有に近い立場を取っていました。年月が経つにつれて専門化の傾向が現れ、特定のチームが特定の観点から特定のコードの領域を「所有する」ようになっていきました。具体的に言うと、課金処理を担当するチームです。新しい作業が飛び込んでくると、それについて十分な知識を持つチームがその作業を拾うようになったのです。

多くのチームをまたいでコードを共有することに、課題がないわけではありません。コードの各領域に明確な所有者がいないと、責任の所在がはっきりしないように感じられるかもしれません。私たちのリビジョン管理システムでは、誰がいちばん頻繁にコードに貢献しているかを確認できます。AppFolioではこのような状況が約8年続きましたが、そこで、自分たちには「コード・スチュワードシップ」という概念の導入が必要なのではと考えました。勤勉なエンジニアたちは、コードベースのさまざまな領域にまたがるスチュワードシップ（すなわち管理責任）を担当する人たちを集めました。エンジニアたちはガイドラインを作り、スチュワードの意図するところを示しました。そして、エンジニアリンググループ全体に向けて、これについて説明会を行いました。コードベースの他の領域に手を入れたい人にとっては、この豊富な知識の供給源の役割を果たしました。この試みにおいては、スチュワードは担当するコード領域の友好的なガイド役であって支配者ではないことを明確にするために、多くの配慮が見られました。

コードの古さ

チームをスイッチングして、かなり古いコードベースを熟知する必要が出てきた場合、しかもそれを書いた人たちがもういない場合には、その環境を学びスピードに乗るまでにはある程度時間がかかります。一方で、既存のコードと連携する必要がなく、ゼロから作ったソフトウェアに取り組むチームにスイッチングする場合は状況は違ってきます。その場合は、「コード考古学者」になって物事がどのように機能しているかを解読しようとするために時間を費やす必要はありません。既存のコードを拡張したり変更したりする必要がないからです。レガシーコードを抱えるチームにスイッチングする場合、そのコードの古さに関わらず、変更や拡張する対象のコード環境を理解するのに時間がかかります。スクラムを実践し、バックログのリファインメ

ントをしているチームは、見積りを出す前に技術的調査を行うという適応策を思いつくかもしれません。このような対応が出てくるのは、レガシーコードを拡張するには立ち上げ期間が確実に必要だと十分に理解しているからです。

テスト自動化の有無

　既存のコードベースにテストが組み込まれていれば、そのコードベースの理解は早まります。また、変更をコミットしたときにどのテストが失敗したかというフィードバックが得られるため、変更を加えるときにも安心感があります。

　AppFolio の CTO であるジョン・ウォーカーは、同社でのリチーミングの能力にプラスの影響を与えている要因として、テスト駆動開発とペアプログラミングの存在に言及し、こう言いました。

> ペアプログラミングとテスト駆動開発は、新しいメンバーをチームに迎え入れるときは、とてもリチーミングの役に立っています。1 人だけ新しい人を入れたいときでも、ペアプログラミングがあれば速やかにキャッチアップできます。これは非常にすばやい方法です。理解していない領域のコードを変更するときは、テスト駆動開発も素晴らしい安全策になります。テストハーネスがあるからです。何かを壊してしまった場合は、テストが失敗します。どちらも本当に役立っていると思います。これらがなければ、リチーミングはもっと難しいものになっていたはずです。[†5]

　もし、あなたがテストを書く文化が根付いたチームで働いていた QA エンジニアなら、そのような文化がそもそもなかったり不足していたりするチームにスイッチングする場合には、あなたの作業負荷は増大し仕事はもっと難しいものになるでしょう。

チームのコラボレーションの方法 — ソロ、ペアリング、モブプログラミング

　あなたの今のチームがソロ（個人が 1 人でコードを書くこと）で作業をしているなら、頻繁にペアを組んだりモブプログラミングを実践したりするチームにスイッチングすると、あなたのものの見方によって適応は簡単にも難しくもなります。逆方向のスイッチングでも同じことが言えます。頻繁にペアを組んだりモブプログラミングを

---

†5　ジョン・ウォーカー、著者によるインタビュー、2016 年 2 月

したりするチームから、ソロの文化のチームにスイッチングすると、難しく感じるかもしれません。とは言え、ペアリングやモブプログラミングが苦手な場合は、むしろホッとするかもしれません。

　影響を受けるチームのメンバーがペアプログラミングやモブプログラミングを行っている場合は、リチーミングや人の移動はさらに簡単になります。2人以上が作業内容を理解しているため、チーム内での作業のサイロ化が少なくなるからです。誰かが別のチームに移っても、そのドメイン知識の一部はチームに残ります。カリフォルニア州のHunter Industriesのフルスタックソフトウェアエンジニアであるジェイソン・カーニーは、モブプログラミングを行うチームには集団記憶が存在するのだと語っています。最初にこのプラクティスを始めたとき、モブプログラミングのセッションに見逃しが発生し、休憩から戻ったときに作業に戻りづらいのではないかと心配で、休憩を取るのをためらったそうです。しかし驚いたことに、定期的に休憩を取るようになると、人が離れても作業を継続させる集団記憶が存在し、戻ってきたときにその作業に再び参加するのは十分可能であることがわかったそうです。彼はこう言います。「離れて戻ってきても実際にはコンテキストが失われないことに気づくまでに、2か月もなかったと思います。そのコンテキストは、私たちが一日中行っていたコミュニケーションから作られたものだったのです」[6]

　さらに、コードを書くときに使う言語が変わらない場合は特に、新しいチームメンバーを迎え入れるときの混乱は少なくなります。リチーミングしたことで新しいプログラミング言語をゼロから学ばなければいけなくなった場合、その人がチームに溶け込むのは遅くなります。ペアリングとモブプログラミングを使えば、この移行は簡単になり、エンジニアの自信は高まります。コードを書くときに使う言語は同じでも、作業のドメイン領域に不慣れだったりドメイン領域が違ったりする場合もまた、学習が順調に進むとは限りません。これもまた、ペアリングやモブプログラミングで緩和できます。

　チームがペアプログラミングやモブプログラミングを行うと、避けることのできないチーム変更に対して組織のレジリエンスは増します。入社する人も退社する人もいます。持続可能な会社を作りたいのであれば、ペアプログラミングとモブプログラミングを実践しましょう。最初から組み込むか、本章の前半で説明したように少しずつ適応させていきましょう。その仕組みや働き方を前提に人材を採用し、自分に何が期待されているかを理解してもらいましょう。本書のMenlo InnovationsとHunter

---

[6] ジェイソン・カーニー、著者によるインタビュー、2017年1月

Industries の事例から学んでください。どちらも、ペアプログラミングとモブプログラミングを行い、非常に適応力が高く、レジリエンスの高い組織です。

同じ場所にいるチーム vs 分散チーム vs ハイブリッドチーム

チームが分散していて、各グループのメンバーが建物内の別々の場所に座っていたり、別のオフィスやタイムゾーンにまたがって分布していたりすると、コードを書く作業の調整の難易度は上がります。関係性やチームビルディングのための優れた規範を作り上げない限り、リチーミングの難易度はさらに上がるでしょう。ただし、不可能ではありません。

AppFolio のようにゼロから組織を立ち上げる機会があるなら、メンバーを同じ場所に置くだけでなく、意図的に隣同士の席に座らせることができます。これは会社にとって大きな利点になります。物事の進みが速くなります。メンバーは毎日チームの仲間と交流します。キッチンでも交流が生まれます。友情が芽生えます。リチーミングも容易になるでしょう。

全員がリモートであれば、距離を超えて関係性を構築するための努力が必要で、そのためにオンラインコミュニケーションに頼ることになります。新型コロナウィルス感染症の影響で、多くの人が短期間でこれを体験しました。分散チーム間のコミュニケーションを育むには努力が必要ですが、コミットメントがあれば可能です。ビデオ会議と非同期チャットのツールを使うことで、同じ場所に同席しているような感覚が生まれます。

チームメンバーのほとんどが 1 箇所にいて、他の数名が別の場所にいるようなハイブリッド型の状況だと、とりわけ難しいかもしれません。多数派とは別の場所にいるメンバーは疎外感を感じてしまうかもしれません。全員がそれぞれビデオ会議経由で参加するようにして、公平な環境を作ることをお勧めします。

リチーミングの過程で、初めてリモートチームやハイブリッドチームにスイッチングする人がいる場合、新しいメンバーの学習は一筋縄ではいかないものです。チームやコミュニケーションの規範を再設定しなければいけません。

リチーミングのときに、あるリモートチームから別のリモートチームへ、あるハイブリッドチームから別のハイブリッドチームへ、またはある同じ場所にいるチームから別の同じ場所にいるチームへ移行する場合、つまり、似たような状況でスイッチングする場合には、理論上はリチーミングの難易度は低くなります。

ドメインの複雑さ

　新しいチームが複雑なビジネスロジックを持つコードベースの領域を担当しており、あなたがそれを事前に知らなかった場合、リチーミング後にスピードに乗るまでに時間がかかることがあります。たとえば、会計機能を担当するチームにスイッチングしたのに会計知識がない場合、学習が順調に進まないことが多いです。私たちがAppFolio Property Manager というソフトウェアを最初に作成したときも同じでした。会計の詳細を教えてもらうために外部の講師を招きました。また、知識を向上させるために定番の書籍を何冊か手に入れました。時間がかかりました。会計以外の機能を担当していた人が会計担当のチームにスイッチングしたときは、ドメインをある程度習得するために追加のオンボーディングトレーニングが必要でした。これは、それを求める人にとっては絶好の学習機会です。メンバーを別々のチームに配置するマネージャーには、このことを念頭に置いて、リチーミング計画に学習を組み込んでほしいと思っています。

同じマネージャーか、それとも別のマネージャーか？

　チームを変更するとき、同じマネージャーのままか、新しいマネージャーになるかはどうでしょうか？ チーム変更が「悪い」マネージャーから離れることを意味するなら、それは全体としてプラスになる可能性があります。一方で、あなたと波長が合い、高い相乗効果と良い関係性があるような素晴らしいマネージャーから離れるなら、その変更による利益がコストを上回らない限り、マイナスになる可能性があります。このような状況に直面した人たちに私がいつもアドバイスするのは、それを学習の機会としてとらえることです。特に同じ会社内であれば、以前のマネージャーと二度と話せなくなるわけではありません。広い心を持ち、新しいマネージャーに機会を提供することは、実り多い結果につながる可能性があります。自分の所属するチームとマネージャーとの結び付きがそれほど強くない会社もあります。どのチームにいるかに関係なく、マネージャーは同じままという場合もあるでしょう。

すでにチームにいたメンバーとの親密度

　チームをスイッチングできるような柔軟な組織にしたいなら、チームをまたいだ関係構築を意図的に奨励して損することはありません。チーム開発に関するタックマンモデル[7]（「6.4　大規模な分割」で触れた形成期、混乱期、統一期、機能期のモデル）

---

†7　Tuckman, "Developmental Sequence," 66. [54]

を信じるなら、チームを超えた相互理解を促すことによって、一部をあらかじめ進めておくことができると考えられます。尊敬や信頼の感覚がすでに存在していれば、リチーミングの成功率を上げるかもしれません。反対に、チーム外の人たちを知ってはいても苦手だったり尊敬していなかったりする場合、リチーミングの難易度は上がるでしょう。会社が存続する限りチームが変化することは避けられないので、将来のリチーミングに備えてもらい、文化に組み込んでおくことをお勧めします。本章の後半にあるコミュニティビルディングの戦術を参照してください。

チーム変更の選択権 vs 強制的なチーム変更

　個人的に変化をあまり望まない人もいれば、より多くの変化を受け入れられる人もいます。今チームがうまくいっていて、そこでの体験が気に入っている場合、チームを変えたくないこともあるかもしれません。それは問題ないと思います。チームが継続的に価値を提供し、顧客にとってそれなりのものを構築しており、総じて魅力的で楽しい経験であるなら、ぜひそのチームを維持すべきです。

　しかし、望んでいないにも関わらず、チーム変更を強いられることもあります。そのような場合には、リチーミングの難易度は上がります。自分たちの思いついた変更であれば、より容易かもしれません。自ら志願してチームを変更し、それが自分たちのアイデアで、この先に何が起きるか承知しているなら、難易度は下がります。自らの選択だからです。何についても、私たちには制御権と選択権があります。たいがいは良いアイデアで前向きだと考えているでしょう。会社がメンバーの意見を聞かずに変更を決定した場合、結果はどちらに転ぶかわかりません。

　マネージャーがメンバー同士の興味にもとづいてメンバーを組み合わせるのもよいでしょう。最近私は、経営者たちと一緒に、未来志向の研究を行う新しいチームの立ち上げを考える機会がありました。当初は、既存のチームから誰をこの短期チームに配属するか考えようとしていました。しかし結局、すべてのエンジニアにチャットメッセージを送り、この機会について説明し、興味のある人に手を挙げてもらうことにしました。その情報をもとに、マネージャーたちが最終的なチームを編成したのです。

成長と学習に対するマインドセット

　キャロル・ドゥエックの『マインドセット』的な感覚で言うと、仕事のなかで成長し変化し学ぶ能力があると感じているのか、それとも固定的なマインドセットを持ちその能力や余地がないと感じているのかによって、リチーミングの難易度は変わって

くるでしょう[†8]。周囲の人たちにこの見解を共有してもらえれば、チーム内にある種の対等感が生まれ、リチーミングの成功につなげることができます。学習の環境を育て、「学びに終わりはない」という考えを広めるとよいでしょう。リーダーがその哲学を体現し語るのもよいです。これは、会社の学習と能力開発戦略の一部にもなるはずです。

　本章ではまず、エコサイクルツールを探索し、自分の会社がどこに位置するかについてのメンタルモデルを共有しました。なんとなく停滞してると感じるときなどに、リチーミングに適したコンテキストかどうかを議論するためのきっかけとして使えます。創造的破壊の最中にリチーミングを触媒にして停滞期を脱する可能性を見出せるでしょう。

　次に、リチーミングの難易度に影響を与える私たちの会社に存在するかもしれない多くの変数を見てきました。まずコラボレーションダイナミクスについて深掘りをしましたが、これはリチーミングと流動性を目的とする場合に考慮すべき重要な領域だと感じているからです。

　社内でダイナミックリチーミングの準備を進められるソーシャルハックがいくつかあります。これによって、実際にリチーミングが行われるときには、メンバーにとっても想定外でなくなります。リチーミングの準備ができている状態になることもあります。ここからは、コミュニティビルディングと役割の調整の話に入っていきましょう。

11.3　ダイナミックリチーミングに向けて備えさせる

　伏線とは、創作家が将来のストーリー展開を暗示するために使用する技法です。職場でも似たようなことをすれば将来のリチーミングを暗示できます。これらの準備テクニックを採用やコミュニティビルディング、役割調整の戦略に組み込むことができます。まずは採用時の準備から深掘りしていきましょう。

11.3.1　ダイナミックリチーミングを採用プロセスに組み込む

　5章で述べたように、Menlo Innovations では、入社を希望する人にダイナミックリペアリングを実際に体験してもらい、Hunter Industries では、モブプログラミングを体験してもらっています。両社とも、候補者の準備を整え、その環境で働くのは

[†8]　Dweck, *Mindset.* [15]

どのような感じなのかをちょっと体験させようとしています。そのため、もし採用されても、驚かなくて済むのです。これで文句なしの期待値設定ができ、また信じられないほどコラボレーションが多い文化を存続できているのです。

同じ節でAppFolioのデイモン・ヴァレンツォーナが語っていたのは、入社前に候補者と話をするだけでも、それが実現できているとのことでした。会社に入社するときに何が待っているかを知っておくのは良いことです。考えてみれば、従業員体験は実際には入社初日よりも前に始まっているのです。

とは言え、ダイナミックリチーミングが自社の規範だと期待するように準備を整える方法は他にもあります。そして、メンバーがチームに加わり通常の業務リズムに溶け込んだあとでも、意図的なコミュニティビルディングによってリチーミングの準備を続けることもできます。次節で見ていきます。

11.3.2　コミュニティを育てる

一緒に働く人たちのことを理解し気にかけていれば、すべての難易度は下がります。リチーミングもまた然りです。私の経験では、コミュニティの範囲を広げて結び付きを強めるのは良いことです。後日リチーミングするときには見知らぬ人同士でなくなっているからです。この節では、組織内で関係性を育み構築するために先回りする方法をいくつか提案します。

これらの例に共通するのは、メンバーがソーシャル体験を共有できるようにすることです。この共有体験は、後日リチーミングのような複雑なチームの課題に取り組むときにも通用します。

直属のチーム内でこれを行うとどうなるでしょうか？　チームの結束が強いと新しい人を受け入れにくくなるという意見もあるでしょう。私はあえてそれを無視します。なぜなら、チーム、トライブ、上層部レベルのそれぞれで、お互いを知るように奨励することが重要だとわかっているからです。では、いくつかのアプローチを見てみましょう。

組織全体で関係性を構築するイベントを企画する

私は、チームと一緒にラフティングをしたり、島でキャンプをしたり、ディズニーランドに行ったりしたことがあります。タワー・オブ・テラーにいろいろなチームのメンバーと混ざって乗り、垂直落下の瞬間に全力で叫んだ共有体験を覚えています。これは二度と忘れられない体験になりました。きっとみんな同じでしょう。まったくすごいアイスブレイクです。その乗り物で隣に座っていたSREエンジニアとは一瞬

で仲良くなれた気がしました。その日初めて会ったにも関わらずです。この共有体験は、そのあと何年にもわたって語り草になりました。チームと一緒に壮大な旅行をすることは、決して忘れられない、メンバーを強く結び付けるものになります。投資する価値は十分にあります。これが秘訣なのです。

AppFolioでは、年に1回の技術リトリートを行う伝統がありました。チームとして絆を深め、一緒に楽しみ、お互いを知るための方法でした。R&D組織全体でこうした旅行に参加していました。そのため、たくさんのチームの人たちと知り合うことができて、のちに何らかの理由でチームを変更するにしても、知り合いが多くて共有体験も多いので、物事の難易度が低くなりました。リトリートには、あえてプロダクトチームのメンバーも招待していました。両チームを一緒に、そして健全に保つことは、会社に戦略的優位性をもたらします。R&Dでは両グループ間で緊密に協力しているので、これらの関係を構築し強化するためにさらにお金と時間を使わない手はありません。

会社の規模が大きくなりR&D組織全体で旅行に行くことが難しくなったら、体験を細分化して小さくし、トライブ単位で絆を深めることを奨励しましょう。

チームに独自のソーシャルイベントをするための資金援助をする

AppFolioでは、トライブには重要なマイルストーンを祝うための予算が組まれていました。トライブを担当する各エンジニアリングディレクターたちは、この資金を成功に感謝するためにいつでも使えるようにしていました。各チームはみんなで地元で何をしたいか決めていました。セグウェイでサンタバーバラを走るチームもあれば、ワインの試飲に行くチーム、料理教室に通うチーム、ロサンゼルスでスポーツイベントを観戦するチームもありました。重要なのは、実際の仕事の成果を祝うためにお金が使われ、チームがその使い方を選んだことです。

資金援助が得られない場合はどうすればよいでしょうか？ 創意工夫をしましょう。チームで散歩やハイキングに行ったり、持ち寄りパーティをしたり、地元で無料でできることなら何でもよいのです。私が一緒に働いていたあるチームは、地元のオオカバマダラの保護区に行って自然の不思議を観察しながら、チームのおもしろい写真を撮ることを選びました。ここで重要なのは、立ち止まって一緒にする活動を選びチームとして互いに一緒にいる時間を過ごしながらお祝いすることです。これが仲間意識と共有体験を生み出します。

そして、どのようなソーシャルイベントにするかを決める権限はチームに与えてください。Liberating Structuresの「1-2-4-all」パターンを使うとよいでしょう。ま

ず各自が個々で考え、チームができそうなことを書き出します。次に、ペアになって
アイデアを議論し、4人グループで議論するアイデアを1つ選びます。4人グループ
はアイデアを1つに絞り、全体グループに提案します。そして、各グループが選んだ
アイデアを共有します。最後に、全体グループで「ドット投票」をして最優秀アイデ
アを決定します。ドット投票をするには、まず投票項目の総数を数え、それを3で
割って切り上げます。これが、1人が使えるドットの数になります。次に、項目の横
にドットを置いて、合意に達したかどうかを確認します。[9]

　私たちの多くは、違う場所やタイムゾーンに分散したチームを持っています。共有
のソーシャルイベントを実施するには出張を伴うかもしれません。AppFolioの初期
に、チーム全体がサンタバーバラにいて、2人のエンジニアがポートランドにいたと
きの対処法がありました。ポートランドの人たちを本社に頻繁に飛行機で呼んでいた
のです。しかしときどき、サンタバーバラで船旅のようなソーシャルイベントをしつ
つ、同じ日にポートランドでも船旅をするよう手配していました。そして、分散チー
ムのメンバーとはお互いに対面訪問することを重視していました。これについては、
次で触れます。

　対面で集まることができない場合は、ビデオ会議ソフトウェアを使用してオンライ
ンのランチ会を設定してもよいでしょう。

リモートメンバーをオフィスに招き、チームメンバーをリモートメンバーのところに送る

　会社が成長するにつれ、地理的に分散する可能性が出てきます。メンバーが同じ場
所にいないかもしれないのです。これはコミュニケーションの大きな障害ですが、多
くの会社が直面している現実です。では、どうすればこの状況を最大限に活かせるで
しょうか。

　組織の大部分の人が同じ場所にいて、一部リモートメンバーがいる場合、四半期ご
とかそれ以上の頻度でリモートメンバーを同じ環境に呼んであげると効果的です。自
分がリモートで働いていて他の全員がそうでないと思うと、強い孤立感を感じること
があります。オフィスの給湯室などの共有スペースで人と偶然出会うことがないから
です。これはチームの結束にとっては脅威です。

　私はAppFolioで、ポートランドに住むエンジニアたちと一緒に働いていました。

---

[9]　「1-2-4-all」パターンの詳細はLiberating Structures（https://www.liberatingstructures.com/）
で確認してください。ドット投票のテクニックについてはダイアナ・ラーセンが教えてくれました。

非常にシニアなエンジニアのジムは、定期的にサンタバーバラのオフィスを訪れていました。来るとしばらく滞在し、訪問のたびに違うチームと時間を過ごし、さまざまなエンジニアとペアプログラミングをしていました。これは、コードベースに関する彼の体系的な知識を共有するだけでなく、人と知り合うためでもありました。ジムは創業者たちに続く、初期からのエンジニアでした。

逆に、主要なメンバーをリモートメンバーのもとに送り、その環境で一緒に働くのも効果的です。AppFolio で働いていたときは、私たちは定期的にサンタバーバラからポートランドに人を派遣していました。離れた場所で働くチームメンバーを結び付けるために「双方向の訪問」をすることで、当事者意識が強くなります。AppFolio の初期には、ポートランドのエンジニアを訪問させているうちに、中華料理店で鶏の足を食べるという伝統が生まれました。そのときにはチームメンバーによって写真が全員に共有され、その経験は記憶に残り楽しいものでした。このような伝統が**文化**のようなものを醸成します。

他にも、直接コミュニティビルディングするために全員でどこかに旅行し、それぞれの国に戻るようなこともよいでしょう。次の例で見ていきます。

分散している従業員が一堂に会してイベントを共有する

PR キャンペーンなどを追跡するソフトウェアを作っているグローバルな会社が、アジャイルコーチのための年 1 回のリトリートを開催しました。私はこのグループのために丸一日のコーチングスキルワークショップを主催する大役を任されました。コーチたちは 4 か国以上から飛行機でベルリンに集まりました。多くの人が初対面でしたが、直接会うのがしばらくぶりという人もいました。一緒に過ごした 3 日間は、コーチング戦略、スキル構築、お互いの関係強化に焦点を当てたものでした。地元の施設でボウリングイベントも行われました。これらすべてを行うことで「チーム感」は強くなるのです。

コミュニティビルディングを部署外まで広げれば、会社全体でより結び付きの強い雰囲気を醸成できます。ある会社がまさにそれを行った方法を紹介しましょう。

チームが別部署の主要なリーダーを知るための機会を作る

DevOps ツール会社のアジャイルコーチであるマーク・キルビーは、自社で「コーヒーチャット」と呼ばれるイベントを始めたと教えてくれました。これは「最高マーケティング責任者、プロダクトグループの VP、主要なプロダクトオーナー」など、組織の別部門の主要なリーダーたちとのイベントです。このようなイベントを設定す

ることでチームは組織内につながりができ、組織が強化されます。彼の言葉を借りれば、「これでリチーミングが少し簡単になります。シニアの人たちのことがある程度わかっているからです」[10]とのことです。私に言わせれば、これはほぼリチーミングの準備になります。なぜなら、組織の別部門に移動したときには、成功に必要な関係性の構築をすでに始めているからです。

AppFolio では、エンジニアリング担当 VP のジェリー・チェンが、チームメンバーなら誰でも参加可能な質疑応答イベントを作りました。開催は隔週金曜日で、誰でも来て質問できるカジュアルなミーティングでした。軽食も用意され、「ハッピーアワー」っぽさのある、カジュアルな雰囲気のミーティングでした。他の部署の責任者もこのイベントに参加するようになり、何年にもわたってつながりを持つ機会になりました。

これらは、チーム間でコミュニティビルディングを行う一部の方法にすぎません。メンバーがお互いに居心地よく感じ、何らかの共有体験を持っていれば、後日リチーミングするときの障害が 1 つ減るだけです。このような意図的なコミュニティビルディング以外に、会社でリチーミングの環境を整える別の方法は、チームをまたいで役割をもっと明確にすることです。

11.3.3　チームをまたいで役割を調整する

機能横断チームで働いている場合、チーム内のそれぞれの役割がどのように貢献するかがわかれば、チームメンバーの変更に簡単に対処できます[11]。

役割の貢献について知ることは、新しい人がチームに加わるときや、あなたが別のチームに移るときに役立ちます。ただし、役割の定義がある程度の一貫性を持つことが前提です。たとえば、ケン・シュエイバーとジェフ・サザーランドによる「スクラムガイド」（https://scrumguides.org/）は、スクラムフレームワークで使われる役割を詳細に説明しており、そのフレームワークに従うチーム間で役割を調整するときの適切な指針になります。ただし、役割を調整するためにスクラムを実践する必要はありません。

何を行うにせよ、チームで 1〜2 時間の活動を行い、役割を定義して調整してみようと努力する価値は十分にあると思います。ここでは、チームに足りない役割があっ

---

[10] マーク・キルビー、著者によるインタビュー、2016 年 10 月
[11] 私が生み出したアイデアではなく、Valentine と Edmondson の組織開発に関する研究「Team Scaffolds」[58] と Wageman らによる「Changing Ecology of Teams」[59] から学びました。私はソフトウェア開発チームのコーチとして、これを仕事に取り入れました。

たり、ある役割の人物があなたのチーム以外とも共有されていたりする場合に何をするかについて、チームとして戦略を立てることもできます。このような状況だと、起業家精神を持ち、自分の役割を超えて仕事をこなせる人たちで構成されていない限り、チームに負担がかかってしまいます。チームの合意を形成し、起こりうるチーム変更のシナリオに備えることができます。ここでは、役割をもっと明確に理解し調整するために、あなたの会社で実施できそうないくつかのアイデアを紹介します。

役割階層内とマネージャー同士での垂直的な調整を確立する

　スタートアップ段階を過ぎた機能横断型のソフトウェア開発チームで働いている場合、役割ごとに複数のメンバーが存在することが多く、さらにその役割に精通した上司に報告していることが多いです。たとえば、ソフトウェアエンジニアはソフトウェアエンジニアに、技術ライターは技術ライターに、テスターはテスターに報告するという具合です。会社が成長し、採用が進むにつれて、それぞれの役割に多くの人材が配属されることもあるでしょう。スタートアップ段階を過ぎると、職務記述書が作られ、キャリアラダーが明確になり、エントリーからシニア、プリンシパルに進むレベルが示されます。したがって、まず役割階層内で、その役割の意味や成功基準についての合意を得る必要が出てきます。また、役割ごとの部門が大きくなり、それぞれにマネージャーのコミュニティが形成される場合、昇進や給与に関するプレッシャーを考慮の上で、それぞれの役割の意味についてマネージャー同士で明確な合意を形成することが重要です。

トライブレベルでの水平的な調整を行う

　Spotify で言うところのトライブに似たコミュニティとしてチームが集まっている組織や、プロダクトやプラットフォームの領域で働いている場合、これらのコミュニティ間で水平的な調整を行うことができます。

　たとえば、4つの機能横断チームで構成されたトライブがある場合、「Tribe Role Alignment」の活動を実施してもよいでしょう。

TRIBE ROLE ALIGNMENT の活動

　物理的に同じ場所にいる場合、役割ごとに部屋の別々のところに集まります。オンラインで行う場合は、使用しているオンライン会議ソフトウェアでブレイ

クアウトルームを作成します。たとえば、プロダクトマネージャーのグループ、UX エンジニアのグループ、ソフトウェアエンジニアのグループといった具合です。

次に、各グループでポスターやプレゼンテーションスライドを共有スライドデッキに作成します。内容は以下の項目です。

1. 私たちの役割におけるアウトカム
2. 私たちの役割で観察されうる行動
3. 他の役割をどのように支援するか
4. 成功するために他の役割に求めること

次に、それぞれの役割が他の役割に対して自分たちのポスターやスライドを発表し、他の役割の人たちは耳を傾けます。聞いている人たちに指示を出して、その役割が成功するために自分がどう支援できるかについてアイデアをメモしてもらいます。対面の場合は付箋紙を使い、オンラインの場合は、共有スライドデッキのスピーカーノートセクションにコメントを書きます。アイデアを書き終わったら読み上げてもらいます。

このような活動は役割間の共感を育み、互いにどう協力したいかを公に共有する機会を与えます。こうした活動によってチームの雰囲気が明るくなり、後日リチーミングを行うときにも良い影響を与えることができます。

もし活動の最中に何らかの対立が生じた場合、その場で解決を試みるか、終わってからマネジメントレベルでフォローアップするとよいでしょう。最後に、チームともフォローアップを行います。

トライブは、自分たちがどのように組織運営したいかについて、書面で合意を交わしてもよいでしょう。

トライブレベルでの役割調整に加えて、チームレベルでの調整にも注目してください。

チームレベルでの調整を行う

先ほど紹介した活動はチームレベルでも実施でき、特にチームがその働き方を再調整しようとしている場合には非常に有効です。これは、6 章で紹介したグロウアンドスプリットパターンの結果、チームが半分または 1/3 に分かれた場合に特に有効で

す。場合によっては、次のように簡単な形にすることもあります。「私の役割は X で、他の人にこれを求めています」と各役割の人が発言し、それに対して他のメンバーがどのようにその役割を支援できるかを答える、という流れです。チームレベルのコンテキストでは、積極的に貢献していないマネージャーが 1 人以上いることがよくあります。この活動に巻き込んでしまえば、マネージャーとしてチームにどのように貢献したいかを公に表明してもらえる機会になります。また、チームがマネージャーに対して公に支援を求める機会にもなります。

　チームをスイッチングするときに役割や期待を明確にするための調整は、少し時間をかけて探ればそれほど難しくはありません。経験上、これらの活動はどれも 2 時間以内で完了することが多いです。

　本章では、エコサイクルツールを使用して組織が自らのコンテキストを分析し、リチーミングに関する制約や促進要因を検討するための広い範囲を扱いました。また、リチーミングに備えて会社の文化を醸成したり準備を整えたりするための手法や、役割の明確化についても議論しました。

　これまで本書で述べてきたように、ダイナミックリチーミングは、ときに突然起こり、予期せぬ形であなたに影響を与えることがあります。会社に残りたいのであれば、変化を受け入れることが求められます。また、ときには自ら情熱を注いで意図的にリチーミングを促進し、変化を起こすこともあるでしょう。次は、意図的なダイナミックリチーミングについての議論をします。まずは具体的な計画ツールからです。

12章
ダイナミックリチーミングの取り組みを計画する

複数チームにまたがる大規模なリチーミングイベントを計画するのは簡単なことではありません。組織構造を変更し、新しい構造のなかでメンバーの移動をしているかもしれません。あるいは、構造はそのままでメンバーの移動だけを行うのかもしれません。

もっと複雑になることもあります。8章で説明したように、別の会社を買収し、合併しようとしているのかもしれません。

もしくは、階層が生まれ、人事管理や組織構造に関する多くの変化が起きているのかもしれません。同僚が昇進して以前の同僚を管理するようになり、昔は親しみがありフラットだった組織が、今ではトップダウンのピラミッド型の構造になりつつあるのかもしれません。

会社の優先順位が変わり、そのために一部の作業を中断または完全に中止しなければならず、組織内のより優先度の高い別の業務へ配置される人もいるかもしれません。

どのような場合であれ、大規模なリチーミングにおいては入念な計画と組織の人への配慮が必要です。

最善を尽くしても、力が及ばないこともあります。時には、何をしても、誰かがまだ不満を持っていて、別のやり方があると感じているように思えることもあります。このような局面は簡単ではなく、たくさんの恐怖心を抱かせます。人は役割やポジション、あるいは仕事を失うことを恐れます。それがたとえ、できる限り安全な状況であってもです。変化は恐怖を引き起こすのです。

では、私たちに何ができるでしょうか？ まず組織が成長し進化するにつれて、組織の再編成は避けられないものだと理解することです。成功率を高めるために、起こりうるシナリオを計画し予測することに時間を使いましょう。それが本章の目的です。

1章で紹介した、**図12-1**のようなエコサイクルのメタファーを覚えているでしょうか？

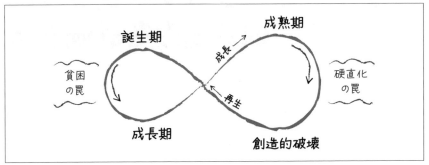

図12-1 適応的なサイクルにもとづいたエコサイクル（by Lance H. Gunderson and C.S. Holling, *Panarchy*; and Keith McCandless, Henri Lipmanowicz, and Fisher Qua, Liberating Structures）

リチーミングを推進するとき、あなたは創造的破壊の火付け役となっています。これに備えていて、心待ちにしている人もいるかもしれません。一方で、破壊的な変化を避け、これまでどおりであることを望む人たちもいます。

この節では、大規模な変更を計画するときに考慮すべきさまざまな質問を示します。これによって、計画を立て、最終版にし、実行に必要な外部の支援を取り付けることができるでしょう[†1]。

「万能な」リチーミングはありません。リチーミングは本書で説明したようなパターンで現れ、複雑です。組織に単純にダイナミックリチーミングを導入することはできません。率直に言って、かなり繊細で、骨が折れます。意図的にリチーミングを始めるには準備が必要です。そこで、リチーミングに取り組む前に、何をしようとしているのかを分析することから始めましょう。取り組み方を説明する「よくある質問（FAQ）」を作成して、自分のアプローチを把握しておくことをお勧めします。残りの

---

†1 カリフォルニア大学バークレー校が出している「Guide to Managing Human Resources」（https://hr.berkeley.edu/hr-network/central-guide-managing-hr/managing-hr/managing-successfully/reorganizations）の第10章を参照してください。このテーマを深く掘り下げています。また、2010年のマッキンゼーによる組織再編に関するレポート「Taking Organizational Redesigns from Plan to Practice: McKinsey Global Survey Results」（https://www.mckinsey.com/capabilities/people-and-organizational-performance/our-insights/taking-organizational-redesigns-from-plan-to-practice-mckinsey-global-survey-results）も興味深いです。これらの資料と長年の知見は、大規模なリチーミングを計画するときの考え方に影響を与えています。

部分で、詳しく見ていきましょう。

12.1　ダイナミックリチーミングの FAQ を作る

　FAQ はこれから来そうな質問を先読みすることで、リチーミングの取り組みで成し遂げたいことを明らかにするツールです。

　FAQ は共有ドキュメントに質問とその回答を書きます。リチーミングに責任を持つリーダーグループ内の意思統一や、影響のある人たちに計画を伝えることができるでしょう。

　ここでは、FAQ に含めるとよいくつかの質問を紹介します。

12.1.1　リチーミングによって解決したい問題は何ですか？

　組織を変更するとき、関係者は理由を知りたがります。成長のためでしょうか？ 上場の準備をしているのでしょうか？ 将来に向けてより拡張性の高い構造を目指しているのでしょうか？ それとも予算の制約で、構造を変更しなければいけないのでしょうか？ 理由を明確にしないと、リチーミングの取り組みに納得がいかず、正当な理由もなくただリチーミングするために実行しているように見えてしまうでしょう。リチーミングによって影響を受ける人たちに敬意を表すためにも、**理由**を明確にしましょう。

12.1.2　どのようにしてチームに人が配属されますか？

　3 章にあるように、チームに人を配属する方法は複数あります。リチーミングの影響を受ける人たちに、配属についてどの程度の決定権を持たせるのかを決めましょう。マネージャーが最終的な構造を決め、チームにその決定を伝えるのでしょうか？ マネージャーがまず関係者の意見を集め、チームの最終的な構造を決めるのでしょうか？ それとも、もっといろいろな人が参加するリチーミングのイベントに巻き込みたいのでしょうか？ たとえば、ホワイトボードに仮の変更を見える化したり、オープンなリチーミングイベントを開催したりするのです。リチーミングリーダーのチーム内でこの方法について合意し、FAQ に計画を書きましょう。ホワイトボードを使ったリチーミングの方法は付録 A を参照してください。また、付録 B では、チーム選択のマーケットプレイスの進め方を紹介しています。

12.1.3 新しいチームへの配属があるのかをどのように知りますか？

リチーミングの取り組みを始めるときには、全関係者にどのような影響があるのかを明確にしなければいけません。たとえば、次のような質問について考えてみましょう。

- 新しい肩書きになる人はいますか？
- 役割が変更される人はいますか？
- これまでマネージャーでなかった人が新たにマネージャーになりますか？
- 新しいマネージャーの下に配属される人はいますか？
- これまでチーム間で共有されなかった人が、新たに共有されますか？
- 昇進や昇給する人はいますか？
- この変更によって新たに人を採用する必要がありますか？

また、変更のときは誰のことも忘れないように注意しなければいけません。驚くかもしれませんが、実際にそういったことが起こるのを目にしてきました。

リチーミングイベント中は、気持ちの浮き沈みがつきものです。各個人がどのような影響を受けるのかを知り、予見しなければいけません。そのために、組織の人たちと話し合い、ニーズを理解しましょう。一般的に、マネージャーが変わらないときは、混乱は少なくて済みます。

12.1.4 特に既存のチームはどのような影響を受けますか？

他に考慮すべきなのは、既存のチームがそのまま維持されるのか、リチーミングの取り組みによって変更されるのか、です。特に、次のような質問が思いつきます。

- チームの分割や解散はありますか？
- これまでにはなかったリモート勤務の従業員を新たに迎え入れるチームはありますか？

チームが同じ場所で働いていて、新たにリモートのチームメンバーが加わる場合、チームはコラボレーションにおける障害を乗り越えなければいけません。また、チームの顔ぶれが大きく変わるようなときは、チームの日々の規範は変わってくるでしょう。このようなときは**キャリブレーションセッション**が使えます。13 章を参考にし

てください。

12.1.5 　既存の仕事はどのように影響を受けますか？

　私はこれまで、仕事が一時的または無期限に「中断」するのを何度か見てきました。あとで仕事に戻るという理想の計画があっても、実現しないこともあります。プロダクトやサービスに数か月、時には数年取り組んだあとで終了するのは、とてもやる気を削がれます。私自身も経験しました。私の同僚もです。このような問題が繰り返し起こるようなら、より大きな別の問題があります。**仕事の中断と人員の再配置のアンチパターン**を止めるために、顧客ニーズの検証をするのがよいでしょう。一方で、集中する領域を劇的に変えることで会社を救うケースもあります。たとえば、はじめにで言及した Expertcity のマーケットが消滅した例のようにです。つまり、時には全面的に必要なこともあるのです。それでも、FAQ のなかで仕事への影響について言及しなければいけません。

12.1.6 　新しいチームはどのような構成ですか？

　時には、会社が残りのメンバーの採用中に、1〜2 人のメンバーだけで新しいチームを立ち上げることがあります。「5.1.1 　チームに種をまく」を読み返し、このようなケースでは何をしなければいけないのか理解しましょう。そして、メンバーを残りのメンバーの採用にも参加させましょう。人がそろっていないチームは、チームの仕事に必要なスキルをすべて持ち合わせていないと、ストレスがかかる難しい状況になることがあります。できる限りこのような状況は避けましょう。

　また、チーム間で過度に人を共有するのは避けてください。チーム間で共有する人が多くなればなるほど、共有された人はミーティングのオーバーヘッドを抱え、またコンテキストの切り替えも増えていきます。たとえば 2 つのチームで多くの人を共有しているとき、1 つの大きなチームにするとどうなるのか検討するとよいでしょう。人を共有するときには、ミーティング中のファシリテーションに注意を払ってください。きっと必要になるでしょう。

12.1.7 　リチーミングの前後で組織はどのように変わりますか？

　リチーミングの前後を見える化しましょう。まず、リチーミング**前**のものを作ります。変更箇所を別の色で目立つようにしてください。変更する範囲が収まるならホワイトボードも使えます。共有できるオンラインドキュメントでもよいでしょう。

198 | 12章　ダイナミックリチーミングの取り組みを計画する

図12-2 は、チーム変更を見える化した簡易的な例です。

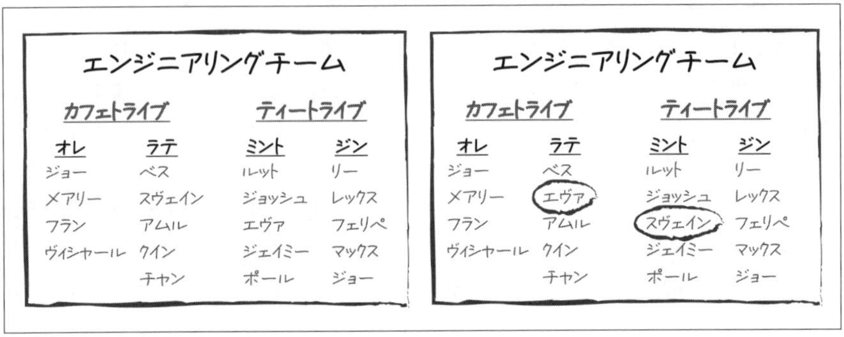

図12-2　チーム変更の前後を見える化した例

　たとえ今リチーミングをしていなくても、誰がどのチームにいるかを見える化しておくと、お互いの名前を忘れたときに役立ちます。これは会社が急成長しているときによく起こります。

12.1.8　リチーミングの取り組みで、どのような技術システムや機器の更新または導入が必要でしょうか？

　チームが変更されたら、すぐに一緒に仕事を始められるようにしたいものです。事前に計画を立てることで、このプロセスをよりスムーズに進められます。まず思い浮かぶのは、必要なツールを事前に準備することです。チームはどのようなツールを使っているでしょうか？ チームが良いスタートを切れるように、使用するツールについて考え、調整が必要かどうか考えましょう。たとえば、会社の上司と部下の関係を追跡するツール、コードリポジトリの管理ツール、作業チケットやユーザーストーリーの管理ツール、ドキュメント管理ツール、チャットやメールなどのオンラインコミュニケーションを管理するツールなどです。

12.1.9　リチーミングに伴い、どのような座席配置やオフィスの変更が必要ですか？

　物理的なオフィスで働いている場合、リチーミングはITや設備に影響することがあるので、事前に計画を立てましょう。理想は、あらゆる仕事道具が、いつでも好きなときにデスクを動かせるように設置されていることです。しかし、備品は比較的固

定されていることが多いので、言うほど簡単ではありません。IT や設備部門と事前に協力し、リチーミングのタイムラインに合わせてデスクの移動を調整しましょう。チーム全体がリモートの場合、この対応はほとんど必要ありません。ただし、メンバーが世界中にいる場合は、時差への考慮が必要です。

12.1.10 リチーミングに伴い、どのようなトレーニングや教育が必要ですか？

多くの場合、新しく形成された、あるいは変更されたチームは学習を強制されます。特に、成功するために、どのような新しい領域を学ばなければいけないのか考えてみましょう。たとえば、エンジニアは別のプログラミング言語でのコードの書き方を学ぶ必要があるでしょうか？ 会計のような新しい関心領域を理解し習得しなければいけないでしょうか？ 新しいチームで取り組む既存のコードの古さ、量、品質はどうでしょうか？ 経験があるものでしょうか？ テストはありますか？ チームメンバーを気遣うなら、このようなことを考慮しましょう。また、完全に生産的になるには立ち上げ時間が必要だという現実をメンバーに認識してもらいましょう。

12.1.11 リチーミングの取り組みに向けたコミュニケーション計画はどのようなものですか？

新しいリチーミング構造を提案するだけでなく、リチーミングに向けてうまくコミュニケーションしなければいけません。具体的には、次のような質問を考慮してください。

- 誰が何をいつ知る必要がありますか？
- どのように変更の影響を受けるチームメンバーに知らせますか？
- どのように影響を受ける人と交流がある人に知らせますか？

コミュニケーション計画を軽く見てはいけません。一部の組織では、巧みに「メッセージング」を作るスキルを持つコミュニケーションの専門家を置いているほどです。リチーミングは変化であり、組織内の恐怖心を引き起こすことがあります。私が以前関わったリチーミングでは、チームメンバーが**リチーミングの実施**を耳にし、人員削減があるのかを尋ねていました。それは真実からかけ離れていました。そのリチーミングには 20 人以上の新規採用が含まれていたからです。人は部分的な情報を聞くと勝手な推測をし、恐怖心が芽生えます。これを防ごうとはするのですが、正直なと

ころ、難しいです。

　パトリック・レンシオーニは著書『The Advantage』(邦訳『ザ・アドバンテージ』)のなかで、重要な問題や変更については少なくとも7回コミュニケーションすることを勧めています。これは大げさではありません。

　FAQ には、リチーミングについてより詳しく知ることができる場の一覧を載せましょう。リモートチームメンバーも含めて、同じ場所で、リチーミングに関するデイリースタンドアップミーティングをするのがよいでしょう。また、リチーミングについての重要な情報を確認するために、週に一度、部門全体で全体集会を開き、「何でも質問タイム」を設けることもできます。

12.1.12　リチーミングの取り組みのスケジュールはどうなっていますか？

　リチーミングの取り組みには変更の全体的なプロジェクトマネージャーとして、リーダーがいるのが理想です。リーダーは、マイルストーンを含むタイムラインを作成し、リチーミングが停滞せずに進むようにします。また、リチーミングの状況を関連するオンラインチャンネルに定期的に投稿します。**図12-3** は、私が参加したリチーミングの取り組みにおける主要なマイルストーンの一部です。

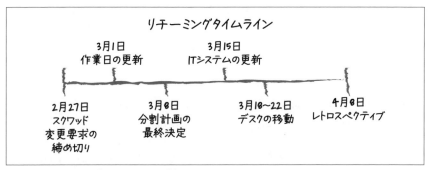

図12-3　リチーミングタイムラインの例

　リチーミングの取り組みについての構造とコミュニケーションは重要です。これによって、常に存在する不確実性と混乱を減らすことができるかもしれません。

12.1.13　リチーミングの取り組みへのフィードバック計画はどうなっていますか？

リチーミングの完了を宣言するときに実施する、レトロスペクティブやアンケートを計画しましょう。「どうだったか？」、「何を学んだか？」を尋ねましょう。このステップは忘れられがちですが、**フィードバックループを閉じて**、次回のリチーミングをもっとうまく実施するために学ぶ機会です。事後にフォローアップアンケートを送ったり、対面でのレトロスペクティブを開催したりするとよいでしょう。付録 C のアンケートテンプレートをベースに修正して、組織内で配布しましょう。

ここまで紹介したリチーミングにおいて考慮すべき質問のリストは幅広い内容を扱っていますが、おそらく網羅的ではないでしょう。組織には、このような組織変更に対して、状況に応じて必要なものがあるはずです。協力者と一緒に時間をかけて考え抜き、頻繁にコミュニケーションしましょう。

過去に大規模なリチーミングの経験がないなら、おそらく本章でこの取り組みの複雑さについて少し理解が深まったのではないでしょうか。大規模なリチーミングでは計画に時間を取りましょう。きっと、やってよかったと思うはずです。私は自身のリチーミングをふりかえったときに、その計画と実行が誇らしく思えるように、全力を尽くすことを常に心がけています。自分に優しく、うまくいかないこともあると覚えておきましょう。リチーミングは簡単ではありません。

リチーミングを実施すると、チームが始動する準備ができていると思うかもしれません。一部のチームや個人はそうかもしれませんが、他の人たちは、まだまだ移行中かもしれません。次の章では、そのことと、チームの立ち上げ方を取り上げます。

13章
ダイナミックリチーミングのあと： 移行とチームキャリブレーション

リチーミングのあとも仕事が残っています。実際にチームの構造が変わったとして
も、感情面では新しいチームの現実に向けてまだ移行している途中です。人間を扱っ
ているということを忘れてはいけません。人を所定の場所に配置するだけで、思った
とおりすぐに適応するのを期待することはできません。

どのような組織的な変化も時間がかかります。変化に慣れて落ち着く必要があるの
です。これは必ずしも簡単ではありません。私の意見抜きでリチーミングされたこと
は一度ならずありますが、そのような状況で新しい現実に移行するのは本当に大変
です。

逆に、リチーミングの意思決定プロセスに、本書の付録で紹介しているホワイト
ボードリチーミングやマーケットプレイスリチーミングを活用して、みんなを巻き込
んでいることを想像してください。変化に対するオーナーシップを強く感じるように
なり、変化の受け入れはさらに進むことになるでしょう。この場合、移行の予備的な
プロセスは必要とせず、そのまま「13.3　チームキャリブレーションセッション」で
説明している戦術に進められることもあります。

本章ではまず、予期しないリチーミングによって移行を強制され、それに対処した
ときの私の個人的なストーリーを紹介します。このような経験をしている人たちに向
けてアドバイスしますが、リーダーがトップダウンのリチーミングに取り組むときに
自分たちのチームで起こりうることについて共感が得られることを願っています。

続けて、移行の概念を探りつつ、組織のリーダーがダイナミックリチーミングのな
かでチームをコーチする方法に関するヒントを紹介します。それでは、リチーミング
で驚かされたときの対処方法について見ていきましょう。

13.1　予期しないダイナミックリチーミングに対処する

　私は今まで何度もチームから外されたり交代を強いられたりしたことがあります。これは本当に変化に対する準備ができていない状況でした。でも変化は起こります。そしてその変化に対処して先に進まなければいけません。これは、**驚くべき**創造的破壊とみなすこともできます。つまり、1章で述べたような不安定もしくは破壊的な段階を含むエコサイクルループの後半部分を想起させる概念です。特に急成長中の会社では、組織図の上位にいて情報に精通していない限り、予期しない混乱に陥ることがとても一般的です。

　少なくともリチーミングが行われた当初は、良くない気分がして、進行中のことが気に入りませんでした。状況を何もコントロールできないと感じたのです。年月が経って、自分の視野が少し広くなり、自分の対処能力が向上し、レジリエンスも備えるようになったと思えるようになっても、リチーミングが起きれば自分にとっては大変で、新しい現実を受け入れるという壁を乗り越えるには少し時間がかかります。そのときに身に付けた、予期しないダイナミックリチーミングを扱うときに役立つ戦術を紹介しましょう。

13.1.1　トリガーに気づいたら注意を向ける

　本書の「はじめに」で説明したように、私が最初に入社したスタートアップのExpertcity で、最初のプロダクトが失敗したとき、それを終了して別のことに取り組むようピボットしなければいけませんでした。このとき、私はとても取り乱しました。私はインタラクションデザイナーとしてチームのエンジニアと一緒に働いていて、このプロダクトの新しい機能や将来の方向性について夢見ていました。私の夢と希望はすべて奪われました。私は気持ちがとても動揺し、涙が出ました。わかっていなかったのですが、私は7章で説明しているアイソレーションパターンを使ってリチーミングされるところだったのです。この変化によって私は新たな始まりを余儀なくされ、そこで私は成功を収めました（会社もです）。でもリチーミングのタイミングではこのような結末になるとは思っていませんでした。何が起きたのか紹介しましょう。

　このことが起きて、私たちのプロダクトが終了することを聞いたとき、私は「プロダクトのために戦う」ことを考えていると同僚に伝えました。つまり「情熱を示す」べきだと思ったのです。そこで、リーダー向けになぜプロダクトを終了すべきでないのかを説明する長いメールを書きました。

メッセージを送った翌日くらいに私は落ち着きを取り戻し、数日前の感情の高ぶりはなくなりました。そして、それから落ち着かなくなりました。この状況では、夜も眠れませんでした。リーダーは自分のことをどう思っているのだろう？ 大げさだとか気難しいとか思われないだろうか？ 私は大きな間違いをしたのではないだろうか？ 私が自分の考えを表明できるくらい心理的安全を感じていたのではないか、それは良いことではないかと考える人もいるかもしれません。それはそうかもしれませんが、数日後にこの状況をふりかえって、私は、そのようなふるまいを自分の「スタイル」にはしたくないし、そのようなふるまいをする人として認知されたくないと思いました。

私の結論はこうです。物事の変化の仕方に動揺すると、それがチームの配属であれ、チームが取り組んでいる仕事であれ、十中八九アドレナリンが身体中で強く分泌されます。自分のなかのエネルギーに気づいてください。私の場合は、心臓がドキドキして、すぐに返事をしようと焦り、勢いに任せて反応すればものすごくはっきりしゃべれるように感じてしまいます。この経験から学んだのは、感情が高ぶっていたり、感情を誘発されたりしたときは、あまり良い結果を出せないということです。

私からのアドバイスは、まず自分自身の自己認識から始めることです。肉体的にどのように感じているでしょうか？ 緊張はありますか？ 自分の呼吸と心拍に注意を向けましょう。普段の状態とは違いますか？ もしそうなら、何が起こっているのかを整理するために少し時間を取りましょう。文字どおり、一息ついてください。1日休みを取るのもよいかもしれません。運動が好きなら、今がそれに没頭するときです。

もし、この状況で公に反応せざるを得ないと感じるなら、それをするかどうかの選択権はあなたにあります。あなたのスタイルは私のスタイルとは違う可能性が高いです。あなたのほうが私より明瞭に説明できるかもしれません。

でも自信がなければ、代わりに、安全な場所で自分の考えをテキストドキュメントや紙に書き出しましょう。もう何も書くことがないくらい空っぽになるまでやりましょう。あなたのアイデアに注意を向けましょう。その後肉体的に落ち着いたことに気づいたら、書いたものを読んで、どうするかを決めましょう。広く共有する前に、いつでも、誰か信頼する人からセカンドオピニオンをもらうこともできます。

1on1での話し合いも、予期しないダイナミックリチーミングを経験したときに役立つテクニックです。

13.1.2　変化についてリーダーと1on1で話す

私はある会社で1つのチームに数年いたあとに、別のチームへと移されました。元

のチームには 2 年いたので、精神的なダメージを受けました。突然、隔週のスタンドアップミーティングや Slack チャンネル、戦術ミーティングに参加しなくなりました。何が起こっているのか知ろうとして自分の携帯電話を見ても、Slack チャンネルはなくなっていました。私は本当に、自分が見捨てられ取り残されたように感じました。

私はより大きな責任を持つ機会があるグループへと移りましたが、個人的には元のチームから追い出されたことで傷つきました。夜も眠れませんでした。これは自分にとってその会社での終わりの始まりだと思いました。私は本当に取り乱していたのです。帰属意識とは反対の感情でした。

翌日くらいに、チームを去るように言ったリーダーとちょっと話をしました。彼女は、グループの議論のトピックはもう私のゴールとは関係なく、私はもう組織の別のところにいるのだと指摘しました。どちらも事実でした。私がミーティングで時間を浪費していると彼女は思ったそうです。彼女はゴールを達成するのに役立たないミーティングでは、時間を有効に使うために席を外すそうです。

それからこう言いました。「まず会社でどのようなインパクトを与えたいのか、それを実現するにはどのようなアウトカムを生み出す必要があるのかを考えてください。それから、そのアウトカムを一緒に生み出す人を集めます。そのほうが有効に時間を使えます」。彼女の言うことはもっともです。彼女はまさに、私が自律的に行動できるようになるためのツールを教えてくれたのです。

3 日ほど経ち、リーダーの賢いアドバイスもあり、私はこの状況全体を違った見方で見るようになりました。これは貴重な機会で、以前とは違う形でミーティングを線引きできるのではないかと思いました。この状況に対する私の見方は、完全に変わりました。リーダーがチームを去るように言わなかったらどうなっていたでしょうか？習慣で毎週何時間も無駄にしたままだったでしょう。どこかの時点で、自分に言い訳することを思いついたでしょう。でも、そこで停滞しなくてよかったです。1 章で説明した創造的破壊を経て、再生の段階に入ったことをうれしく思います。このあと紹介するコラム「あなたのインパクトを明らかにする活動」を試してください。

今回の例と同じように、自分たちの周りで起きた変化について、連絡して話せる人がいることがあります。マネージャーの役割は、私たちが会社のなかで役割を果たして成功できるように、寄り添って支援することです。多くのリチーミングが行われているときには、そのような人を頼るのが自然です。私は、自分が遭遇しているリチーミングに近いところにいる重要なリーダーと話すことを選びました。

コーチやメンターと話すのもよいでしょう。あなたと一緒に働き、あなた自身のプ

13.1 予期しないダイナミックリチーミングに対処する | **207**

ロフェッショナルとしての成長を理解してくれるコーチを探すことをお勧めします。このコーチは必ずしも同じ組織で働いている必要はありません。電話やインターネットを介して働くさまざまなコーチがいます。コーチにお金を出せば、あなたの成功を支援してくれます。何人かに連絡して、サンプルセッションを受けてみるとよいでしょう。それからあなたに共感してくれるコーチを選んでください[†1]。

あなたのインパクトを明らかにする活動

ちょうどリチーミングが行われたところです。それにワクワクしていなくても、前に進むことを選びます。ここで検討してほしい積極的な道を1つ紹介します。

1. 今後あなたが生み出せる最大のインパクトは何でしょうか? いくつかアイデアを書き出しましょう。同僚やマネージャー、その他信頼できるアドバイザーと話しましょう。あなたにとって意味があってモチベーションになるようなアイデアを1つ選びます。それを付箋紙に書きます。そしてモニターに貼ります。

2. インパクトを生み出すためにあなたが実現しなければいけないアウトカムを3つリストにします。

3. パートナーを見つけます。インパクトとアウトカムについてパートナーと話します。アウトカムを1つ選び、その実現に向けて仕事を始めます。

以下は私の例です。

1. インパクト:ソフトウェアエンジニアがもっと持続可能なペースで仕事し、仕事がいつ終わるかの予測精度を向上する。

2. アウトカム:

   a. エンジニアリングマネージャーがサイクルタイムの安定性がどう予測につながるかを理解、認識する。

   b. マネージャーはワークフローを見える化し、サイクルタイムを安定させるようにチームをコーチする。

[†1] 認定コーチを見つけるには、International Coaching Federation のウェブサイト (https://coachfederation.org/find-a-coach) にある「Find a Coach」のページを参照してください。

c. チームは安定したサイクルタイムを用いて、いつ仕事が終わるのかを予測する。

3. パートナー：実現のために、会社でこれを重要だと考えている人の集まりを作る。アーキテクト、プロジェクトマネージャー、QAエンジニア、そして主要なエンジニアリングマネージャーを含める。

13.1.3　物理的もしくは精神的に距離を置く

　私がコンサルティングをしていたとき、顧客が競合に買収されました。8章でも取り上げましたが、そこでフルタイムで働いていた従業員はエンジニアリング面で「どのような変更が行われる予定なのか」は2週間以内にわかると言われました。一度にまとめて解雇するだけの余力がないので、引き続き仕事があるかどうかは2週間経たないとわからないと経営陣は言いました。

　想像のとおり、これは多くの人にとって緊張しぞっとする時間です。彼らのしている仕事は安全な可能性が高くても、自分たちは解雇されると思っていました。この機能不全のせいで、この環境で私は体調が悪くなりました。他の人も同じように体調が悪いと感じてたのは容易に想像できます。みんなでランチを取ったとき、この状況についてみんな思いをぶちまけました。そうすることで、私たちの多くが経験していた恐怖や緊張は少し和らいだかもしれません。

　3年経ってこの状況をふりかえってみて、もし当時に戻れるとしたら同僚にアドバイスしたいことがあります。可能であれば、職場から物理的に距離を置くようにするのです。「席に座っていなければいけない」のであれば、不可能かもしれません。

　でも、物理的にそこにいなければいけないとしても、心は別のところに持っていけます。何か新しいことを学ぶのに集中するのもよいでしょう。読みたかった本や、技術を極めるのに役立つ本を読んでみましょう。そこで学んだことはそのまま会社にいても、会社を辞めても適用できます。

　なかには実際の仕事に集中するのが好きで、そうできる人もいます。あなたがそうなら、頑張ってください。

　どのアイデアも響かないなら、傷病休暇を取るのもよいでしょう。私は、何年ものあいだ、感情面で大変なことがあると、傷病休暇を取ってきました。ときには、家にいてのんびり過ごすのが必要なこともあります。

13.2　移行 ― ダイナミックリチーミングでのコーチング | **209**

リチーミングが行われたときの人の反応はさまざまです。いずれの場合でも、人的要因があることを認識するのが重要で、それが次のトピックである共感につながります。

13.1.4　ダイナミックリチーミングを進めるときは共感が必須

リチーミングが起こったものの自分たちはその準備ができていないとき、ここまで共有してきたようにとても感情的になることがあります。リーダーはこのことを忘れてはいけません。リーダーが自分の意見なしにリチーミングされた経験を個人的にしていれば、深く共感して進められることでしょう。

リチーミングに関する意思決定に関与しているとしても、恐怖や不快感はまだあると思いますが、少なくとも実際の進め方には口を出せます。これはリスクを減らします。これこそが、リチーミングのときに、付録 A と付録 B で紹介するようなホワイトボードやマーケットプレイスを活用してみんなを巻き込むアイデアを好む理由です。

チームの構造変更のあとには、実際にその変化に順応するためのフォローアップの動きがあります。本章ではここまで私の個人的なストーリーを共有してきました。次は、その経験と 20 年にわたるダイナミックリチーミングの経験から、必ずしも自ら望んでいないダイナミックリチーミングに遭遇している人たちをどうコーチするのかについて、私の視点を共有しましょう。

13.2　移行 ― ダイナミックリチーミングでのコーチング

図13-1 に示すエコサイクルのメタファーについてもう一度考えてみると、創造的破壊はダイナミックリチーミングが起こる場所だと想像できるでしょう。この図の一部にでこぼこした線があるのがわかると思います。これは実際に変化が起こるときの混乱や不確実性、中間的な空間を示しています。不意を突かれたときや、変化に対処するのに苦労しているときは、こぶはもっと大きくなるでしょう。

多くの人は本書で紹介しているパターンを機械的なプロセスとして適用することで人の集団をリチーミングでき、そのあと処理時間を取ることなく、すぐに新しいチームとして活動できると考えがちです。これは近視眼的であり、私が本書を執筆した理由の 1 つでもあります。リチーミングを機械的なプロセスとして管理するのではなく、もっと人間的な要素を取り入れてリチーミングをうまく行えるようにするのです。

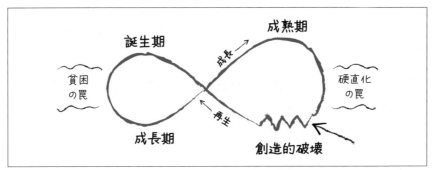

図13-1　創造的破壊のでこぼこを強調したエコサイクル。ここでダイナミックリチーミングが起こる

　チームのなかには、リチーミングに感情を持たない人もいます。でも他の人、特にダイナミックリチーミングが起こることを望んでいない人にとって、新しいチームとして再出発するまでの道筋は、決して平坦ではないことを認識するのが重要です。そこにいる人たちが、一種の死のような大きな喪失感を味わっている可能性もあります。また、新しい現実はどのようなものになるのかを考えた結果、多くの不確実性や恐怖を感じることもあるでしょう。新型コロナウィルス感染症とそこから連鎖している未知の影響のことが頭に浮かびます。

　さらに、解雇されたり、希望しないチームに移動させられたりした場合のことを考えてみましょう。この場合、新しい状況をすぐに受け入れるのは難しいでしょう。それを乗り越えて新しいスタートを切るには時間がかかります。まずは、移行期間を経る必要があるのです。

　移行は、ウィリアム・ブリッジズが彼の独創的な著書のなかで述べている概念です。特筆すべきは、変化を「終わり」、「ニュートラルゾーン」、「始まり」という3つの一般的な段階へと抽象化して語っていることです。ただし、これらは必ずしも直線的なものではなく、ニュートラルゾーンにとどまってしまうこともあると指摘しています。

　ニュートラルゾーンは終わりと始まりのあいだにあり、「混乱と苦悩」の奇妙な時間となることがしばしばです。ブリッジスは、このニュートラルゾーンの概念が、オランダの人類学者アーノルド・ファン・ゲネップに由来するとしています。ゲネップはこれを「通過儀礼」という観点で述べています[2]。

　チームはダイナミックリチーミングのあいだ、せいぜいマネージャーやチームコー

---

[2]　Bridges, *Transitions*, 141. [4]

チからコーチングを受けるくらいです。変化のなかでチームを支援する意図的な活動に時間を投資することで、ダイナミックリチーミングの取り組みが成功する可能性が高まります。

変化のなかでチームをコーチングするときに注目すべきトピックは以下のとおりです。

- 終わりについて話す。
- 儀式を行うことで終わりを示す。
- 何を受け継ぐか提案する。
- 新しいチームとしてお祝いをする。

本章の残りの部分では、これらのトピックごとに実践的なアイデアを共有します。まずは終わりについてオープンな話し合いをすることから始めましょう。

13.2.1 　終わりについて話す

リチーミングの発表は、全体集会で組織の上層部から伝えられたり、所属する部署のミーティングで伝えられたりします。今後の変化をマネージャーから聞くこともあれば、チームエリア発のうわさで聞くこともあります。差し迫った変化を耳にしてそれを受け入れると、私たちの気持ちは暗い方向に向かい、8章で紹介した、解雇されると思っていたものの解雇されなかったエンジニアのように、真実ではないシナリオを作り上げてしまいます。

お勧めは、今後予定されているリチーミングによる変化について、チームで話し合うことです。私はかつてリーダーチームにいたのですが、同僚の数人が昇進し、その人たちに報告するようになりました。この変化は数か月にわたって徐々に起こったのですが、グループとしてこの状況を話し合ったことはありませんでした。これは無言のリチーミングのようなもので、1on1 の議論を通じて公のチームスペースの外側で管理されていました。コンサルタントを含めてオフサイトミーティングで何が起きたのかを集まって議論したことで、変化を乗り越えて前に進むプロセスを始められるようになりました。同じような立場にいる何人かの同僚も、同じ感想を述べていました。

場合によっては、処理して前に進むために、ただみんなで**名前をつければ済む**こともあります。私たちは物事が以前に戻ることはないということを受け入れる必要がありました。私たちは新しい階層構造に適応して、移行する必要がありました。誰もそ

うなることを予見しておらず望んでもいませんでしたが、そうしたのです。話すこと
は役に立ちますが、明らかに変化を大変なものとして受け止めていたので、話をして
いた2日間は信じられないほど胸が痛みました。でも、そのあとは気分がよくなり、
本当に前に進むことができました。新しい報告先への変更や劇的なリチーミングに
チームが適応するためにコンサルタントを採用するのはとてもお勧めです。この変化
を各人がマネージャーやコーチと個別に処理することもできたと思いますが、前提と
なるチームシステムを踏まえて変化について議論することに重要な意味があったので
す。他のチームメンバーから変化について話を聞くのは、私にとって大きな意味があ
り、区切りをつけるのに役立ちました。

新しいレポートラインや、リチーミングのような組織的な変更に対応して移行でき
ることは、組織が開発すべきスキルの1つです。あるシニアエンジニアリングVP
は、リーダーチームに対して「適応までの時間」というメトリクス、つまり会社を次
のレベルに引き上げるような変更に対応する能力を向上させる必要があると言いまし
た。私たちはこれについてメトリクスを収集していたわけではなく、変化に迅速に対
処する必要があるという考えを示しただけです。それができれば確かに戦略的なアド
バンテージになります。

私たちは感覚を持つ生き物を扱っているので、残念ながら、必ずしも簡単ではあり
ません。できる限りのことをしましょう。これまでのやり方が終わったことを認める
時間を取ることは、人間に対する優しさであり、前進するための助けになります。そ
の一環として、終わりを儀式で示すこともできます。

13.2.2 儀式で終わりを示す

儀式とは、移行や時間の経過を示すために行うものです。たぶん私たちがいちばん
馴染みがあるのが、誕生日パーティでしょう。人生のなかで誕生日を迎えると、それ
を記念してパーティを開くのです。西洋文化では、誕生日ケーキのような象徴やロウ
ソクの火を消す儀式が伝統的です。葬儀や追悼式は人生の終わりを示すもので、公に
それを認識してもらうためにあります。

あなたが会社で経験している「終わり」にこの儀式のアイデアを取り入れることが
できます。レイチェル・デイヴィスが6章で話してくれたことを思い出してくださ
い。彼女は、Unruly での最初のチームのストーリーを話してくれました。チームが
半分に分割されたときに、チームメンバーの1人がその機会を記念してケーキを持っ
てきたのです。これはロード・オブ・ザ・リングで仲間の分裂の象徴としてそうして
いたのをまねたものです。この場合は、最初のチームの分裂です。パーティという儀

式とケーキという象徴によって終わりを示したのです。

　終わりを示すもう 1 つの方法は、解散するチームの功績を称えるレトロスペクティブを開催することです。「13.3　チームキャリブレーションセッション」で説明している「私たちのチームのストーリー」と呼ぶ活動を検討するのもよいでしょう。この活動では、チームで共有のタイムラインを作ります。対面またはオンラインで、ホワイトボードや共有ドキュメントを使って行います。チームとして共有した重要なマイルストーンや業績をリストアップします。このように、ふりかえって、一緒にしたことに感謝し、それを声に出して認め、次に進む準備することは、素晴らしいエクササイズです。あまり堅苦しくない活動として、チームの終わりを示すためにハッピーアワーやチームディナーを開催するのもよいでしょう。そのとき、乾杯のときにチームの一員として誇りに思っていることを共有しましょう。

　儀式で終わりを示すことで、物事が終わったとは言え、新しいチームに「受け継ぎたい」ものがあることをあなたやチームが思い出すのに役立ちます。これについては次節で説明します。

13.2.3　何を受け継ぐか提案する

　5 章で見たように、誰かがチームを去るとき、残されるメンバーは、職務記述書以外でそのメンバーがしていたことで、チームが続けたいこと、引き継ぎたいことのリストを作る時間を取ります。たとえば、金曜日のチームミーティングにジョーがドーナツをよく持ってきていたとします。これはジョーの職務記述書にはありませんが、チームの文化の一部になっていました。何を引き継いでチームとして実行していくのかを議論するというアイデアです。

　また、大規模で破壊的なダイナミックリチーミングによって、さまざまなチームから人を引き抜いてまったく新しいチームを作るような組織再編が行われた場合には、意図的にチーム移行の活動を実施することもできます。このエクササイズはウィリアム・ブリッジスからヒントを得たもので、いくつかの質問についてそれぞれ個人で考える時間を与え、それから状況を処理するためにペアで議論するという設計になっています。ペア以上での共有をオプションとして行うこともできます。私が好むやり方を紹介します。

> ## チーム移行の活動
>
> 　最初に個人で質問に答え、それからペアで議論します。それから、強制ではありませんが、みんなで共有します。何を一緒に発見できるのか見てみましょう。新しいチームに移動してきたメンバーと1on1のコーチングセッションのなかで次のような質問をすることもできます。
>
> - 新しいチームに移るにあたって、過去のチームから何を手放す必要があるか？
> - 残しておくとうれしいものは何か？
> - 恋しいものは何か？
> - 過去のチームの経験のうち新しいチームに持ち込むべき重要なものは何か？
>
> 　チームの誰かに、新しいチームで今後取るべきアクションのリストを作ってもらいます。チームの合意事項は見つかったでしょうか？ 同意を得て、チームとして新しいスタートを切りましょう。
>
> 　この活動の最後に、これから新しいチームのためにどう「貢献」するかを書き出してもらうことを検討しましょう。「今後、○○で私を頼りにしてほしい」という形で文章を完成させるように依頼します。それから何を書いたのか1人ずつ共有してもらいます。

　チーム移行の活動はさらにチームキャリブレーションのエクササイズに進むためのきっかけになります。すでにチームの終わりを認識し、何を受け継ぎたいかを話したことでしょう。これで、新しいチームを意図的に設計する準備ができました。チームキャリブレーションのやり方に移りましょう。

13.3　チームキャリブレーションセッション

　チームが初めて集まるときや、チーム編成が大きく変わったことで**新しいチームのように感じられる**とき、チームが経験した変化の歴史を理解し、お互いを人として理解できるようにするために意図的にできることがあります。また、あなたは、それぞれの役割に対する認識をそろえ、新しい仕事領域を理解し、コラボレーションのワー

クフローを明確にする手助けをすることもできます。

もちろんこういったことをすべて運任せにすることもできますが、チームキャリブレーションセッションに投資をすることで、リスクを減らし、チームが積極的に協力して土台を作るように奨励することもできます。これはチームとしてどう効果的に働くかという点に焦点を当てたファシリテーションセッションです。

チームキャリブレーションには万能の活動はありません。チームはそれぞれで、ニーズや責任も違います。私が日々の仕事のなかでしているのは、事前に何人かのチームメンバーと会話し、どのようなチームなのかを知り、キャリブレーションセッションにどれくらいの時間を欲しているのかを学び、それからいくつか活動を提案して、チームの共感が得られるかを確認することです。プロダクトマネージャーとエンジニアリングリードにはチーム全体でのミーティングの前にキャリブレーションの計画を事前に確認してもらい、整合性を取ることをお勧めします。計画がまとまったら、私がチームの活動をファシリテーションするか、自分たちでその活動をやりたいという意欲と関心がある1〜2名のメンバーをトレーニングします。

キャリブレーションセッションには時間の投資が必要です。チームキャリブレーションの活動を半日か1日のオフサイトミーティングにまとめて実施することもできますし、2時間ずつ分けて数週間にわたって少しずつ活動を行ってもよいでしょう。どうするかはチーム次第です。

ではキャリブレーションの対象となる4つの領域を見ていきましょう。歴史、人と役割、仕事、ワークフローです。本章の残りではこの構造に沿って見ていきます。

13.3.1　歴史のキャリブレーション

8章で紹介したように、マージされたチームは、新しいチームに対して自分たちのルーツを伝えることでメリットが得られます。以前のチームで誇りに思っていることは何でしょうか？　新しいチームに対して自分たちの過去についてどのようなことを共有するのを楽しみにしているでしょうか？

加えて、「13.4　チームの規模が2倍になったあと」で触れますが、チームの規模が倍になった状況では、長いあいだ、場合によっては何年もそのチームにいたメンバーと、直近数か月以内にチームに加わったメンバーを「つなげる」のが良い考えです。これを私が「チームのストーリー」と呼んでいるファシリテーション付きの活動で行います。これはグレース・フラナリー、リー・マーズ、ジュディス・マクブラインが

作った「エピックテイル」という活動からヒントを得ました[3]。また Organization and Relationship Systems Coaching（ORSC）の流儀で使われる「神話の変化」という概念とも関係があります[4]。

　チームがマージされるときや新しいチームに人が加わるときには、移行期間が必要なことを忘れないでください。この活動は、過去を見える化して声に出すことで、過去に区切りをつけるのに役立ちます。これは新しいチーム状況に馴染むための重要なステップです。

　この活動から得られるアウトカムは、過去のマイルストーンや達成したことに対する認知と祝福、新しいチームメンバーを今あるストーリーに組み込むこと、全体として「1つのチーム」であるという一体感を高めることです。

私たちのチームのストーリー

　あなたのチームの歴史を伝えるタイムラインを作ります。これを用いてチームの結束を高め、将来新たに加わる人向けの資料にもなります。この活動は対面でもオンラインでも実施できます。対面で行う場合は、いちばん良い場所は壁や窓に十分なスペースがある部屋です。もしくは長い廊下でも大丈夫です。オンラインで行う場合は、共有可能な図形描画ツールやホワイトボードを使い、全員がビデオをオンにし、参加者を小さなグループに分けるためにブレイクアウトルーム機能を使います。このような感じで機能します。

1. タイムラインを作り、それからチームのストーリーを語るローファイの動画を作ることで、みんなでチームの共有の歴史を作ることを伝えます。

2. 対面であれば、参加者がスペースに来たら、壁にフリップチャートを横に並べて貼るのを手伝ってもらいます。それから太いマーカーを使って連結した紙の中央に水平の線を引きます。いちばん右側には「今日」と書きます。オ

---

[3] この活動の詳細は、オンライン（https://www.orscglobal.com/.ee82b1a）で確認できます。3人のコラボレーターの詳細はそれぞれのウェブサイト、Leading Spirit（https://leadingspirit.com/）、MarzConsulting（https://leighmarz.com/）、The Mirror Group（https://themirrorgroup.com/）を参照してください。

[4] Organization and Relationship Systems Coaching（ORSC™）において、チームの創造神話とは、チームの創設にまつわるストーリー、つまり集まった理由とその方法を指します。神話変化はチームエンティティの変化と関係します。この場合、変化を処理し、新しいチーム状況で前向きに進められるように、出発点となったストーリーに立ち戻ると役に立ちます。

ンラインの場合は、ドキュメントか Miro や Mural のようなホワイトボードツール上で同じようにしてください。Google 図形描画や Google スライドでも構いません。事前に何が使えるかを確認し、技術的なテストをしておいてください。複数のチームや会社がマージされたときにこれをする場合は、まず 1 本の線を引き、それから参加者には、マージされたグループを表すメインの線につながる分岐を書くように促します。

3. 参加者に、物理的に立ち上がってタイムラインのところに行き、チームに参加した時期を示す形でタイムラインに沿って整列してもらいます。それぞれがいつ入社したのかを把握するためにお互いに話をするので、対話があふれる活動です。通常は、「お互いを見つける」ことになるので多くの興奮であふれます。次に付箋紙に自分の名前と入社日を書き、タイムライン上に貼り付けるように伝えます。オンラインで行う場合は、各人にバーチャルタイムライン上にそれぞれ名前と入社日を書いてもらいます。これでタイムラインがいきいきとします！

4. 次に入社日にもとづいてグループを作ります。チームのサイズにもよりますが、1 グループ 3〜4 人がベストです。会話しながら、重要なイベントやマイルストーンを付箋紙に書き**チームのストーリー**を伝えるタイムライン上に貼り付けるように伝えます。また、途中でチームに加わった人、チームから去った人、会社や世界全体で起こったことのなかで重要な出来事をリストアップしてもらいます。ここでも付箋紙を使います。この活動の最中に移動したり、重複しているものを重ねたりするためです。オンラインの場合は、同じ時期にチームに入った人をブレイクアウトルームに入れて、この作業をしてもらいます。

5. タイムラインがだいたい埋まっているように見えたら（8〜10 分くらいしかかかりません）、次に**チームのストーリー**を録画するように伝えます。

6. 参加者の誰か 1 人を撮影係にして、携帯電話で撮影します。動画が中断されないように機内モードを有効にしましょう。タイムラインに沿って歩きながら、ストーリーを話している人を順番に録画するように指示します。全員に話すことを強制しません。代わりに何が起きるのかだけ見ておきます。オンラインの場合は、画面共有して、使っているオンラインミーティングツールの**録画ボタン**を押します。

7. チームのストーリーを話し終わったら、まとめの時間を取ります。次のよ

うな質問をします。「この活動で驚いたことは何ですか？」、「本当に祝福したいと思ったことは何ですか？」、「なぜこのチームの仕事は重要なのですか？」

8. それから、通常は、「このチームの将来の夢は何ですか？」、「チームにどうなってほしいですか？」といった質問をして、チームの将来像を思い描いて声に出してもらいます。対面の場合は、個人ごとに書いてもらい、そのあとに共有します。オンラインの場合は、オンラインミーティングツールのチャット欄に書き込んでもらいます。すべてを口頭で話すのではなく、さまざまな表現方法が使えるのです。それから、まとめをします。

9. 最後に、チームに輪になってもらいます。チームメンバーに「今後、○○で私を頼りにしてほしい」という形で文章を完成させて発表するように伝えます。1人が発表したら、ボールや柔らかいものを隣の人に渡して、受け取った人は同じようにします。これを繰り返します。オンラインの場合は、チームが普段使っているチャットツールに自分の考えを書き込んでもらい、それを1つずつ読み上げます。

この活動は、チーム内もしくは複数のチームやグループ間で起こった変化についてのコンテキストを設定するのにとても役に立ちます。ある種のチームの接着剤であり、積極性を高めるものなのです。

チーム全体で共有の歴史を作ったら、チーム内の関係性を加速させることに取り組みます。次節で紹介します。

13.3.2　人と役割のキャリブレーション

仕事で自分自身の情報を共有すると、チームの結束を加速するのに役立ちます。複数のチーム間での共有はさらに強力な戦術になります。11章で説明したように今後リチーミングするときにまったく知らない人がいないからです。

集められたチームには、それぞれ独自の個性があります。そのことを祝福し、違いを認めましょう。お互いを知るのを加速するために私が頼りにしているのが、**スキルマーケット**と**ピーク体験**の活動です。

スキルマーケットはチームの人数にもよりますが、2時間以内に終わる活動です。私はこの活動の一種をリサ・アドキンスに紹介してもらいました。彼女の著書『Coaching Agile Teams』（邦訳『コーチングアジャイルチームス』）ではベント・ミ

ラールップを発案者としています[5]。

　私は何年もかけてこの活動を改良し、適応しました。この活動を 12 人以下のチームで集中して行ったこともありますし、30〜50 人の規模で用いたこともあります。それ以上の人数でもできるでしょう。また、対面でもオンラインでも可能です。あとで説明しますが、私はこの活動を拡張して、チームが役割をもっとはっきり理解できるようにしています。

　この活動のアウトカムには、共通理解、違いを祝福すること、自分ができないことで他の人ができることを知ることによる敬意の向上、学習目標の可視性、お互いに助け合う提案をすること、積極性、役割の明確化、チームとしてのより緊密な関係性が含まれます。以下でやり方を説明します。

スキルマーケットの活動

　各自に、自分自身について以下のことを書いてもらいます（7 分）。オンラインの場合は共有のスライドデッキで 1 人 1 スライド、対面の場合はポスター 1 枚に書きます。

- 名前
- チームでの役割
- チームにもたらすスキル
- 趣味と特に関心のあること
- 今後 3 か月で身に付けたいこと
- 自分が教えられること
- 自分の役割を成功させるために他の人に求めること

終わったら各自が発表します（2 分）。

　全員が発表し終わったら、1 分時間を取って、他の人は以下のような情報を共有しながら発表者の発言に応えます。

- 言及はなかったもののその人が持っていると思うスキルや才能
- 関心事を共有してくれたことに対する賞賛、感謝、「ビンゴ」
- お勧めの本や、気に入りそうなリソース

---

[5]　Adkins, *Coaching Agile Teams*, 153-154. [1]

● その役割で成功するための自分の支援方法

　オンラインの場合は、このような反応はスライドデッキの発表者ノートに書き込みます。対面の場合は付箋紙に書いてポスターに貼ります。ポスター全部の発表が終わったら、1分時間を取って、反応をまとめてもらいます。

　この活動に10人以上が参加している場合は、先にオンライン上またはその場でポスターを作ってもらい、それからペアになって自分が書いたものを共有します。これをペアを3回変えて繰り返します。そして、聞いた内容に対する反応を書いてもらいます。先日、大きなワークショップ部屋を使って65人でこの活動をしたときは、反応を書き込むために参加者がポスターを渡り歩いているときに音楽をかけました。本当に活気あるマーケットプレイスという感じです。

　この活動の締めくくりとして、グループ全体でまとめをします。次のような質問をするとよいでしょう。「驚いたことは何ですか？」、「私たちの共通点は何ですか？」、「チームについて何を学びましたか？」、「チームメイトから学んだことを踏まえて、これから何をしたいですか？」

　チームによっては自分たちの関心を踏まえて遠出したり、読書会を始めたり、知っていることをお互いに教え合う「ランチでラーニング」をすることを決めたりします。この活動で議論した情報は、個人やチーム全体の能力開発計画に反映することもできます。

　私がチームと好んで行う3つめの活動は、他のものに比べて少し深く掘り下げるものです。それは**ピーク体験**の共有です。

　初めて誰かとリチーミングするときは、「表面的なこと」を越えるのは難しいものです。ピーク体験の活動では、それぞれが過去の体験から影響があり記憶に残るストーリーを語り、それが自分の人生にどう影響を与えたのかを説明します。

　相手にピーク体験を共有したら、その人はそのピーク体験をまとめてチーム全体に共有します。全員が相手のストーリーを発表したら、そのストーリーのなかに現れた価値観をみんなで書き出します。それから議論を行い、チーム全体として見たときにどのような価値観がどのくらいの頻度で現れているかについて話します。

　この活動を会議室で実施したこともあればオンラインでブレイクアウトルームを使って実施したこともあります。ただし、私としては外でするほうが好みです。自然のなかを散歩したりハイキングしたりして、頂上や中間地点で立ち止まってストーリーを共有し、それから自由にオープンな会話をしながら出発地点に戻るのです。

ピーク体験の活動

それぞれ相手を 1 人見つけてもらいます。あまり知らない人が理想です。歩き始めたら、自分の人生のピーク体験を相手に話すように伝えます。これは非常に重要な出来事、学んだことや気づき、もしくは克服した困難などです。聞いている人には、あとで相手のピーク体験をまとめることになるので、注意して聞くように伝えます。オンラインの場合は、ペアをブレイクアウトルームに入れて話し合ってもらいます。

最初の人がピーク体験を話し終えたら、相手が自分のピーク体験を話します。外で歩きながら行う場合は、1 人あたり 15 分程度、ストーリーを話す時間を取るとよいでしょう。屋内の場合は、それぞれ 10 分ずつにします。そのあと、チームで集まります。外にいる場合は、輪になって立つか、座るかして、それぞれが相手のピーク体験を話します。屋内の場合は、グループでテーブルに集めるか、オンラインで 1 箇所に集めてください。それぞれの体験を順番に話したら、そのストーリーにどのような「価値観」が含まれていると思うかをグループに質問します。共有のリストに価値観を書き込みましょう。価値観の例としては、信頼、誠実さ、勇気、リーダーシップ、勇敢さなどがあるでしょう。

全員のピーク体験を聞いたら、価値観のリストを一緒に確認します。これがチームに存在する価値観です。登場する頻度が高い順番に並べましょう。このチームの価値観のリストは、チームのチャットチャンネルにピン留めしたり、物理スペースがあるのであれば紙に書いて壁に貼っておいたりすることもできます。チームメンバーに、これをチームの価値観として採用するかどうか質問しましょう。

本章ではここまで、チームがすばやく結束し、お互いが快適に感じられるようにするのに役立つ、誰でもファシリテーションできる 4 つの活動を紹介しました。できたばかりのチームではこのうち 2 つに絞って行うことがほとんどです。そして、チームに活動を強制することはありません。チームが活動をすることに関心がなければやりません。基本のルールは、物事を強制するのではなく、参加するように誘うことです。

リソース

以下はチームの結束を高めるのに役立つリソースです。

- ヨーガン・アペロが考案したパーソナルマップ（https://management30. com/practice/personal-maps）は他人に自己紹介するときに使う視覚的な方法です。中心に自分自身を配置したマインドマップを作り、そこから家族、友人、趣味などを枝分かれさせます。ペアになった相手に向けて自分自身のことを話しながら、相手にマインドマップを書いてもらうこともできます。
- **コンステレーション**は、Co-Active Training Institute（CTI）とリサ・アドキンスから学んだインタラクティブな活動です。次のように行います。チームに立って輪になるように伝え、それから中央に何か物を置きます。「私は朝型人間です」といった発言をします。あなたがそれに該当する場合は、中心に向かって歩きます。該当しない場合は、中心から離れます。そのあと、部屋を見わたして、まとめをします。チームがお互いをよく知るために別のお題で続けます。各自にお題を書くように伝え、同じようにします。オンラインの場合は、共有の描画ドキュメントかホワイトボードツールを使うとよいでしょう。コンステレーションの中心を示すオブジェクトを描き、チームメンバーはアバターや付箋紙を中心に近づけたり遠ざけたりするだけです。

　私たちがどのような人間でどのような好みを持っているかは、チームキャリブレーションにおける重要な要素の1つです。でもそもそもなぜ自分たちのチームが存在するのでしょうか？　チームキャリブレーションセッションの次のパートは、チームが何をすることで報酬を得るのかを明確にすることです。

13.3.3　仕事のキャリブレーション

　チームがなぜ存在するのか、なぜ会社はあなたのチームの仕事に給与を支払っているかを十分に明確にするのは、常に良い考えです。私たちがやるべき仕事にやりがいを感じていて、会社が本当にその仕事を必要としているときは、本当の意味で職業人生の理想的な状態です。

　以下は、チームキャリブレーションにおいて、「仕事」についてカバーしたい基本的な事項です。これは、私が**ワークアラインメント**と呼ぶ活動のなかでいくつか質問するところから始まります。

　私は何年もこの質問をしてきましたが、通常はエンジニアリングマネージャーやプロダクトマネージャーと協力しながら進めます。事前にいくつかの質問に答えるためにスライドデックを作っておき、それを提示したあとで、チームで協力しながら残りの質問を検討します。多くの場合、私は裏方に回って、プロダクトマネージャーやエ

ンジニアリングマネージャーがチームと一緒にこの内容を網羅できるように支援します。

ワークアラインメントの活動

チームでこの質問に対する答えを一緒に考え、答えを共有のオンラインスペースでドキュメント化します。もしくは全員が同じ場所にいるなら、この情報を表示するボードか壁を用意します。

- チームのミッションは何ですか？ ミッションを達成するためにどのようなアウトカムを生み出すことが期待されていますか？ チームには誰がいて、どのような役割を担っていますか？ 多くのチームでは、この情報は先に与えられていて、会社のOKRや上位レベルの会社の目標に関連しているでしょう。でも、私は組織内である特殊なソフトウェアツールを担当しているチームと一緒に働いたことがありますが、そのチームは団結して、アイデンティティを発揮し、インパクトを実現する必要がありました。私はこのようなチームが顧客とのやりとりを通じてすばやく実験し学習できるようにコーチしています。
- チームが現在取り組んでいる「大きな岩」やエピックは何ですか？ その仕事のなかで上位3つの優先事項は何ですか？ 経験上、この情報は通常、プロダクトマネージャーやエンジニアリングリードが主導します。このような議論では、機能に関する仕事と同じように優先されるべき「裏の仕事」にも常に光を当てるように促すことが重要です。たとえば、他の仕事をしていて見つけた、本当に必要な大規模なリファクタリングなどです。
- 私たちのチームが所有して維持する既存コードやツールは何ですか？ プロダクト主導の仕事と並行して優先されるべきエンジニアリング主導の仕事について、どのようにその維持と発見のバランスを取りますか？ 私たちは新しいものを作りますが、同時に以前からあったものを維持します。以前からあるコードを気にせず、手を入れることもなく、新しいものをただ追加することはできないと認めることが重要です。さらに、カスタマーサービスの友人から報告を受けたバグ修正のチケットをどのように扱うかを議論しなければいけません。この関係性はチームとして意図を持って扱うべきであり、さまざまな方法で扱っているチームを見てきました。品質

保証部門が担当することもあれば、プロダクトマネージャーに集約していることもありました。

- どのように仕事の優先順位をつけますか？ その意思決定を担うのは誰ですか？ スクラムのようなフレームワークでは、仕事の優先順位を担うのは公式にはプロダクトオーナーの役割です。実際は、プロダクトマネージャーがチームのエンジニアと協力して、優先順位に関する健全な議論を促すことでうまく機能するのを目にしてきました。プロダクトマネージャーの優先順位リストをエンジニアリングの視点で並べ替えるのがうまくいくこともあります。チームとしてオープンに会話し、仕事に取り組む最善の方法について共通理解を持てるようにするのが重要です。

- 仕事の状況について、チーム外部とどのようにコミュニケーションしますか？ 私たちは外界とのコミュニケーションがない孤島に存在しているわけではありません。チームはそれぞれ別のチームやリーダーに仕事の進捗を常に知らせる必要があります。成熟した会社であれば、これは構造に組み込まれています。私がこれまで勤めてきたのはどこも進化を続けている会社でしたが、チームはオーナーシップを持って自分たちが成し遂げたこと、作ったもの、将来のロードマップを発信していました。あなたの組織にこのような仕組みがないのであれば、これについて話すのがよいでしょう。自分たちのコミュニケーション計画を持つようにしましょう。

- 顧客にとって適切なものを作っているかどうかはどうすればわかりますか？ 自分たちが提供したものの成否について、どのように「ループを閉じる」でしょうか？ 私は、リリースしただけでは物事は**完了**にはならないと考えています。ただ次のことに移るのではなく、どのようにループを閉じるのかを考えなければいけません。あなたが提供した機能や価値から何を学びましたか？ 適切なものを作っているでしょうか？ それはどうすればわかるでしょうか？ 開発の最初から成功がどのようなものなのかを考え、デプロイしたあとで実際にどうだったのかを知るためにデータを集めるのがいちばんです。

リソース

ここまで提案したトピックに加えて、仕事の管理を深く掘り下げるために見ておくとよいリソースが他にもあります。以下のとおりです。

- 仕事の目的が事前に定義されていない場合は、一緒に掘り下げるのに Liberating Structures（https://www.liberatingstructures.com）で紹介している **Purpose to Practice** の活動を検討しましょう。
- チーム内外に向けて、大きな岩のような取り組みを明確にするために、オポチュニティキャンバスを作ることを検討しましょう。詳しくはジェフ・パットンの書籍『User Story Mapping: Discover the Whole Story, Build the Right Product』（O'Reilly、2014、邦訳『ユーザーストーリーマッピング』）を参照してください。
- 仕事のキックオフとチャーターについては、ダイアナ・ラーセンとエインズリー・ニースによる書籍『Liftoff: Start and Sustain Successful Agile Teams, Second Edition』（Pragmatic Bookshelf、2016）を参照してください。

ここまで、人としてお互いを知る活動、チームの仕事を掘り下げる方法について見てきました。チームキャリブレーションセッションで考慮することをお勧めする最後の領域がワークフローです。

13.3.4　ワークフローのキャリブレーション

チームの仕事全般が明確になったら、仕事を共有している前提で、チームシステムを流れる仕事をどう管理したいかを議論できます。コンテキスト次第ですが、壁に見える化したカンバンボードを使うのもよいですし、さまざまなツールを使ってオンラインで行うこともできます。

いずれにせよ、私たちの仕事はいくつかのフェーズを経て進みます。それぞれのフェーズには入り口と出口があります。フローに入ってくる仕事をどのように扱うか、それぞれのフェーズの「完了」が何を意味するかを定義することが必須です。

私は、**Own Your Workflow** と呼ぶ活動をチームと行うことで、このことを理解します。この活動のアウトカムは、コラボレーションの観点でチームの合意が得られることです。また、さまざまなミーティングの役目や、仕事が「準備完了」や「完了」になるというのが何を指すのかについても認識をそろえることができます。

OWN YOUR WORKFLOW の活動

この活動は 2〜3 時間かかります。共有のスライドデッキやホワイトボード、描画ドキュメントを使ってオンラインで行うことも可能です。物理世界の場合

は、ホワイトボードに絵を描き、その写真を撮ってドキュメントとすればよいでしょう。

- まず、チームシステムにどのように仕事が入ってくるかを各自で書き出してもらいます。グループで話し合い、1つの共有のリストにまとめます。あるときはプロダクト側から、またあるときはカスタマーサクセスやセールスから仕事が来ます。顧客から直接仕事が来ることすらあるかもしれません。チームのエンジニアから来ることもあれば、組織の別のところからのこともあります。ここで重要なのは、チームシステムに入ってくるさまざまな方法をすべて見つけることです。チームに来た仕事にはすべて取り組むべきでしょうか？ いいえ、そうではありません。このエクササイズで重要なのは、チームシステムに仕事が入ってくるときのエントリポイントをどう扱うか、誰がその仕事をフローに進めるかどうかを決めるのか議論することです。

- 次に、グループでそれぞれの種類の仕事が完了もしくは顧客に届けられるまでに通るフェーズを共有ドキュメントやホワイトボードに書き込みます。フェーズには、ディスカバリー、リファインメント、仕掛り中、コードレビュー待ち、コードレビュー中、テスト待ち、テスト中、マージ済みのようなものが含まれるでしょう。職場で、標準的なフェーズが一式そろっていることもあります。その場合はそれをボードに書き出してください。ここで重要なのは、それぞれのフェーズがどう機能するかの認識をそろえることです。チームとオンラインでこれをしたとき、私たちは共有のスライドデッキを使って、スライドごとにフェーズを書き出しました。それから、それぞれのフェーズを深掘りし、仕事がそのフェーズに入ることの意味について次のように話しました。

  - 「何かが『進行中』であるためには、何を満たす必要があるのか？」、「『テスト待ち』になるには、何を満たす必要があるのか？」

- フェーズごとにこの質問に答えて、内容を共有のスライドデッキに書き込みます。このステップを踏むことで、基本的には、チームがどうコラボレーションするのかについての認識がそろって合意に至ります。この活動の肝はそこです。多くのチームでは仕事の経過について暗黙の合意がありますが、この活動によって物事が明らかになって、将来の変更が可能にな

ります。

この活動を通じて、チームは、さまざまな役割を超えて、チームとしてどのように機能したいかという点について合意に至ります。これは仕事を一緒にするという文脈において、チームに対して役割を明確化するもう1つの方法でもあります。途中、それぞれのスライドで、チームがそのワークフローのフェーズがどう機能すべきかについて提案があることが明らかになった場合は、8章で説明した意思決定の5本指というテクニックを使って、彼らが書いた内容について投票を行う方法を教えます。手を使い、5本指を示したときは、「強く支持する」、4本指のときは「支持する」、3本指のときは、「特に思うところはない。チームに任せる」、2本指のときは、「支持する前に明確化が必要（それから明確化の必要な点を説明する）」、1本指のときは「支持しない」を意味します。チームにこの同意ツールを教えることで、今後の活動のなかでツールを活用できるようになります。

ワークフローと、仕事があるフェーズから次のフェーズに渡されることが何を意味するかを明らかにしたら、そのあとのコーチングセッションで、ワークフローの遅延を取り除く方法、サイクルタイムを安定させる方法、仕掛り中（WIP）の数を減らす方法、そして最終的にはサイクルタイムを縮める方法をコーチングします。つまり、カンバンのテクニックを使ってフローを管理する方法を教えているのです。このアプローチの本質はそこにあります。

リソース

ここで紹介したフロー管理のプラクティスは、チームシステムを流れる仕事を管理するという広大な世界への簡単なポインタにすぎません。ダイナミックリチーミングの本のなかにカンバンの本を含めるつもりはないのでこの辺にしておきます。代わりに、さらに学習を進めるためのリソースを紹介します。

- システムを流れる仕事のフローを管理し、いつ仕事が終わるかを予想するためのテクニックについては、ダニエル・バカンティ著『Actionable Agile Metrics for Predictability: An Introduction』（Daniel S. Vacanti, Inc.、2015）[56] と『When Will It Be Done? Lean-Agile Forecasting To Answer Your Customers' Most Important Question』（Daniel S. Vacanti, Inc.、2020）

[57] を参照してください。

● カンバンの基礎とスクラムとの関係性については、ダニエル・バカンティとユヴァル・イェレットによる「The Kanban Guide for Scrum Teams」（https://www.scrum.org/resources/kanban-guide-scrum-teams、邦訳「スクラムチームのためのカンバンガイド」）をダウンロードしてください。「The Scrum Guide」（https://scrumguides.org/、邦訳「スクラムガイド」）[47] の良い補完になります。

　この節には、私がチームキャリブレーションセッションを行うときに使う主要な活動を含めました。しかし、すべての活動を1つのチームで行うのはまれです。ときには活動は1つだけで、他の資料を案内することもあります。1つとして同じチームシステムはなく、コーチングのニーズも異なります。私たちは活動への参加を誘うことはありますが、強制することはありません。

　本章ではここまで、チームが新しいチームシステムに移行するときに何をするか、新しいチームに参加したあとに何をするかを見てきました。次は視点を広げて、チームの規模が2倍や3倍になったときに使えるテクニックについて詳しく見ていきましょう。

13.4　チームの規模が2倍になったあと

　組織の規模が2倍になると、ときにはまるで忍び寄ってきて驚かされたような感覚を持つことがあります。特にワンバイワンパターンに従ってかなりゆっくり成長した場合は顕著です。ある日、周りに「新しい人たち」がいることに気づきます。新しく加わった人にとっては、知らない人の海にいるような感じで、そこに溶け込んで認められることを望んでいます。新しく加わった人たちは会社の現状を普通だと考えますが、以前からいる人たちは会社が昔とは変わってしまったと感じます。

　もし同じ場所にいるなら、ビルのなかを歩き回って、新しい人に直接会うことができます。ほとんどの人の名前を覚えていない場合は、気まずくなります。分散している場合は、チャットツールのあるチャンネルに知らない名前がポップアップで出ていることに気づくかもしれません。組織がすべての人を管理するシステムを導入すると、あなたの周りの物事はより形式化されていきます[†6]。

[†6]　システムの例として、レポートラインを追跡する Workday、ソフトウェアの権限を管理する Okta、HR部門からの公式情報を含むイントラネット、パフォーマンス評価を管理するためのツールなどがあります。

13.4 チームの規模が2倍になったあと | **229**

多くの場合、人が倍増したことについての感情をただ漂わせるだけで、それを認めたり、名前をつけて処理したりすることはしません。でも、そうである必要はありません。チーム変更について話をするのは健全で積極的な行動です。

実際に、この倍増に正面から向き合い、過去の人たちと現在の人たちのコミュニティをうまく橋渡しできると考えています。コンテキストに対する視点を統一することもできるでしょう。ここでは私が過去3社で個人的に経験したことから得たアイデアをいくつか紹介します。

13.4.1　組織の成長を「見える」ようにし、お互いの名前を知る

AppFolioのプロダクト開発では、いくつか大きな成長フェーズを経験しました。ポール・テビスと私の2人が社内の内部コーチだったときのことを覚えています。ある日、チームについて議論しているときに、大きな見える化ボードを作ることを決めました。そうすれば、すでに会社にいる人たちも新たに加わる人たちも全員を把握しやすくなるからです。当時、7人くらいのチームが10個ほどありました。そしていくつかのトライブが作られていました。

この情報を管理するためにマネージャーが使っているスプレッドシートがどこかにあることは知っていましたが、簡単には見つかりませんでした。そこで、ホワイトボードとペンを持ってきて、上段にチーム名を書きました。チーム名の下には、チームにいる人たちの名前を書きました。チームメンバーたちは、ボードまで来て、コメントしました。チームが変わったときは、自分の名前を消して移動しました。そうすることで実際にチームに誰がいるのかをうまく反映できました。組織に新しく加わる人を調べて、その人の名前を参加予定のチームのそばに表示するか、「近日参加」のラベルをつけたセクションに書き込みました。このボードはコンテキストの変化を理解するのに役立ちました。ボードは**図13-2**のようなものです。

その後、AppFolioの成長に伴って、エンジニアリングライフ＆カルチャースペシャリストの役割を新設し、このボードを引き継ぎました。手書きの名前は印刷してラミネート加工したチームメンバーの写真に変わりました。このボードは、もとからいる人や新しい人がお互いの名前と役割を知ったり、急激な採用のせいでこれらの情報を忘れてしまったときに**再確認**したりするためのツールへと変わりました。

でも、チームが多くなるとまったく同じようにはいきません。これはスケーラブルではありません。別の会社では、50ものチームが同じ都市や別のさまざまな都市の複数のオフィスに分散していましたが、誰がどのチームにいるかを追跡するためのスプレッドシートを用意し、一元管理していました。それを最新に保つのは管理アシス

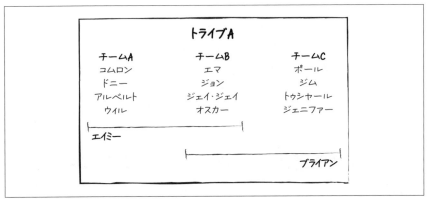

図13-2　チームをホワイトボードで見える化する例

タントの仕事の一部となっていました。しばらくすると、マネージャーは、正しい従業員情報の唯一の情報源として会社が使っているWorkdayというソフトウェアで情報の更新を求められるようになりました。このツールでは、チームメンバーの名前を含むスクワッドの一覧を組織全体を横断して作ることができました。基本的に、チームを見るにはレポート機能を実行することになります。これが機能するかどうかは、マネージャーがWorkdayを更新するかどうかにかかっていました。それでも、この成果物は、組織のチャットツールのメインチャンネルにピン留めされていました。これが私たちの状況でした。組織を「見えるようにする」ためのソリューションのなかで私が好きなのは、9章でエヴァン・ウィリーが言及しているPivotal Softwareのものです。覚えているかもしれませんが、これを使うと誰がどのチームにどれくらいの期間いるのかを確認できます。

　大規模な組織にいる私たちの多くは、ある時点で誰がどのチームにいるかを知るために、チームの担当者やマネージャーに聞くのが普通です。オンラインチャットツールで人を探し、それからさらに情報が必要なら問い合わせることもできます。

　組織を視覚的に理解しやすくし、誰がどのチームにいるかがわかるようにするだけでなく、チームをまたぐギルドを刺激して組織的な取り組みを立ち上げることが組織を1つにまとめる方法としてかなり役に立つことがわかりました。次に説明しますが、イベントを実行することでこのようなつながりを作ることができます。

13.4.2　共通の目的を見つけギルドを形成するのを助ける

　チームの規模が2倍になったときの合意形成とコミュニティ作りのもう1つの戦

術は、共通の関心や行動にもとづいて組織を横断した人のつながりを作るのを助けることです。最初は、組織全体のチャットツールに「チャンネル」を作り、さまざまな関心を持つグループが広まっていくのを期待するという基本的なところから始めます。これは組織内で共通のアイデアを持つ人たちがつながる方法の1つで、見逃してはいけません。そこで自然に、共通理解を形成したり、質問に答えたり、取り組んでいることを共有したり、お互いに会ったりできるようになります。グループが生まれたことを組織にアナウンスすれば、メンバーのチャンネルへの参加を促すのに役立ちます。

1章で述べた創造的破壊のように、組織に変革を促したいのであれば、みんなを刺激して90日のギルドや取り組みを開始するためのイベントを行って、それに情熱を持つ人を見つけることを検討しましょう。

Procore Technologiesではオペレーショナル・エクセレンスというイベントを開催しました。そこで私たちはコンサルタントでありオープンアジャイルムーブメントのリーダーであるダン・メジックと協力して、350人が参加するオープンスペースカンファレンスを実施しました[7]。

そのオープンスペースカンファレンスでは、参加者の知恵を活用して、その日議論するトピックを決めました。その際、「今後トライブやスクワッドを超えてどのように協力できるか？」という課題を提示しました。

イベントを開始し、この課題を提示したあとに、参加者は問題解決を目的とした50分のセッションをいろいろ考え、1日を通して自分たちでそれを実施しました。

このイベントはキャンパス内の大きな倉庫で行いましたが、いくつかの区画に分けてそこに番号をつけました。議論は終日その倉庫で行い、それぞれの議論は番号をつけた区画で行いました。それぞれのセッションで誰かが記録を取り、それを議事録にまとめて翌朝議論しました。

そのあと、私はLiberating Structuresが公開している**25/10 クラウドソーシング**という活動のファシリテーションをしました。350人に前日出たアイデアのなかで、実行すべきいちばん重要なアイデアをインデックスカードに書いてもらいました。

私は音楽をかけ、スペースのなかを歩き回って、お互いにインデックスカードを交

---

[7] このイベントに関する詳細はProcoreのブログ（https://engineering.procore.com/operational-excellence-one-way-optimism-is-constructed-at-procore）を参照してください。オープンスペースについては、ハリソン・オーウェン著『Open Space Technology: A User's Guide』（邦訳『オープン・スペース・テクノロジー』）[39] を読んでください。ダン・メジックについては、The Open Leadership Network（https://openleadershipnetwork.com/）を参照してください。

換し続けるようお願いしました。カード交換のあいだに5回、立ち止まって手に持っ
ているカードを確認し、カードの裏面に0から5の数字で投票をするように依頼しま
した。5が最高スコアです。5回目に立ち止まったら、カードの裏面にある数字を足
し算してもらいました。取りうる最大値は25です。

　それから、最高の評価を得たカードを持っている人を呼び出しました。「25点の人
はいますか？」と繰り返すうちに、10人集まりました。こうして、会場で投票され
た上位10個のアイデアがそろいました。アイデアには、技術的負債への対処、QA
の開発プロセスへの早期からの関与、スクワッド間の相互交流などが含まれていまし
た。私たちのコンテキストでは、これが90日間のギルドになりました（なかには1
年続いたものもあります）。

　これは完璧な投票メカニズムではありませんが、クラウドソーシングを活発に行う
方法であり、その日の私たちの目的ではうまく機能したように見えました。

　10個のアイデアが手に入ったところで休憩し、リーダーと一緒にアイデアを確認
して足並みをそろえました。そして再び集まって、参加者にそれぞれのトピックでギ
ルドをリードしたい人を募りました。このとき、私たちはこれが意味することについ
て少し説明を加えました。それから自分がリードしたいと思うギルドのポスターのと
ころに、希望者は駆け寄りました。リードしたい人が複数いた場合は、それぞれの取
り組みの責任者は1人にしたかったので、本人たちに調整してもらいました。

　次に、残りの人たちのうち、ギルドに参加することに興味がある人たちに、それぞ
れのギルドの場所に行ってもらいました。全員どこかに加わることを必須とはしませ
んでした。全員が好きなようにすればそれでよく、複数のギルドに参加しても構いま
せんでした。

　こうして新しくできたギルドは、その日の残りを使って、次の90日で何を達成す
るかの戦略を立て、その日の終わりまでに1ページの計画書を作りました。この計画
書はイベント終了時に1つにまとめて、今後のフォローアップに活用しました。

　その後の90日のためにカンバンボードを1つ作り、最上部にギルドを列挙し、30
日後、60日後、90日後という3つのスイムレーンのなかに**ToDo**、**In Progress**、**Done**
の列を用意しました。私たちは毎週このボードの横でスタンドアップミーティングを
行いました。そこにはリーダーも参加し、ギルドの困りごとを解消し、彼らが達成し
ようとしていることに注意を向けサポートしました。

　90日が過ぎて、一部のギルドはなくなりましたが、一部はそのまま続きました。そ
れ以降は正式なフォローアップはしませんでした。

　全体として、このイベントがコミュニティ形成に与えた影響は、自分が信じる共通

の目的を見つけ、一緒に取り組むことに情熱を持てるようになったことです。このイベントがなければ、一緒に行動を起こすこともなければ、ギルドを作ることもなかったでしょう。

共通の関心事や解決したい問題で人を結び付けるだけでなく、歴史に対する共通理解のために活動を行うこともできます。

13.4.3　歴史の共通理解を助ける

組織の規模が 2 倍になれば、人をつなげて歴史への理解を深めることの必要性がさらに高くなります。「13.3　チームキャリブレーションセッション」で紹介したコラム「私たちのチームのストーリー」の活動は、チームレベルだけでなく、組織レベルでも使える素晴らしい活動で、Procore Technologies のさまざまな拠点で利用しました。ロンドンのオフィスを訪問したときは、セールスチームと一緒に実施しました。このオフィスの規模が 2 倍になっており、私が同僚を訪問したときに「ランチでラーニング」の一環として、この活動を一緒にやりました。

UX グループの人たち 65 人と一緒にオフサイトミーティングで実施したこともあります。このチームも規模が 2 倍になっていて、この活動は、過去と現在のギャップを埋めるのに完璧な方法でした。入社した時期をもとに人を分け、そこから生まれる仲間意識を見るのは本当に素晴らしいことです。みんなが共通の体験を持っているのです。

そもそもこの会社に入社した**理由**、つまり原点をつなげることは、前向きな感情を高め、組織を束ねる作用もあります。この概念は**創造神話**と呼ばれ、CRR Global, Inc（https://crrglobal.com）の**神話変化**の概念にも関係しています。これはチームの規模が 2 倍になったあとに人をまとめるのに使える便利な概念です。

また、そのような組織的な変化を処理する上では、入社した**理由**を話し合うことでこのトピックに正面から向き合うことが純粋に役に立ちます。

13.4.4　文化の変化について直接話す

会社の成長の過程、特に倍増のような時期に、「どのように文化を維持するのか？」という質問が避けられないということを説明したのを覚えているでしょうか。これについては「6.6　『私たちの文化をどのように維持すればよいですか？』と尋ねられることの意味」で取り上げました。このようなことが社内で起こっていると感じたら、初期から会社にいる人たちに対して少し余計に注意を払う良い機会です。

私は 2 つのスタートアップで、「最初のチーム」のメンバーだったことがあります。

「古参」とみなされる人の多くにとって、この仕事は「単なる仕事」ではありません。会社を作り上げるのを助けてきたのです。会社が成熟して変化するのを見ても理解できないかもしれません。特にそれが職業人生で初めての会社であればなおさらです。

　私の好みは、1on1を行い、組織は成長し進化するのだという概念を再認識してもらうことです。会社が成功し成長していることがどれだけ幸運なことでしょうか。AppFolioの共同創業者兼CTOのジョン・ウォーカーは「成功している会社だと何でも簡単だ」といつも言っていました。これは大いなる真実です。会社が2倍、3倍になったということは、祝福すべきことがたくさんあるということです。ただし、それ自体がとても大変なので、何が起きているかを理解し、全員を同じ方向に動かし、ワンチームとして足並みをそろえなければいけません。会社が大きくなりすぎたことが原因で会社にいる気力がなくなってしまった人は、自分から会社を辞めるか、その人が破壊的な存在になっている場合には退職を求められることもあるでしょう。これが、私が20年間見てきたことです。詳細は、「6.4　大規模な分割」を再読してください。

　本章では、会社の規模が2倍になったときに過去と現在のギャップを埋める方法を学びました。私たちはテクニックを活用することで、チーム変更を見える化し、意図的にそれについて話せるようになります。このように、私たちは現在の状況を理解するために過去をふりかえり、そうすることで一緒に前進しやすくなります。

　同じように、ダイナミックリチーミングをうまく行ういちばんの方法は、どのパターンかに関係なく、実践することです。時間を取ってチームや組織で何が起きたのかをふりかえることで、将来に向けてより良い対応ができるようになります。そこで、次の章では、レトロスペクティブとフィードバックループの概念について深掘りします。

14章
過去をふりかえり、今後の方向性を決める

　学習する組織の核心は、過去の経緯をふりかえり、今後どのように変えていきたいかを導き出すことです。これは複数のレベルで起こります。複数チーム間、チーム内、1on1 セッションなどです。組織の人たちに実験と学習を通じて自らの成長と発展を促すときに、その人たちは自立への道を歩み始めているのです。

　以降では、チームでのレトロスペクティブ、複数チームでのレトロスペクティブ、取り組みについてのレトロスペクティブ、1on1 のテクニックを紹介します。そのあと、フィードバックループとして使える調査ツールとメトリクスについて議論します。

　では始めましょう。まずはチームレベルでのレトロスペクティブです。

14.1　チームでのレトロスペクティブ

　私たちは人として、チームとして、組織として学習し、成長し、変わることができます。これを実現する方法の 1 つが、チームと定期的にレトロスペクティブをすることです。レトロスペクティブは、誰でも進行役を務められます。コーチでもよいですし、チームが過去に起こったことをふりかえり、将来どのように変わるべきかを決める**場を設けたい**と思う人でも構いません。チームは自ら変化を起こし、試したい実験を決める権限を持つのです。

　リチーミングは、レトロスペクティブから生まれる実験のこともあります。特にチーム編成がしばらく同じときは、チーム変更を試すことへの不安が和らぎます。インタビューしたなかの 1 人、マーク・キルビーは次のように言いました。「うまくいかなくても問題ありません。元に戻ればよいのです。でも、今のところ元に戻ったことはありません。ただし、誰も失敗したと感じないように、実験という言葉で表現

するようにしています」[†1]。実験を**非公式**にしておくことも大切です。マークによると、「あまり形式張らないようにしています。今よりもちゃんと追跡することについても議論しました。でも、その方向に舵を切り始めると、実験を躊躇するようになったのです」。マークの言う実験の戦略はまったくそのとおりです。私たちは学習する組織であり、すべての答えを持っているわけではありません。私たちは一緒に実験し、学んでいくのです。

別の会社で、私は約15人に成長したチームと一緒に仕事をしました。チームは自分たちの人数を踏まえて、バックログに作業を追加しました。まずは**ストライキチーム**と呼ぶ概念を試すのがいちばんよいと判断しました。チームは3つの短期チームに分かれ、それぞれの仕事を終わらせたあと、また1つの大きなチームに戻りました。また、さらに検討を重ね、チームは半分に分かれ、2人のiOS開発者が2つのチームで行き来する実験もしました。これによって、開発者はお互いにペアを組み、2つのチームをまたぐ優先度が高いアイテムに取り組むことができました。そのあと、チームはまた2つのチームに分かれ、iOS開発者を別のチームに配置しました。このようなチーム主導の変形の重要な点は、チーム自身が自分たちの運命を握っていたことです。チームは自分たちの構造に責任を持ち、実験をもとにより高いパフォーマンスと達成感を追求していました。

似たような話がHunter Industriesにもあります。Hunter Industriesには、とても強力なレトロスペクティブ文化があります。このおかげで、長年にわたってさまざまなリチーミングの選択肢が明らかになりました。これは、組織の発展と変化に対するとても人間中心的なアプローチです。

エンジニアリングディレクターであるクリス・ルシアンが、会社の仕事の進め方を話してくれました。全部門横断で毎月レトロスペクティブをしていて、プロジェクトチームでは毎週レトロスペクティブをするそうです。これらのプロジェクトには、共通の目標達成のために、複数のモブが協力して取り組んでいます。モブ間でのリチーミングのようなトピックが取り上げられることもあります。個々のモブでは継続的にレトロスペクティブを行い、仕事の進め方を調整しています。クリスは次のように言っています。「個々のモブは自然と即興でレトロスペクティブをするようになります。全員が一緒に同じことに取り組んでいて、それが目の前にあるからです」[†2]

では、これらのレトロスペクティブではどのようなトピックを扱うのでしょうか?

[†1] マーク・キルビー、著者によるインタビュー、2016年10月
[†2] クリス・ルシアン、著者によるインタビュー、2016年8月

クリスの言葉を借りれば、「今取り組んでいることは何でもふりかえります。変更すべきことのアクションアイテムを作ります。これを定期的に行っています。（中略）たくさんの人を採用し始めてから、（中略）レトロスペクティブを義務化しました。（中略）何かを指摘すれば変えられるというのを知ってもらう必要があるからです」

彼は続けて一般的なレトロスペクティブ手法である、「Happy（幸せ）/ Sad（悲しい）」について説明しました。これはチームレベルで実施します。「これは単に、うまくいっていることと、うまくいっていないことを挙げるだけです。そして、出てきたアイテムをグループ化し、（中略）その後、ドット投票をします。多くの票が集まったものについて話し合い、アクションアイテムを出し合います。そのアクションアイテムが、プロセスの変更になります」

部門レベルでは、さまざまな方法でレトロスペクティブを実施していました。普段一緒に仕事をしない人を見つけて、その人とレトロスペクティブをすることもあります。このようにして、すべてのモブを混ぜ合わせて一緒にふりかえり、その後、各グループで結果を持ち寄り、「ドット投票」をして部内全体で議論するトピックを選びます。クリスによると、「自動販売機の設置場所から、Windows アップデートのような技術的課題まで、何でも」対象となるそうです。

Hunter Industries における複数レベルでのレトロスペクティブのやり方は、本当に素晴らしいと思います。チームを越えてふりかえって、共通のポリシーを策定することは、実際に作業をしている人たちにプロセスに関する意思決定を広める素晴らしい方法です。

14.2　複数チームでのレトロスペクティブ

同じコードを触る複数のチームがある、またはチーム間でたくさんの依存関係があるときは、定期的にレトロスペクティブを行い、状況を確認するのがよいでしょう。そのあと、チーム間の取り決めを作り、更新します。場合によっては、チームを統合するのがよいと判断するかもしれません。あるいは、目標を達成するためにチーム間で定期的にスイッチングをしたほうがよいと判断するかもしれません。「目標を達成するために、チーム編成をどのように調整できるでしょうか？」と質問するのもよいでしょう。リーダーがこの質問を投げかけることで、いちばん効果的に目標を達成するために、チームを編成したり再編したりする許可を与えることになります。

私が働いていたある会社では、たくさんのデュアルスクワッド開発に取り組んでいました。あるチームがプラットフォームコンポーネントを開発し、そのコンポーネン

238 | 14 章　過去をふりかえり、今後の方向性を決める

トは別のチームが開発した機能セットに組み込まれました。開発の流れを整えること
は重要です。「13.3　チームキャリブレーションセッション」で説明したように、合
同チームのキャリブレーションから始めてみましょう。そして、一緒に仕事し始めた
ら、定期的にチームの健康状態を確認する接点を設け、取り組みの終わりでレトロス
ペクティブを行いましょう。

　複数チームでのレトロスペクティブは極めて大規模になることがあります。レト
ロスペクティブの参加者が 10 人以上になると、拡張性のあるファシリテーション戦
略が必要になります。そうしないと、2 人が話して残りの 20 人が聞くような状況に
陥ってしまいます。私は一度に何百人もファシリテーションしたことがありますが、
その経験から Liberating Structures を学ぶことをお勧めします。これは拡張性の
あるオープンソースの手法です。参加者が 10 人以上になるときは、対面であれバー
チャルであれ、私の定番のファシリテーション戦略です[3]。

　レトロスペクティブを行うのは、必ずしも機能横断型チームや特定のグループでな
くても構いません。別のグループの人のあいだでもレトロスペクティブができるの
です。

14.3　取り組みについてのレトロスペクティブ

　つながりがある仕事の領域で継続的な改善を推進する方法の 1 つは、協力して働く
グループの人を集めることです。たとえば、新しい夏季インターンの受け入れのよう
な、共同プログラムに取り組んでいる人たちかもしれません。あるいは、一緒にイベ
ントを開催し、次回はもっと効率的に進められるよう、ふりかえりたいと考えている
人たちかもしれません。さらには、何百人規模のリチーミングを担当したグループか
もしれません。取り組みの内容に関わらず、時間をかけてその過程を話し合うことに
は価値があります。いくつか例を紹介しましょう。

　AppFolio では、エンジニアリングとプロダクト開発での新入社員の受け入れを継
続的に改善するために、素晴らしい**ダブルループ**のレトロスペクティブを始めまし
た。私たちは、入社してから 6 か月後（最初のサイクル）に定期的なレトロスペク
ティブを行い、12 か月後（2 回目のサイクル）にも再びレトロスペクティブを行いま
した。参加者にカレンダーの招待を送り、忘れないようにしました。2 人のアジャイ

---

[3]　Liberating Structures のウェブサイト（https://www.liberatingstructures.com/）を訪問し、
　　 Slack チャンネルに参加して検証と学習を始めましょう。

14.3 取り組みについてのレトロスペクティブ | 239

ルコーチがペアでファシリテーションし、会社のエンジニアリングチームメンバーとしてのスキルアップの過程がどのようなものだったか、フィードバックセッションを実施しました。そのフィードバックから、エンジニアリングアカデミーギルドの取り組みが生まれました。また、12 か月後に同じグループや同期の新入社員を集め、彼らが提案した変更点やフィードバックがあとの人に対してどのように実行されたのかを共有しました。組織のプログラムに影響を与えたことを示すのは、素晴らしい経験でした。これは生命力のある学習する組織を戦術的に構築する方法の 1 つです。

12 章で取り上げたような大規模なリチーミングの取り組みにおいても、ファシリテーション付きのレトロスペクティブを設定すれば、もっとうまくできる方法が学べるでしょう。そのための方法として、リチーミングを計画するチームを 2 時間集め、何らかのフレームを使って、議論するアイデアを出し合います。フレームの 1 つが、ホワイトボードに**よかったこと（Like）**、**学んだこと（Learned）**、**足りなかったこと（Lacked）**、**望んだこと（Longed For）**という 4 象限を作るやり方です[4]。対面でもオンラインでも実施できます。私は長年、この方法でチームと一緒にふりかえり、思考を構造化してきました。各人がそれぞれの象限のアイデアを出し合います。そのあと、似たようなアイデアをまとめ、それぞれの象限を確認します。こうすることで、将来のリチーミングに向けたアクションアイテムが浮かび上がってきます。

2 つめは、セイルボートのレトロスペクティブです。対面でもオンラインでも絵を共有しながら行います。まず、海に浮かんでいるヨット、ヨットから海中に沈んでいる錨、海面下に見えている岩を描きます。錨の近くには「何が私たちを引き留めたり、遅らせたりしたのか？」と書きます。帆の近くには「取り組みを前進させた風は何か？」と書きます。水中の岩の近くには「遭遇した障害や予想外のことは何か？」と書きます。前回の活動と同じように、参加者からアイデアを集め、話し合い、学んだことを書き留めます。

3 つめは、私のお気に入りで、共有タイムラインを作って起きたことを書き込む方法です。これは計画グループだけで行うこともできますが、リチーミングを経験したより広いコミュニティのメンバーを集めるとなおよいでしょう。オンラインでも対面でもホワイトボードを共有します。まず、水平線を書きます。右端に「今日」と書きます。そして、ペアと話し合いながら、物理またはオンラインの付箋紙を使って、取り組みの過程で起こったマイルストーンやイベントをホワイトボードに書き出しま

---

[4] 「The 4 L's: A Retrospective Technique」(https://www.ebgconsulting.com/blog/the-4ls-a-retrospective-technique) を参照。

す。次に、チーム全員でタイムラインを眺めます。赤、黄、緑のドット（色付きマーカーやオンラインマーカーでドットを描くだけです）を使って、タイムラインの各所で**どのように感じたか**を示しましょう。うまくいかなかったときは赤、まあまあなときは黄、うまくいったときは緑、といった具合です。これをもとに話し合い、今後の似たような取り組みに向けて、重要な教訓につなげます。参加者に、ペアを組んで学んだことを話し合ってもらい、それからより広いグループで共有してもらいます。

14.3.1　レトロスペクティブの参考資料

これらはレトロスペクティブを行ういくつかの方法にすぎません。Google で検索すれば、他にもたくさんのやり方が見つかります。ここでは、私がレトロスペクティブを設計するときに使用している、お気に入りの参考資料を紹介します。

- アジャイルの分野で、レトロスペクティブを実施するときの古典的な参考書は、エスター・ダービーとダイアナ・ラーセンによる『Agile Retrospectives: Making Good Teams Great』（Pragmatic Bookshelf、2013 年、邦訳『アジャイルレトロスペクティブズ：強いチームを育てる「ふりかえり」の手引き』）[13] です。
- Retromat（https://retromat.org/en）は、チームやチームを越えてふりかえるためのさまざまな活動を紹介しているウェブサイトです。印刷版もあります。
- Liberating Structures（https://www.liberatingstructures.com）は、参加者を議論に巻き込むための拡張性のあるファシリテーションパターンです。数百人またはそれ以下の規模のレトロスペクティブをファシリテーションするとき、このパターンを使って全員を巻き込みます。

リチーミングの取り組みや、その他の社内での取り組みや出来事をふりかえるだけでなく、個人とつながることでさらにフィードバックループを作ることもできます。

14.4　1on1

別の視点で、これまで述べたチームや組織レベルのレトロスペクティブのループに加えて、社内の人が個人としてどのように感じているかを把握し続けることも、素晴らしいフィードバックループになります。社内の人がどのように過ごしているのかを

知るのはとても重要です。毎日仕事に来るのが楽しそうでしょうか？ 現在の仕事の割り当てに満足しているでしょうか？ 何か変化が必要でしょうか？

マネージャーが「温度を測る人」として定期的に直属の部下と会うような職場もあります。それもよいのですが、そこには権力関係が働いています。私はマネージャー以外のチームメンバーが別のメンバーの感情を把握することが大切だと考えています。これは開発支援チームのメンバーのこともあれば、コーチのこともあります。重要なのは、その人の給与や評価に直接影響を与えず、その人の気持ちに寄り添える人であることです。このような 1on1 では信頼関係を構築しなければいけません。

1on1 には落とし穴があります。マネージャーがチームメンバーとのコミュニケーションを 1on1 のみで行おうとすると、コミュニケーションが目に見えないところに置かれ、不透明になることがあるのです。たとえば、私が以前一緒に働いたあるマネージャーは、四半期の終わりに、1on1 でメンバーに次の四半期の仕事を割り当てていました。チームとして集まる健全な習慣がなく、メンバーは他のメンバーが何に取り組んでいるのかまったくわからないと不満を漏らしていました。これはコラボレーションの機会を奪っています。よいのは、チームが集まり、まとまったグループとして仕事を選択することです。1on1 はオープンなコミュニケーションの代替にはなりません。

さらに、1on1 は組織変更の専用チャンネルでもありません。チームや組織に潜在的に動揺を与えるような何かが発表されるときや、センシティブな話題（チームメンバーの退職などのような）があるときは 1on1 が有効です。私はマネージャーがまず 1on1 でメンバーと会い、その後大きな変更が公に発表されるのを見たことがあります。これは、公の場で人を驚かせないようにする、リスク軽減のテクニックです。繰り返しますが、プライベートな 1on1 は他のコミュニケーションチャネルの代替にはなりません。むしろ、それらの補完や付加的に機能するものです。

組織マネジメントを支援する技術は進歩しており、今や人の感情をよりよく理解するのに役立つツールが出てきています。大規模な組織ではこのようなツールの導入を検討しましょう。

14.5　調査ツール

大規模な組織で働いている場合（私が経験したのは約 50 チームです）、複数のチームにわたって個人の感情を収集するツールが使えます。この情報を収集することで、リチーミングの要求を把握したり、リチーミングの結果に対する

フィードバックをもらったりできます。 私が知っている例として、Culture Amp
（https://www.cultureamp.com）と Peakon（https://peakon.com）があります。
私が働いていたある会社では、四半期ごとに、HR 部門が中心となって調査を実施
し、レポートラインと従業員の全体的なエンゲージメントを調査していました。この
調査結果から、各部門はそれぞれのグループに対し、優先順位をつけたアクションア
イテムをもとにしてフィードバックに回答していました。この調査は匿名で行われま
した。のちに、この会社は週 1 回、5 つの質問からなるパルス調査を導入し、マネー
ジャーがより頻繁に従業員からフィードバックをもらい、個別に対応できるようにし
ました。

　定期的に調査をしても、フィードバックがなかったり何もアクションがとられな
かったりすると、誰も調査を真剣に受け止めなくなります。調査ツールを使ったとこ
ろで失敗するでしょう。私のお勧めは、調査を実施する前に、調査ツールからの結果
に対し、どのように対処するかを決めることです。これをやらなければ、きっと後悔
するでしょう。また、私はこれまでに調査疲れを目撃したことがあります。それは一
種の「組織の健康を装う小芝居」となり、良い影響よりも悪い影響を及ぼします。

　また、**調査のしすぎ**に注意してください。これも感情の調査における別の悪いパ
ターンです。あまりにたくさんの調査があると消したり回答しなかったりすることが
多くなります。そうなると調査の本来の目的が達成できなくなります。

　人がどのように感じているのかの調査に加えて、フィードバックメカニズムとして
メトリクスを活用することもできます。

14.6　メトリクス

　これまで私が働いたすべての会社では、メトリクスを使って組織の**健全性**を追跡
し、注意点や意思決定の指針としていました。

　メトリクスには幅広い種類があり、何を見たいのか、分析のために誰がそのメトリ
クスを使用するのか次第です。ここでは、いくつかの研究に裏付けられたソフトウェ
アデリバリーのパフォーマンスに関する業界標準と、ワークフローを見るためのリー
ン手法を紹介します。

　まず、Accelerate チームによるソフトウェアデリバリーと運用パフォーマンスの 4
つの主要メトリクスです。Accelerate State of DevOps 2019 のレポートで、フォー

スグレン、スミス、ハンブル、およびフレイゼルによって発表されました[5]。4つの
メトリクスはシステムレベルに注目しています。

- 変更のリードタイム（コードがコミットされてから本番環境で実行されるまで
の時間）
- デプロイ頻度（本番環境へのデプロイまたは顧客へのリリースの頻度）
- 変更の障害率（サービスの劣化を引き起こし、修復が必要となる変更の割合）
- サービスの復旧時間（インシデントや重大なバグからサービスが復旧するのに
かかる時間）

2019年のレポートでは、研究にもとづき、エリート、高、中、低パフォーマーが
定義されました[6]。たとえば、エリートパフォーマーは、リードタイムが1日未満、
オンデマンドで1日に複数回デプロイを行う、変更障害率が0〜15%、1時間未満で
サービスを復旧できる、という特徴を持っています。あなたの組織はこれと比較して
どうでしょうか？

私の考えでは、完璧な組織はありませんが、組織はビジョンを持ち、できる限り最
高の状態を目指さなければいけません。組織にとっての卓越性を定義し、その定義に
関連するメトリクスを見られるように準備し、それから実験によってメトリクスにど
のような影響を与えるかを観察しながら卓越性の追求に尽力しましょう。それが最初
の一歩です。

これらのメトリクスに意味があると感じるなら、チームで集まってこのレポートか
ら学ぶことに投資し、『Accelerate』（邦訳『Lean と DevOps の科学』）を読み、チー
ムの環境でこのメトリクスを分析できるようにします。これをサイドプロジェクトと
して扱うのではなく、きちんと投資しましょう。システムパフォーマンスを可視化す
ることは、改善の取り組みや意図的なリチーミングに向けた糸口になります。

ダイナミックリチーミングを通して会社が進化し変化していくなかで、これらのメ
トリクスからソフトウェアデリバリーと運用パフォーマンスがどのように影響を受け
ているかを観察できます。

Accelerate のメトリクスに加えて、ストーリーのような作業アイテムのサイクル

---

[5] ダウンロード用のレポート（https://services.google.com/fh/files/misc/state-of-devops-2019
.pdf）。フォースグレン、ハンブル、キムによる著書『Accelerate』（邦訳『Lean と DevOps の科学』）
もあります。私は毎年このレポートを入手し、研究チームの最新の調査結果に目を通しています。

[6] Forsgren et al., Accelerate State of DevOps 2019 Report, 18. [21]

タイムとサイクルタイムの安定性に注目するようにコーチングすることをお勧めします。多くの場合、チケットシステムで作業を追跡しているので、別のツールで拡張することで、サイクルタイムのようなリーンメトリクスの分析ができます。

私が一緒に仕事をするチームでは、**サイクルタイム**をチケットの作業開始から完了までにかかる時間と定義しています。チームはサイクルタイムを理解し、安定させ、短縮するために、サイクルタイムを見なければいけません。Jira と Actionableagile.com のようなツールを使うと、チームはサイクルタイムの安定性が可視化されたレポートを見ることができます。チームがサイクルタイムを安定させれば、モンテカルロ法やその他の手法を使って予測に使えます。これらのプラクティスは、チームが「いつ完了するのか？」という質問に回答するときに、見積りやベロシティの追跡のようなその他のテクニックより、良い戦略を与えてくれます。これらのメトリクスはチームが改善を追求するために使います。より良いワークフロー管理によって、チームが影響を与えようとするデータ駆動のレトロスペクティブを可能にします。

サイクルタイムを可視化するシステムを構築しましょう。構築すると、リチーミング後には、短期的にはサイクルタイムが長くなりそうに見えることがあります。これは、ワンバイワンリチーミングか、新入社員が仕事に慣れるまでトレーニングをしているか、チームメンバーを失ったばかりで作業が遅くなっているためです。

成長のケースでは、スクワッドが調整されて軌道に乗ると、サイクルタイムは短くなる傾向にあります。特にスタンドアップミーティングで停滞しているチケットについて話し合い、前に進めるための行動が取れるようになると、その傾向は加速します。ただし、私がチームをコーチングするときは、すぐにサイクルタイムを短くしようとはしません。その代わりに、サイクルタイムを可視化し、安定させることを重視します。これは、持続可能なペースで働いてほしいからです。また、スクワッドがレトロスペクティブでサイクルタイムの安定性について考察することで、それを自分たちのものとしてとらえてほしいのです。これが意識できるようになると、サイクルタイムを安定させ、次いで短くするための実験を考えるようになります。

この分野の専門家であるダニエル・バカンティのアドバイスによると、まったく新しいチームへとリチーミングされたばかりなら、12〜14 のデータポイントのみでサイクルタイムのメトリクスを活用し始められるそうです。サイクルタイムを参照できるようにし、データポイントを収集するためにちょっとした作業をし、サイクルタイムの安定性を見始めます。

このトピックやその他の内容をより深く掘り下げたいなら、ダニエル・バカンティ

の著書『Actionable Agile Metrics』[56] と『When Will It Be Done?』[57] をお勧めします。

本章では、レトロスペクティブ、調査方法、メトリクスについて議論しました。これらは、開発チームの健全性を把握し、リチーミングを導き、その改善を助ける重要なフィードバックループです。

本書ではたくさんの内容を扱ってきました。ダイナミックリチーミングは、私のソフトウェア開発に対する見方をはっきりと表現するために開発したレンズです。私たちのチームと同じように、本書も 5 年間にわたり進化し変化してきました。そして今、終わりを迎えようとしています。

15章
まとめ

　会社、チーム、人は進化し変わっていきます。変化はただ起こることもあり、変化に対応するか、何もしないかを決めなければいけません。仕事場でより良い結果をもたらすことを目指して、変化を起こそうとすることもあります。

　本書では、ダイナミックリチーミングとは何か、なぜ起こるのか、起こる場合の一般的なパターンを説明してきました。パターンはワンバイワン、グロウアンドスプリット、アイソレーション、マージ、スイッチングです。また、アンチパターンに触れるとともに、悲しみや怒りを覚えるリチーミングのストーリーを共有しました。

　現実の状況から生まれたダイナミックリチーミングを成功させるための戦術も説明しました。リチーミングの取り組みの計画づくり、新しいチームへの移行、新しいチームのチームキャリブレーション、そしてこの概念の学習を促進するためのレトロスペクティブの実施です。

　リチーミングの効果が増大し、よりダイナミックになるのは、複数のレベルで同時にリチーミングが起こるときです。あなたは、2～3倍のサイズに急成長するスタートアップの一員として働いているかもしれません。すべてのレベルのパナーキーで変化が起こります。個人のレベル、チームのレベル、トライブのレベル、会社のレベルです。グローバルレベルでも起こるかもしれません。変化が起こっているレベルの数が増えるほど、よりダイナミックに感じられます。人間は、そのような変化に勇気づけられ、興奮を覚える場合もあります。みぞおちに一撃を喰らったように感じられる変化もあります。そのような変化にリーダーや同僚から共感を得るには時間がかかるでしょう。

　会社のサイズが倍になったと気づいたとき、小さかったころのように1つの会社として再びまとまる必要があると感じるかもしれません。あまりに変わってしまったので、会社を去るべきときだと感じる場合もあるでしょう。変化に対応して生き残るた

めに、選択の余地がないこともあります。本書が、ダイナミックリチーミングを生き抜くだけでなく、ダイナミックリチーミングを成長に活かすためのアイデアを提供できていればと思います。

逆に、氷河のようにゆっくりとしか動けない組織にいる読者もいるかもしれません。停滞した状況を打破し、変化を引き起こすための仕事をやらなければいけません。会社の息を吹き返させるためには、創造的破壊という名前のダイナミックリチーミングを何よりも必要とします。創造的破壊をもたらすのは可能です。

この2つの極端な例がダイナミックリチーミングをよく表しています。リチーミングがダイナミックでマルチレベルの場合もあります。なんとかして組織不全から脱却し、ダイナミックなチームを取り戻すために、1つのレベルを大きく変える必要がある場合もあります。どちらも人間が関わる活動で、ひどいことになることもあります。人はそれぞれ異なるものを求めます。その個性は素晴らしいですが、同時にリチーミングを極めて複雑で困難なものにしてしまいます。

変化と刺激を多く求める人もいれば、より少ないほうを好む人もいるという事実に向き合わなければいけません。所属する組織の様相がさまざまなのは、こういう理由かもしれません。驚異的な速度の大きな変化を求める人もいます。変化が少なく穏やかな環境を好む人もいます。どちらかが優れているというものではありません。好みに応じて選択できるという贅沢ができることもあるのです。幸運なら、採用のときの会社の姿と実際に働いてみた会社の姿が一致していることもあります。そのような状況なら、どのような組織に所属することになるのか、事前にわかります。

リチーミング通じて人間の感情が強く表れることがあります。それは本能的なものに感じられることもあります。ときには胸が張り裂けそうなリチーミングもあります。友人がレイオフされたり、自分たちが解雇されたり、何らかの理由で好まれない人間が会社のリーダーとして雇用されたりといったものです。プレッシャーから解放してくれるリチーミングもあります。時限爆弾だらけの好ましくない状況から脱出できることもあります。嫌な同僚が解雇されることもあります。

結果はそれぞれです。うまくいくリチーミングもあれば、失敗するリチーミングもあります。リチーミングは難しいのです。意図してリチーミングをしようとする人が増えるほど、油断ならない状況になっていきます。なんとかなりそうなリチーミングがうまくいかないこともあります。でも、うまくいく場合もたくさんあるのです。重要なのは、一緒に前に進み、適応可能な組織になるためのキャパシティを築くことです。勇気を持ちましょう。

重要なのは、ふりかえりと学習です。リチーミングを起こす計画を立てる時間を取

りましょう。意思決定に人を巻き込みましょう。人への尊敬を忘れないようにしてください。職場を改善する取り組みでは、インディビジュアルコントリビューターをパートナーとして扱いましょう。リチーミングで達成したいのは、より良い、そしてより効果的な仕事生活なのです。

レトロスペクティブの力を借りて、リチーミングで起こっていることを話し合いましょう。学んだことを同僚と共有しましょう。立ち止まって考える時間がないと感じているときでも、学習のプロセスを一方向に進めるだけにはしないでください。起こったことを消化し、学習を前に進めるための時間を確保し、カレンダーに記入しましょう。

本書を通じて、ソフトウェア業界を少し違った視点で見られるようになることを願っています。チームの安定性を求めても現実には起こりません。変化することが常態化した会社の役には立たないのです。自分でやってみて、チーム編成をふりかえり、あなたとあなたの同僚がより良い場所にできると信じられるような変化を起こそうとすることを願っています。あなたがやらなくても、誰かがやります。好むと好まざるとに関わらず、「チーム変更は避けられない。うまくなっておいたほうがよい」からです。

付録A
オープンなダイナミックリチーミングを可能にするホワイトボード

　かつて 80 人ほどの人たちが影響を受けるリチーミングイベントに関わったことがあります。私たちはモバイル専任のトライブをインフラを扱う別々の 3 つのトライブに移行する最終段階にいました。エンジニアリングディレクターとプロダクトディレクターが集まるフォーラムで、この大規模な構造変更の進め方と、その見せ方についてたくさん議論しました。その結果、この大規模な構造変更について、私たちがあまりオープンではないことに気づき、それを変えたいと考えました。そこで、クリスチャン・リンドウォールが教えてくれたように、ホワイトボードを何枚か使って、基本的な組織構造を見える化することにしました。

　ホワイトボード上で変更点を見える化することで、このリチーミングに関わる組織の人たち全員に、自分が関係あることをわかってもらうのに役立ちました。

　以下は、ホワイトボードを使ってリチーミングによる変更点を見える化し、それをリチーミングのツールとして活用するための一般的なガイドラインです。

A.1　必要な備品と作成物

- ホワイトボード：**図A-1** に示すような、現在のチームと計画中のチームすべてを見える化するための 1～複数枚のホワイトボード（私たちは物理スペースに、キャスター付きの横長ホワイトボードを 3 枚置いています）。Miro や Mural のようなオンラインホワイトボードでも同じことができます。
- ホワイトボードに載せる情報：チーム名、チームのミッション、チームメンバーの一覧、（該当する場合）採用の枠の数。

付録 A　オープンなダイナミックリチーミングを可能にするホワイトボード

図**A-1**はあるトライブの概要を見える化するときに使えるサンプルフォーマットを含んでいます。チーム名の上の四角は、そのチームのミッションが書かれた付箋紙を表しています。

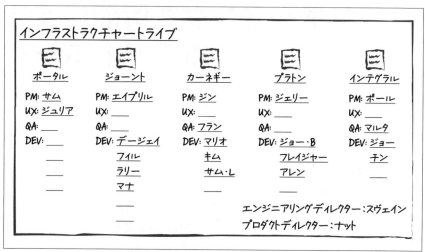

図A-1　あるトライブのリチーミングホワイトボードの例

A.2　やり方

- すべてのチーム名、現在のチームメンバー、新規採用するかそのチームに移動したい人向けの「空き枠」を示す線を書いたホワイトボードを用意します。
- それぞれのチームのミッションステートメントを用意し、ホワイトボードに記入します。
- あなたのチームが（トライブのように）大きな単位でグループ化されている場合は、トライブの名前やミッションをホワイトボードに記入します。
- 別のホワイトボードを1枚用意して、ボードの使い方の説明を載せます。そのホワイトボードに書く情報は、ボードまで来た人にリチーミングの背景情報を十分に伝えられるくらいの「独立」したものでなければいけません。いつでもホワイトボードのそばにいて誰からの質問にも答えられるようにしておくわけではないからです。
- 聞かれそうな質問とその答えをまとめた基本的なFAQを作り、説明用のホワ

イトボードに貼ります。他の質問が出てきたら、FAQ を繰り返し改訂します。FAQ に何を含めるかは 12 章を参照してください。

- 活動のタイムラインを決めてみんなに知らせましょう。ホワイトボードがいつまであるのかを知らなければいけません。チーム変更の決定が確定する日付や、新しいチームが発足する日付を含めてください。
- 何をしているのかを報告するため、組織の全体集会を開催しましょう。リチーミングの活動に関して、ライブで Q&A をしましょう。
- 何をしているのかをメールやチャットメッセージで知らせましょう。FAQ も紹介してください。
- 同じ物理スペースで働いているなら、時間が許す限りホワイトボードのそばに座って、そこで働くのもよいでしょう。リチーミングを「実行している」チームメンバー同士で議論して、Q&A エリアにどう人を「配置」するのか決めてください。オフィスアワーを用意することで、これをオンライン上で行うことも可能です。オープンなオンラインミーティングのスケジュールを設定し、画面共有できる共有のホワイトボードを用意します。
- ホワイトボードを撤去します。
- 最後に、参加者からイベントや、リチーミング全般についてフィードバックを集めます。たとえば、レトロスペクティブでもよいですし、アンケートを実施するのもよいでしょう。

参加者が自分でチームを選べるようにするさらにオープンな方法は、もっと同期的なイベントを開催することです。マーケットプレイスのコンセプトがこれに近いです。作る予定のチームがそれぞれブースを開き、プロダクトマネージャーやリードエンジニアのようなチームの中心になる人がブースに立ちます。このコンセプトの詳細は、付録 B を参照してください。

付録B
チーム選択マーケットプレイス

　チーム選択マーケットプレイス（自己選択イベントとも呼ばれる）は、参加者がブースからブースへと移動し、希望するチームを「ショッピング」する活気あるイベントです。参加者は、参加したいチームの第1、第2、第3希望を示します。マーケットプレイスが終了したあと、マネージャーたちと共に最終的なチーム編成を決定する時間が設けられます。チームが決定したら、「13.3　チームキャリブレーションセッション」の推奨に従ってキャリブレーションセッションを開始できます。

　この方法は、サンディ・マモリとデビッド・モールの著書『Creating Great Teams』にインスピレーションを受けており、また、イギリスのケンブリッジにある Redgate Software の75人チームで使用されたチーム自己選択の方法の影響も受けています。これは、プロダクトデリバリー責任者のクリス・スミスが語ったものです。

　ブログ記事（https://medium.com/ingeniouslysimple/how-redgate-ran-its-firstteam-self-selectionprocess-4bfac721ae2）でクリスは、イベントの詳細を説明しています。イベントには、各チームメンバーとの 1on1 のフォローアップミーティングが含まれていて、チーム配属の最終決定を支援するようになっています[†1]。

　全体のプロセスは20営業日にわたって行われ、チーム変更に対する心配や不安を軽減するために多くの配慮がなされました。従業員のうち、33%だけが実際にチーム変更を選択しました。それはそれで問題ありません。目標は変更のために全員を変えることではなく、変更の機会を提供することです。

　私の見解では、自己選択によるリチーミングイベントの精神は、会社のニーズを満たしつつ、みんなが自分たちのモチベーションになると思える学習目標を追求するのを助けることです。

[†1]　Smith, "How Redgate Ran Its First Team Self-Selection Process." [51]

以下は、チーム選択マーケットプレイスを実施するための基本的なステップです。

B.1　備品と作成物

- フリップチャートポスター：各チームに1枚
- 付箋紙：1人につき1パッド
- 黒ペン：1人につき1本
- イベント用のスライド
- オンラインで行う場合は、参加者が編集できる共有スライドを準備します。MiroやMuralのような共有ホワイトボードを使ってこの活動を行うこともできます。会社でアクセスできるオンラインツールを確認し、事前に試して最適なものを見つけてください。

B.2　場所

- チームを選ぶ全員が歩き回り、壁に掲示されたポスターを見て回れる程度の、大きなオフサイトの宴会場やイベントスペースなどの場所を選びます。
- マーケットプレイス終了後、マーケットプレイスのポスターを作業エリア近くの場所に掲示し、1〜2週間、みんながそれを見て、マネージャーや他のチームメンバーと1on1で話し合いができるようにします。
- オンラインで行う場合は、どこからでも参加できます。

B.3　実施方法

- 各チームのプロダクトマネージャーと主要な技術担当者を特定します。
- 各プロダクトマネージャーとテックリードのペアに、ポスターなどの視覚的な補助を使用して、イベントでのチームのエレベーターピッチを準備するよう依頼します。
- マーケットプレイスを開始するための大まかな指示を含むスライドを作成します。これは実際には以下のような数枚のスライドだけです。
  - タイトルスライド。
  - マーケットプレイスの目的を述べるスライド。
  - 参加者に、第1〜第3希望のチームを示すために3枚の付箋紙に名前を書

くよう指示するスライド。

○ マーケットプレイス後の次のステップを示すスライド（イベント後に各チームのメンバーを最終決定するためにどのように集まるかを説明します）。

○ イベント全体をバーチャルで行う場合は、次に提案するフォーマットの1つを使用して、編成する各チームのスライドを1枚ずつ含めます。

● フォーマットに関しては、ピッチを容易にするために、リーダーにチームのポスターを1枚作成してもらい、イベントで壁に貼り出します。もしくはバーチャルで行う場合は、この情報を共有スライドデッキに追加し、チームの「ポスター」として1枚のスライドを作成します。

● ポスターのフォーマットは自由です。最低限、チーム名、プロダクトマネージャーの名前、テックリードの名前、大まかなプロダクトおよび技術の課題または関心事を記載できます。ポスターには、ソフトウェアエンジニア4人、QA1人、UX1人など、チームが求める役割も含めることができます。

● ポスターのフォーマットには他のオプションもあります。たとえば、その仕事で注力する目標を説明する「オポチュニティキャンバス」の下書きを含めることもできます。ジェフ・パットンの著書『User Story Mapping』（邦訳『ユーザーストーリーマッピング』）には、以下のセクションを含む基本的なオポチュニティキャンバスが紹介されています。「1）問題または解決策、2）ユーザーと顧客、3）現在の解決策、4）ユーザー価値、5）ユーザーメトリクス、6）導入戦略、7）ビジネス課題、8）ビジネスメトリクス、9）予算」[†2]。これは検討する価値があります。

● 考慮すべき別のフォーマットは、プロダクトデリバリー責任者のクリス・スミスが共有したRedgate Softwareのものです。同社は**図B-1**に示すテンプレートを考案しました。

● そして、**図B-2**がRedgate Softwareのチームがテンプレートにもとづいて作成した例です。このチームの個性が光っていることに注目してください。ハリーポッターの概念にちなんでチーム名を付けているだけでなく、チームのポスターにイラストを取り入れている点も特徴的です。

● チームの仕事のライフサイクル段階を含めることも検討できます。たとえば、Redgate Softwareではときどき、チームの機会を分類するために以下のよう

---

†2　Patton, *User Story Mapping*, 170-172. [41]

258 | 付録 B　チーム選択マーケットプレイス

［チーム名］チーム憲章 ―［日付］　　🔴 redgate

チームが存在する理由は？ 私たちの目的は何ですか？ これは［会社名］にどのような影響を与えますか？	**どのような助けが必要ですか？** このチームは、部門／［会社名］の他の人たちや他のチームから何を必要としていますか？ どのような外部の依存関係がありますか？
チームが所有するものは何ですか？ 作業の範囲は何ですか？ チームは何をカバーしますか？ 何が含まれ、何が除外されますか？	
	こんな人であれば、あなたはこのチームに最適です。 このチームでの仕事を本当に楽しめるようになる性質は何ですか？
私たちの戦略は何ですか？ 今後3〜6か月でチームが目指す成果は何ですか？ 長期的に、チームは何を達成しようとしていますか？	
	チームメンバーシップに関する制約は何ですか？ チームに必要なスキル、役割、経験は何ですか？ あれば望ましいスキル、役割、経験は何ですか？
このチームでの生活はどのようなものになりますか？ チームが成功するために必要なものは何ですか？ どのように働きますか？ どのような実践と原則を適用しますか？ このチームが直面する最大の課題は何で、それらにどう取り組みますか？	

図 B-1　Redgate Software のチーム憲章テンプレート[†3]

なライフサイクル段階を使用しています。

○　探索（Explore）：マーケット適合性を探している段階のアイデア。

○　活用（Exploit）：サービス提供可能なマーケットを拡大しようとしているプロダクトやソリューション。

○　維持（Sustain）：成熟段階に達し、投資収益率の最大化が必要な成功したプロダクト。

---

†3　編集注：実際は**図 B-2** の中央のように横長で使用します。

B.3 実施方法 | 259

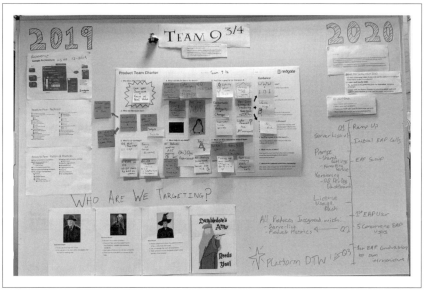

図 B-2　Redgate Software のチーム憲章のポスターの例

　私はこれらのカテゴリーを使うというアイデアが気に入っています。なぜなら、チームで期待される仕事の種類を示唆しているからです。Explore（探索）段階のチームで働くときには、間違いなくより多くの発見的な仕事と焦点の曖昧さがあります。Exploit（活用）段階では、すでに明確な方向性と実績があり、それを活用する必要があります。Sustain（維持）段階では、より多くのリファクタリングがあるかもしれません。これらの段階を明らかにすることで、チームメンバーは自分の興味に合うものをより良く識別できます。

- もしいくつかのチームがこのリチーミング以前から存在していた場合、「既存のチームメンバーの名前をポスターに含めればよい」と考えるかもしれません。しかし、それらのチームメンバーが停滞感を感じていて、変化が必要だと感じている可能性もあります。状況によっては、その人たちはそれを持ち出すことをためらうかもしれません。全員の名前を紙から外し、みんなが適切だと思うチームに自分を配置できるようにすることを検討するとよいでしょう。そうすれば、現在のチームに戻るか、新しいチームに加わるかを自分で決められます。全員の名前を外すか、既存のチームに残すかの決定には思慮深い考慮が

必要です。リチーミングを計画するチームと議論してください。より多くの
チーム変更を促したい場合は、ポスターから名前を外してください。変更を少
なくしたい場合は、ポスターに名前を残してください。

- イベント後、イベントのすべてのポスターをチームエリア近くの壁に掲示し、
  1on1 で議論をし、最終的なチーム編成をマネジメントと調整する時間を設け
  ることを検討するとよいでしょう。バーチャルで行う場合は、スライドを再
  度共有し、1on1 のミーティングをスケジュールしてください。物理的または
  バーチャルな運営のいずれの場合も、オープンな Q&A セッションを設けるこ
  とができます。
- 事後に、このイベントと全体的なリチーミングがどうだったかについて参加
  者からフィードバックを集めてください。これはレトロスペクティブやアン
  ケートの形で行うことができます。Redgate Software では、付箋紙にフィー
  ドバックを残せるようにホワイトボードを設置しています。

B.4 応用

AppFolio で行っていた 24 時間ハッカソンのなかで、私は何度もこのようなイベ
ントを実施しました。そこでの違いは、チームのテーマが完全に参加者によって作ら
れ、誰でも好きなことができるという点です。1 日のイベントなのでリスクが低く、
制約が少ないです。ハッカソンのようなイベント中にマーケットプレイスを試すこと
をお勧めします。これによって、参加者は意図を理解しやすくなり、このイベントを
行うことに対する不安も軽減されます。

この付録全体で言及しているように、このマーケットプレイスをオンラインで行う
こともできます。その場合、スライドデッキを提供するだけでなく、画面共有機能の
あるオンラインミーティングツールを使用して接続することもできます。プロダクト
マネージャーとテックリードはそれぞれ、自分のチームについてのスライドを発表で
きます。参加者は、スライドに自分の名前を記入して希望を示す機会があります。参
加したいチームを表すスライドの発表者ノートセクションに自分の名前を記入できま
す。

B.5 リソース

- ジェフ・パットン『User Story Mapping』（O'Reilly、2014、邦訳『ユーザー

ストーリーマッピング』）[41]

- クリス・スミス「How Redgate Ran Its First Team Self-Selection Process」
  (https://medium.com/ingeniouslysimple/how-redgate-ran-its-first-team
  -self-selection-process-4bfac721ae2）
- サンディ・マモリ、デビッド・モール『Creating Great Teams: How
  Self-Selection Lets People Excel』（Pragmatic Bookshelf、2015）[35]
- ダナ・ピラエワ「Let's Run and Experiment! Self-selection at HBC Digital」
  (https://tech.hbc.com/2017-05-31-self-selection-hbc.html）
  これは HBC Digital での自己選択イベントのケーススタディです。彼らが追
  加した興味深い要素に「チーム成分」があります。これは、チーム選択をする
  ときに、参加者がチームに関連する 11 の能力についてのスキルレベルと学習
  への興味を示すというものです。

付録C
調査テンプレート

　リチーミングの取り組みのあと、その結果についてフィードバックを集めることをお勧めします。リチーミングのあと、ただ「前に進む」だけで、起こったことから学ばないのをよく見かけます。でも重要なのは、反復と学習のためにフィードバックを収集することです。これはアンケートでもできますし、14章で議論したように、オープンなレトロスペクティブで集めることもできます。

　以下は、自身の状況に合わせてカスタマイズできる簡単な調査の例です。

リチーミングの調査

　今後のリチーミングの取り組みの改善のため、アンケートにお答えください。所要時間は1分程度です。質問がある場合や、詳細を直接話し合いたいときは、<連絡先>までご連絡ください。

- リチーミングについてのコミュニケーションの満足度
  　とても不満 1 | 2 | 3 | 4 | 5 とても満足
- リチーミング中のホワイトボード活用方法への満足度
  　とても不満 1 | 2 | 3 | 4 | 5 とても満足
- 新しい組織構造への満足度
  　とても不満 1 | 2 | 3 | 4 | 5 とても満足
- スクワッド変更の機会を活用しましたか？ その理由を教えてください。
  　<記入欄>
- 来年も会社は成長を続けます。今後のリチーミングの取り組みをどのように実施すべきかアドバイスをお願いします。

264 付録 C　調査テンプレート

　　　　　<記入欄>
● 全般的なフィードバックやコメントをお願いします。
　　　　　<記入欄>

　アンケートを配布し、回答を依頼したら、組織に結果を報告しましょう。今後の取り組みをより効果的に進める方法が学べます。調査の結果を共有するのは重要なステップなので、忘れないでください。これが抜けていると、今後、調査に協力してくれなくなります。

参考文献

[1] Adkins, Lyssa. *Coaching Agile Teams: A Companion for ScrumMasters, Agile Coaches, and Project Managers in Transition*. Boston: Addison-Wesley, 2014. 邦訳『コーチングアジャイルチームス：スクラムマスター、アジャイルコーチ必携』田中亮、高江洲睦、山田悦朗、花井宏行、知花里香、斎藤紀彦、小枝真実子（訳）、丸善出版

[2] Anderson, N. and H.D.C. Thomas. "Work Group Socialization." In *Handbook of Work Group Psychology*, edited by M.A. West, 423-450. Chichester: John Wiley & Sons, 1996.

[3] Beck, Kent. *Extreme Programming Explained: Embrace Change*. Boston: Addison-Wesley Professional, 1999. 邦訳『エクストリームプログラミング』角征典（訳）、オーム社

[4] Bridges, William. *Transitions: Making Sense of Life's Changes*. Cambridge: Da Capo Press, 2004. 邦訳『トランジション：人生の転機を活かすために』倉光修、小林哲郎（訳）、パンローリング

[5] Brooks, Frederick P. *The Mythical Man Month: Essays on Software Engineering*. Anniversary Edition. Boston: Addison-Wesley Professional, 1995. 邦訳『人月の神話』滝沢徹、牧野祐子、富澤昇（訳）、丸善出版

[6] Brown, Brené. *Dare to Lead: Brave Work, Tough Conversations, Whole Hearts*. New York: Random House, 2018. 邦訳『dare to lead：リーダーに必要な勇気を磨く』片桐恵理子（訳）、サンマーク出版

[7] Brown, Brené. *Daring Greatly: How the Courage to be Vulnerable Transforms the Way We Live, Love, Parent and Lead*. New York: Avery, 2015. 邦訳『本当の勇気は「弱さ」を認めること』門脇陽子（訳）、サンマーク出版

[8] Cable, Daniel M., Francesca Gino, and Bradley R. Staats. "Breaking Them In or Eliciting their Best? Reframing Socialization Around Newcomers' Authentic Self-expression." *Administrative Science Quarterly* 58, no. 1 (2013): 1-36.

[9] Carmeli, Abraham, Daphna Brueller, and Jan E. Dutton. "Learning Behaviors in the Workplace: The Role of High-Quality Interpersonal Relationships and Psychological Safety." Systems Research and Behavioral Science 26 (2009): 81-98.

[10] Conway, Melvin. "How Do Committees Invent?" In *Datamation magazine*, April 1968. Retrieved May 20, 2020 from https://melconway.com/Home/Committees_Paper.html.

[11] Coyle, Daniel. *The Culture Code*. New York: Bantam Books, 2018. 邦訳『THE CULTURE CODE：最強チームをつくる方法』桜田直美（訳）、楠木建（監訳）、かんき出版

[12] Deming, W. Edwards. *Out of the Crisis*. Cambridge: MIT Press, 2000. 邦訳『危機からの脱出』成沢俊子、漆嶋稔（訳）、日経 BP

[13] Derby, Esther and Diana Larsen. *Agile Retrospectives: Making Good Teams Great*. Raleigh: Pragmatic Bookshelf, 2013. 邦訳『アジャイルレトロスペクティブズ：強いチームを育てる「ふりかえり」の手引き』角征典（訳）、オーム社

[14] Dunbar, R. "Coevolution of neocortical size, group size and language in humans." *Behavioral and Brain Sciences* 16, no. 4 (1993): 681-694. https://doi.org/10.1017/S0140525X00032325.

[15] Dweck, Carol. *Mindset: The New Psychology of Success*. New York: Ballantine, 2007. 邦訳『マインドセット：「やればできる！」の研究』今西康子（訳）、草思社

[16] Edmondson, A. C. "Psychological Safety and Learning Behavior in Work Teams." *Administrative Science Quarterly* 44 (1999): 350-383.

[17] Edmondson, Amy C. *Teaming: How Organizations Learn, Innovate and Compete in the Knowledge Economy*. San Francisco: Jossey-Bass Pfeiffer, 2014. 邦訳『チームが機能するとはどういうことか：「学習力」と「実行力」を高める実践アプローチ』野津智子（訳）、英治出版

[18] Fitzpatrick, Brian W. and Ben Collins-Sussman. *Team Geek: A Software*

Developer's Guide to Working Well with Others. Sebastopol: O'Reilly Media, 2012. 邦訳『Team Geek：Google のギークたちはいかにしてチームを作るのか』角征典（訳）、オライリー・ジャパン

[19] Flannery, Grace, Leigh Marz, and Judith MacBrine. "The Epic Tale: Weaving the Story of Multiple Employee *Generations* Together." (https://www.orscglobal.com/.ee82b1a) Accessed June 3, 2020.

[20] Forsgren, Nicole, Jez Humble, and Gene Kim. *Accelerate: The Science of Lean Software and DevOps: Building and Scaling High Performing Technology Organizations.* Portland: IT Revolution Press, 2018. 邦訳『Lean と DevOps の科学：テクノロジーの戦略的活用が組織変革を加速する』武舎広幸、武舎るみ（訳）、インプレス

[21] Forsgren, Nicole, Dustin Smith, Jez Humble, and Jessie Frazelle. *Accelerate: State of DevOps 2019.* (https://services.google.com/fh/files/misc/state-ofdevops-2019.pdf) Accessed May 20, 2020.

[22] Freire, Paolo. *Pedagogy of the Oppressed.* 30th Anniversary Edition. London: Continuum, 2000. 邦訳『被抑圧者の教育学』三砂ちづる（訳）、亜紀書房

[23] Gorman, Mary and Ellen Gottesdiener. "The 4 L's: A Retrospective Technique." (https://www.ebgconsulting.com/blog/the-4ls-a-retrospective-technique) June 24, 2010.

[24] Gunderson, Lance H. and C.S. Holling. *Panarchy: Understanding Transformations in Human and Natural Systems.* Washington DC: Island Press, 2001.

[25] Hackman, J. Richard. "The Design of Work Teams." In *Handbook of Organizational Behavior*, edited by J. Lorsch. Englewood Cliffs, NJ: Prentice Hall, 1987.

[26] Hackman, J. Richard. *Leading Teams: Setting the Stage for Great Performances* Boston: Harvard Business Review Press, 2002. 邦訳『ハーバードで学ぶ「デキるチーム」5つの条件：チームリーダーの「常識」』田中滋（訳）、日本生産性本部

[27] Heidari-Robinson, Stephen and Suzanne Heywood. "Assessment: How Successful Was Your Company's Reorg?" *Harvard Business Review* (February 2017).

268 参考文献

[28] Izosimov, Alexander V. "Managing Hypergrowth."(https://hbr.org/2008/04/managing-hypergrowth) *Harvard Business Review* (April 2008).

[29] Kaner, Sam. *Facilitator's Guide to Participatory Decision-Making.* San Francisco: Jossey-Bass, 2014.

[30] Kozlowski, Steve W.J., Stanly M. Gully, Patrick P. McHugh, Eduardo Salas, and Janis A. Cannon-Bowers. "A Dynamic Theory of Leadership and Team Effectiveness: Developmental and Task Contingent Leader Roles." In *Research in Personnel and Human Resources Management.* Vol. 14, edited by Gerald R. Ferris. Institute of Labor and Industrial Relations. University of Illinois at Urbana-Champaign, 1996.

[31] Kozlowski, S.W.J. and B.S. Bell. "Work Groups and Teams in Organizations." In *Handbook of Psychology (Vol. 12): Industrial and Organizational Psychology*, edited by W. C. Borman, D. R. Ilgen, and R. J. Klimoski. (2003): 333-375. Retrieved May 7, 2020, from Cornell University, ILR School site. (https://ecommons.cornell.edu/items/1b011d03-b39d-4109-8346-3ddf0ff5fc1f)

[32] Larman, Craig and Bas Vodde. *Large-Scale Scrum: More with LeSS.* Addison-Wesley Signature Series, edited by Mike Cohn. Boston: Addison-Wesley, 2016. 邦訳『大規模スクラム Large-Scale Scrum（LeSS）：アジャイルとスクラムを大規模に実装する方法』木村卓央、高江洲睦、荒瀬中人、水野正隆、守田憲司（訳）、榎本明仁（監訳）、丸善出版

[33] Larsen, Diana and Ainsley Nies. *Liftoff: Start and Sustain Successful Agile Teams.* 2nd ed. Raleigh: Pragmatic Bookshelf, 2016.

[34] Lencioni, Patrick. *The Advantage: Why Organizational Health Trumps Everything Else in Business.* San Francisco: Jossey-Bass, 2012. 邦訳『ザ・アドバンテージ：なぜあの会社はブレないのか？』矢沢聖子（訳）、翔泳社

[35] Mamoli, Sandy and David Mole. *Creating Great Teams: How Self-Selection Lets People Excel.* Raleigh: Pragmatic Bookshelf, 2015.

[36] McCandless, Keith, Henri Lipmanowicz, and Fisher Qua. "Ecocycle Planning." Liberating Structures. (https://www.liberatingstructures.com/31-ecocycle-planning) Accessed May 20, 2020.

[37] McCord, Patty. *Powerful: Building a Culture of Freedom and Responsibility.* Jackson, TN: Silicon Guild, 2018. 邦訳『NETFLIX の最強人事戦

略：自由と責任の文化を築く』櫻井祐子（訳）、光文社

[38] Organization and Relationship Systems Coaching (ORSC™) from the Center for Right Relationship.

[39] Owen, Harrison. *Open Space Technology: A User's Guide.* 3rd ed. Oakland: Berrett-Koehler, 2008. 邦訳『オープン・スペース・テクノロジー：5人から1000人が輪になって考えるファシリテーション』ヒューマンバリュー（訳）、ヒューマンバリュー

[40] Patterson, Kerry, Joseph Grenny, Ron McMillan, and Al Switzler. *Crucial Conversations: Tools for Talking When Stakes Are High.* 2nd ed. New York: McGraw-Hill Education, 2011. 邦訳『クルーシャル・カンバセーション：重要な対話のための説得術』山田美明（訳）、パンローリング株式会社

[41] Patton, Jeff. *User Story Mapping: Discover the Whole Story, Build the Right Product.* Sebastopol: O'Reilly Media, 2014. 邦訳『ユーザーストーリーマッピング』長尾高弘（訳）、川口恭伸（監訳）、オライリー・ジャパン

[42] Pentland, Alex "Sandy." "The New Science of Building Great Teams." *Harvard Business Review* (April 2012).

[43] Pink, Daniel H. *Drive: The Surprising Truth About What Motivates Us.* New York: Riverhead Books, 2011. 邦訳『モチベーション3.0：持続する「やる気！」をいかに引き出すか』大前研一（訳）、講談社

[44] Ries, Eric. *The Lean Startup: How Today's Entrepreneurs Use Continuous Innovation to Create Radically Successful Businesses.* New York: Viking, 2011. 邦訳『リーン・スタートアップ：ムダのない起業プロセスでイノベーションを生みだす』井口耕二（訳）、日経BP

[45] Rød, Anne and Marita Fridjhon. *Creating Intelligent Teams: Leading with Relationship Systems Intelligence.* Bryanston, JHB South Africa: KR Publishing, 2016.

[46] Scott, Kim. *Radical Candor: Be a Kick-Ass Boss without Losing Your Humanity.* New York: St. Martin's Press, 2019. 邦訳『GREAT BOSS：シリコンバレー式ずけずけ言う力』関美和（訳）、東洋経済新報社

[47] Schwaber, Ken and Jeff Sutherland. *The Scrum Guide: The Definitive Guide to Scrum.* (https://scrumguides.org/) November 2017. 邦訳『スクラムガイド：ゲームのルール』角征典（訳）

[48] Scrum PLoP. (https://sites.google.com/a/scrumplop.org/published-patt

erns/product-organization-pattern-language/development-team/stable-t
eams) "Stable Teams." Accessed May 20, 2020.

[49] Sheridan, Richard. *Joy, Inc. How We Built a Workplace People Love.* New York: Portfolio, 2015. 邦訳『ジョイ・インク：役職も部署もない全員主役のマネジメント』原田騎郎、安井力、吉羽龍太郎、永瀬美穂、川口恭伸（訳）、翔泳社

[50] Sinek, Simon. *Leaders Eat Last: Why Some Teams Pull Together and Others Don't.* New York: Portfolio, 2017. 邦訳『リーダーは最後に食べなさい！：チームワークが上手な会社はここが違う』栗木さつき（訳）、日経 BP マーケティング

[51] Smith, Chris. "How Redgate Ran Its First Team Self-Selection Process." (https://medium.com/ingeniouslysimple/how-redgate-ran-its-first-team-selfselectionprocess-4bfac721ae2) *Medium.* September 22, 2019.

[52] Spotify Training and Development. "Spotify Engineering Culture (Part 1)." (https://labs.spotify.com/2014/03/27/spotify-engineering-culture-part-1) March 27, 2014.

[53] Tabaka, Jean. *Collaboration Explained.* Boston: Addison-Wesley Professional, 2006.

[54] Tuckman, B. W. "Developmental Sequence in Small Groups." *Psychological Bulletin* 63, no. 6 (1965): 384-399.

[55] Turner, C. "Catalyst SYNC Features Klaus Schauser and Jim Semick: Market Validation." (https://www.noozhawk.com/noozhawk/print/111811_catalyst_sync_klaus_schauser_jim_semick) *Noozhawk.* Updated November 18, 2011.

[56] Vacanti, Daniel S. *Actionable Agile Metrics for Predictability: An Introduction.* Ft. Lauderdale: Daniel S. Vacanti, Inc., 2015.

[57] Vacanti, Daniel S. *When Will It Be Done? Lean-Agile Forecasting To Answer Your Customers' Most Important Question.* Ft. Lauderdale: Daniel S. Vacanti, Inc., 2020.

[58] Valentine, Melissa A. and Amy C. Edmondson. "Team Scaffolds: How MesoLevel Structures Support Role-based Coordination in Temporary Groups." Working Paper 12-062, Harvard Business School, Boston, MA, 2014.

参考文献 | **271**

[59] Wageman, Ruth, Heidi Gardner, and Mark Mortensen. "The Changing Ecology of Teams: New Directions for Teams Research." *Journal of Organizational Behavior* 33 (2012): 301-315.

[60] Wikipedia. "Bus Factor." (https://en.wikipedia.org/wiki/Bus_factor# cite_note-3) Accessed May 20, 2020.

[61] Whitmore, Sir John. *Coaching for Performance: GROWing Human Potential and Purpose: The Principles and Practice of Coaching and Leadership.* London: Nicholas Brealey, 2009.

訳者あとがき

　本書は、Heidi Helfand 著『Dynamic Reteaming: The Art and Wisdom of Changing Teams, 2nd Edition』(978-1492061281、O'Reilly Media、2020 年) の全訳です。原著の誤記や誤植などについては確認して一部修正しています。

　個人的な話になりますが、私が著者のハイジに初めて会ったのは、2017 年 3 月にサンディエゴで開催された Global Scrum Gathering でした。彼女は登壇者で、本書の初版にあたる Leanpub から出した書籍『Dynamic Reteaming』にまとめられたアイデアを共有していました。曲名は忘れましたがセッションの冒頭でヴァン・ヘイレンを流して「デイヴィッド・リー・ロスのソロとどっちがナチュラルだと思う？」と言い始めて一気に興味が湧いたのを覚えています[†1]。

　同日、ズザナ・ショコバ氏[†2]のセッションで彼女と隣同士になったご縁で、カンファレンスによくある「隣の人と共有してみましょう」タイムや苦手な英語でのワークショップへの参加をサポートしていただきました。英語でコミュニケーションをとることに慣れていなかった私に、日本人特有の英語や発音の間違いを理解した上で言いたいことを読み取ってくれたり、順を追って私が話せるようにしてくれる優しさがとてもありがたかったものです。そこまでコミュニケーションが上手なアメリカ人に出会ったことがなかったので理由を聞くと、彼女は講演ではインタラクションデザイナーがキャリアの始まりだという自己紹介をしていたものの、実は大学で英語を教えていたこともあるのだと打ち明けてくれました。土地柄かアジア人、その中でも日本

[†1]　デイヴィッド・リー・ロスはアメリカのハードロックバンドヴァン・ヘイレンのボーカリスト。個人的には 70 年代の方が好みですが一般的に有名なのは 80 年代のヒット曲「ジャンプ」(https://www.youtube.com/watch?v=SwYN7mTi6HM)。

[†2]　『SCRUMMASTER THE BOOK 優れたスクラムマスターになるための極意：メタスキル、学習、心理、リーダーシップ』(978-4798166858、翔泳社、2020 年) の著者。私は日本語版まえがきを書かせていただきました。

人と韓国人の学生が多かったために、私が話すような英語には慣れているのだと説明してくれたのです。私はとても感激し、優しさに甘えて、講演ではすでに語っていたであろうダイナミックリチーミングのアイデアについて、私が聞き取れなかったり理解できなかったりした部分を掘り返して聞かせていただきました。アジャイルではチームをいじるなというのが大前提なのに、リチーミングするというアイデアは矛盾しているように感じるという私の不躾な疑問に、当事者ではない第三者がいじるからダメなのであって、自分たちで自分たちをいじるのがまさに自己組織化でありダイナミックリチーミングなのだと教えてくれて、その革新的なアイデアにハッとしたことを覚えています。初版を翻訳したいと伝え PDF をご提供いただいたにも関わらず、私が先延ばしにしているあいだに時が経ち、初版も大幅にアップデートされた上に第2版の出版まで決まってしまったのでした。

また、このサンディエゴ旅行のついでに、彼女の講演でも本書でも言及されている Hunter Industries（ウッディ・ズイル氏のモブプログラミングで有名になった同社の事例については本書でも何度も言及されています）を見学することが決まっていました。たまたま彼女と同席したランチの席でそれを話題に出すと、同じく同席していたダイアナ・ラーセン氏[†3]と共に「カンファレンスよりそっちに行った方がいいわよ！」と笑いながら強く推してくれたのも印象的でした。

そういうわけで、今回彼女の第2版の翻訳に携われたのは私のキャリアの中でもとてもうれしい出来事です。彼女の革新的なアイデアを日本の読者にお届けできることを大変光栄に思います。

私も実行委員を務めるカンファレンス、Regional Scrum Gathering Tokyo 2024 では彼女を基調講演者として招聘しました。そのときの講演「Dynamic Reteaming, The Art and Wisdom of Changing Teams」の動画は Scrum Tokyo の YouTube チャンネルにあがっています[†4]。講演のアーカイブは英語音声のみですが、先に書いたように日本人の聴講者に合わせて平易な表現で聞き取りやすく話してくれているように配慮が感じられます。合わせてご視聴いただくとより理解が深まりますので、英語だと忌避せずにぜひご覧になっていただくことを強くお勧めします。

[†3] 『アジャイルレトロスペクティブズ：強いチームを育てる「ふりかえり」の手引き』（978-4274066986、オーム社、2007 年）の共著者。当時ご子息は Hunter Industries で働いていました。

[†4] Dynamic Reteaming, The Art and Wisdom of Changing Teams (https://www.youtube.com/watch?v=RkKBa3Fztgs)

訳者あとがき | **275**

謝辞

　太田陽祐さん、大友聡之さん、小澤暖さん、及部敬雄さん、粕谷大輔さん、小林公洋さん、庄司重樹さん、菅原円さん、田口昌宏さん、中村洋さん、二宮啓聡さん、古橋明久さん、増田謙太郎さん、武藤真弘さん、渡邊修さんには翻訳レビューにご協力いただきました。みなさんのおかげで読みやすいものになったと思います。

　企画、編集は、オライリー・ジャパンの高恵子さんが担当されました。いつも手厚い支援をいただいていることに感謝いたします。

訳者を代表して

2025 年 3 月 永瀬 美穂

索引

A

Accelerate ····································242
Actionableagile.com ·······················244
Allocations································138
Angular ·································114
AppFolio······4, 9, 13, 16, 23, 36, 37, 44, 47, 48, 51, 62, 89, 102, 104, 120
　開発 ·················178, 181, 187, 229
　環境 ······································ 64
　実践 ················142, 177, 238, 260
　チーム編成 ···· 76, 136, 137, 141, 143
　伝統 ···················· 82, 135, 186, 188
AppFolio Property Manager ··· 104, 182
AppFolio, Inc. ·······························xvi

C

Center for Right Relationship Goal
····································233
Citrix································ xvi, 9, 119

Citrix Online····················xvi, 103, 120
Co-Active Training Institute（CTI）
····································222
Convoi ·································xvi, 103
COVID-19 ·····························8, 210
CRR Global, Inc ·······················233
CTI（Co-Active Training Institute）
····································222
Culture Amp··························· 158, 242

E

Easy Remote Control ····················· xv
eBay ·································xv, 100
Expertcity
·········xv, 7, 9, 99, 111, 119, 197, 204

G

GitHub ·······························63, 87
GoToMeeting ·········101, 103, 119, 171

GoToMyPC ································ xv
GoToWebinar ······························ 101
Grasshopper ························ xvi, 103
Greenhouse Software ····· 45, 47, 92, 143

H

HBC Digital ······························ 261
Hunter Industries
　······· 30, 32, 48, 50, 173, 180, 184, 236

I

IDP（個人育成計画）····················· 145

J

Jama Software ····················· 57, 142
Jira ··································· 87

L

Liberating Structures
　········ 85, 123, 186, 225, 231, 238, 240
LinkedIn ································ 69
LogMeIn ································ 9

M

Menlo Innovations
　························· 38, 48, 170, 180, 184
Miro ··································· 251
Mural ································· 251

MyCase ································ 120

N

Netflix ································ 96
Nomad8 ································ 27

O

ORSC（Organization and Relationship
　Systems Coaching）····················· 215
Own Your Workflow ····················· 225

P

Peakon ···························· 158, 242
Pivotal Software ······· 37, 38, 48, 49, 85,
　135, 138, 139, 230
Procore Technologies ······· 152, 231, 233
Purpose to Practice ····················· 225

R

Redgate Software ····················· 255
Retromat ······························ 240
Ropes プログラム ····················· 62, 64
Ruby on Rails ····················· 137, 176

S

SecureDocs ··············· xvi, 13, 101, 111
Slack ·································· 87
Spotify ···················· 25, 79, 80, 116, 190

Swift ···176

T

TDD ····························→ テスト駆動開発
Trade Me ··························27, 28, 36, 114
Tribe Role Alignment ························190

U

Unruly ·····························24, 44, 87, 212

W

Workday ··230

X

XP··44, 134

あ行

アイソレーションパターン ···················106
　　落とし穴 ································109
　　概要 ······································99
　　必要性 ·························99, 102, 174
アジャイル開発
　　··········18, 59, 78, 188, 231, 238, 240
アジャイルソフトウェア開発宣言 ·········59
あなたのインパクトを明らかにする活動
　　···207
アライアンス ·······························116
アンケート、チーム変更 ···············24, 25

安定したチーム
　　········ xvi, 18, 102, 133, 140, 150, 162
移行、概念 ·················15, 23, 203, 210
意思決定 ········77, 85, 95, 123, 203, 209
意思決定の 5 本指 ·················123, 227
依存関係 ··37
一貫性の文化 ··································48
一体感 ··54
意図的な再編成 ·······························18
インクルージョン ··························163
ウォーターフォール型の働き方 ··· 101, 153
エクササイズ ··································29
エクストリームプログラミング ·····44, 134
エコサイクル ·····························3, 209
　　例 ······························70, 167, 194
エコサイクルによる状況把握活動 ·······168
エッジでのリチーミング ·····149, 150, 152
エリート主義 ································109
オーナーシップ ·················47, 49, 82
同じ場所にいるチーム
　　········ 82, 87, 181, 187, 196, 223, 228
オンボーディングの実践 ···········51, 184

か行

会社の安定化 ··································9
会社の統合 ·······················125, 169
化学反応 ·······················7, 16, 61, 152
学習の環境 ····································184
活性化 ··165
合併 ··169
カレッジ ·······································89
カンバン ·······································227

機械的なアプローチ ……………… 163, 209

儀式 …………………………………212

起爆剤 ………………………………… 91

キャリアパス ………………………… 73

キャリブレーションセッション
　…………83, 121, 196, 228, 238, 255

吸収 …………………………………… 59

急成長期 ………………38, 48, 94, 204

共感 ………37, 140, 191, 203, 209, 247

競争 …………………………………… 37

恐怖

　　環境 ……………125, 127, 162, 193

　　離職 ……………………………… 66

　　リチーミング ……… 15, 27, 121, 199,
　　209, 235, 255, 260

共有の歴史 ………………216, 218, 233

ギルドの形成 ………………………230

金の手錠 ……………………………… 71

グロウアンドスプリットパターン ……… 75

　　概要 …………………………76, 191

　　必要性 …………………………… 76

経験の共有 …………………………… 9

兼任アンチパターン …………………153

権力 …………………………………241

権力者 ………………………………… 18

合意形成 ……………85, 123, 124, 159

交渉ベースの再形成 ………………… 31

構造変更 …………… 13, 15, 23, 41, 209

硬直化の罠 …… 4, 5, 71, 76, 99, 111, 169

コーチング …………………………… 61

　　活動 …………………………214, 225

　　機会 ……46, 145, 152, 160, 206, 209

　　利点 ……………………………… 71

コード考古学者 ……………………178

コードのオーナーシップ ……22, 36, 85, 89,
　92, 137, 172, 177, 203

心構え ………………………………… 37

個人育成計画（IDP）……………………145

コミュニティ作り ………………… 185, 230

コラボレーション ……………………132

　　機会 ………………82, 214, 223

　　ダイナミクス ……………… 169, 174

　　パターン ………………………160

　　必要性 ………………37, 139, 241

コンウェイの法則 ………………… 93

コンステレーション ………………222

コンテキスト分析活動 ………………175

さ行

サイクルタイムの安定 ………… 207, 243

再編成 ………… xvii, 29, 39, 92, 116

　　意図的 ………………………… 18

採用 …………………………51, 85

　　計画 …………………………48, 54

　　実践 ……………… 48, 197, 212, 237

　　チーム編成
　　………… 5, 43, 46, 61, 84, 90, 184

サイロ化 ……………………… 177, 180

ジェネラリスト ………………………177

ジェネラリズム ………………… 37, 140

自己選択 …… 115, 142, 160, 234, 255, 261

仕事の中断と人員の再配置のアンチパターン
………………………………197

システムマネジメント ………………198

自発的な参加 ……………………… 25

シャドーイング ···········58
集団記憶 ···········180
自由度 ·······22, 28, 46, 95, 105, 108, 110
乗数効果 ···········162
冗長性 ···········68, 69, 174
情報のサイロ化 ···········139
自律性 ···········36, 145
人員整理 ···········125, 130
人材維持の秘密兵器 ···········94
人材確保 ···········133, 142, 143
心理的安全性 ···········60
神話変化 ···········216, 233
スイッチングパターン ···········85
　　落とし穴 ···········144
　　概要 ···········133, 149
　　必要性 ···········134, 146
スキルマーケットの活動 ···········60, 219
スクラム ·····67, 102, 146, 155, 171, 178, 189, 224, 228
スクラムマスター ···········29
スクワッド ···········89
ストライキチーム ···········236
スパイク ···········105
スプリントプランニング ···········102, 105
成長のマインドセット ···········142, 183
選択肢、メンバー個人
　　···········81, 108, 117, 160, 183, 259
創造神話 ···········233
創造的破壊
　　···········4, 71, 149, 169, 194, 204, 231
ソーシャルダイナミクス
　　···········14, 69, 160, 163
組織再編 ···········→ 再編成

組織同化 ···········59
組織変革 ···········132, 151

た行

体験の共有 ···········185, 189
ダイナミックなチーム ···········9
ダイナミックリチーミング ···········175
　　FAQ ···········195
　　概要 ···········12, 32
　　パターン ···········147
　　予期しない ···········204
ダイナミックリペアリング ···········135
他人事のようなリチーミング ···········22
ダンバー数 ···········94
チーム、概要 ···········11
チーム移行の活動 ···········214
チームエンティティ ···········13
チーム開発とオンボーディング ···········51
チーム間の依存関係 ·····37, 138, 139, 237
チームキャリブレーションセッション
　　···········214, 233, 238
チームシステム
　　形成 ···········1, 13, 14, 38, 51, 66
　　ダイナミクス
　　　···········14, 82, 121, 122, 225, 227
チーム選択マーケットプレイス ···········255
チーム内のペア交代 ···········134, 139
チームの安定性 ···········xvi, 249
チームの解散 ···········12
チームの化学反応
　　···········7, 150, 151, 160, 162, 182
チームの分割 ···········24, 79, 212

チームの編成
　…18, 35, 45, 46, 55, 83, 102, 197, 237
チームの有効性 …………………… 153, 243
チーム変更
　　概念 …………………………xvi, 1, 14
　　　チーム変更の力 ………………… 43
チーム名 ……………………………82, 86
チームメンバーの囲い込み ……………144
チームローテーション ………………142
知識の共有 ………………………… 137, 146
知識のサイロ化 ……………………… 36
知識の冗長性 ……………………………173
知識の相互交流 …………………………173
知識の塔 …………………………… 140, 170
抽象化によるリチーミングアンチパターン
　……………………………… 156, 160
調査ツール ……………………………241
調査テンプレート ……………………263
停滞
　　停滞を避ける
　　　……14, 18, 36, 71, 140, 200, 259
　　　停滞を伴う状況 ……4, 5, 86, 99, 139
定着率、従業員 ……………………… 60
テスト駆動開発
　　………………44, 55, 56, 62, 172, 179
　　　利点 ………………………… 35
テスト自動化 ……………………………… 68
テストピラミッド ……………………… 63
デバイス・コーナーストーン …………… 29
デミングの14のポイント ………………162
同意形成 ………………………………227
特別チーム ……………………………… 78
トライブ

概要 …………………………………… 89
マネジメント
　………… 114, 116, 119, 190, 252
トリガー ………………………………204

な行

人間主義的なアプローチ
　…………………… 21, 87, 117, 127

は行

パーソナルマップ …………………………221
買収 ………………… 18, 22, 102, 103
ハイパフォーマンスを広げるアンチパターン
　……………………………………150
ハイブリッドチーム ………………………181
破壊 …………………………→ 創造的破壊
バス因子 …………………………………… 35
パナーキー …………………7, 9, 147, 247
ハブアンドスポーク構造 …………………106
ピーク体験 ………………………… 61, 220
貧困の罠 …………………………4, 7, 71
ファシリテーション、パターン ………… 85
ブートキャンプ ……………………… 62
プラットフォーム ………………………175
フルスタック ………………29, 137, 177
文化 …………………………………213
文化伝達 ………………………………… 59
文化の維持 ……………………………94, 233
文化の下地づくり ……………………… 49
文化の種まき …………………………… 49
文化の変化 ……………………………… 95

分散チーム ·····················78, 181, 187

ペアプログラミング ···············134, 172

    オンボーディング ·······················56

    利点 ·····················35, 68, 171, 176

ペアリング

    新しい人 ···········44, 49, 50, 57, 65

    ダイナミクス ···12, 35, 115, 135, 172

    チーム組織 ·····························146

    チームの文化 ·····················64, 179

    チーム編成 ·····················137, 141

ペアリング文化 ···························49

ベストプラクティスを広げるアンチパターン

·····································155

変化、概要 ·····················203, 209

変革期 ···································9

変形 ···························xvii, 13, 236

ベン図 ··································145

ホワイトボード

    オンボーディング ···················47, 51

    活動での使用

    ···70, 168, 213, 216, 222, 225, 239

    チーム編成 ·····81, 83, 117, 195, 197,
    209, 229, 251

ま行

マージパターン ····························113

    落とし穴 ·····················121, 131

    概要 ·································9, 113

    必要性 ·································114

マインドセット ···························190

ミーティングファシリテーションテクニック

·····································122

ミッションステートメント

·····················80, 81, 83, 116, 252

無差別ペアリング ·························57

メトリクス ·····························242

面接 ····································50

メンターシップ

    新しい人 ·················23, 44, 53, 73

    チームで ·································23

    チェックリスト ·························55

メンター疲れ ·························65, 72

モブプログラミング ··········· 30, 31, 179

    面接 ·································50

    利点 ·············36, 68, 171, 173, 176

モンテカルロ法 ·························244

や行

役割

    調整 ·····················184, 190, 192

    明確化 ·············189, 190, 219, 227

有益なサイロ ···························101

有害なチームメンバーアンチパターン

·····································159

ら行

ラージスケール・スクラム（LeSS）フレー
ムワーク ·································84

リアリティショック ·······················53

リーンのコンセプト ·······················62

離職 ·································36, 66

リスクマネジメント ·······49, 53, 140, 241

リチーミング ·····························37

他人事のような ……………………… 22

メンバーを失う ……………………… 66

リスク ………………………………… 39

利点 …………………………………… 41

リチーミングエクササイズ ………………… 29

リモートチーム …………… 181, 196, 200

レイオフ …………………………………157

レトロスペクティブ

1on1 ………………………………………240

オンボーディング …………………………238

計画 ………………………………32, 84

ダブルループ ……………………………238

チーム編成

…………79, 88, 122, 139, 201, 235

取り組み …………………………………238

複数チーム ………………………………237

問題解決 …………………………………162

わ行

ワークアラインメント ……………………222

私たちのチームのストーリー …… 216, 233

ワンバイワンパターン …………… 43, 146

落とし穴 …………………………72, 73

概要 ……………………………………5

必要性 ………………… 43, 51, 149

● 著者紹介

Heidi Helfand（ハイジ・ヘルファンド）

実践的かつ人間中心の手法で、急成長する企業を指導し、影響を与えるコーチである。そのアプローチは、成功したスタートアップ企業での経験に基づいている。最初に携わったのは Expertcity, Inc.（後に Citrix Online に買収）で、そこで GoToMyPC、GoToMeeting、GoToWebinar といった製品を開発したチームの一員だった。この会社で、社員数を 15 人から 800 人へと成長させることに貢献した。

次に、不動産管理や法律分野向けのワークフローソフトウェアを製造する企業、AppFolio, Inc. でプリンシパル・アジャイル・コーチとなる。コーチンググループを立ち上げ、クロスファンクショナルなチームを支援し、社員数を 10 人から 650 人へと成長させる手助けをした。

現在は、建設業界向けクラウドベースアプリケーションの大手プロバイダーである Procore Technologies に所属している。研究開発部門のエクセレンス・ディレクターを務めている。ソフトウェア開発やチーム再編に関するベストプラクティスのコーチングおよびコンサルティングを行い、グローバル規模での成長を支援している。

Website：https://www.heidihelfand.com

Email：heidi@heidihelfand.com

X：@heidihelfand

LinkedIn：https://www.linkedin.com/in/heidihelfand

● 訳者紹介

永瀬 美穂（ながせ みほ）

株式会社アトラクタ Founder 兼 CBO / アジャイルコーチ。

受託開発の現場でソフトウェアエンジニア、所属組織のマネージャーとしてアジャイルを導入し実践。アジャイル開発の導入支援、教育研修、コーチングをしながら、大学教育とコミュニティ活動にも力を入れている。Scrum Alliance 認定スクラムプロフェッショナル（CSP）。東京都立産業技術大学院大学元客員教授、琉球大学、筑波大学非常勤講師。一般社団法人スクラムギャザリング東京実行委員会理事。一般社団法人アジャイル PBL 振興会理事。著書に『SCRUM BOOT CAMP THE BOOK』（翔泳社）、訳書に『Tidy First?』『プロダクトマネージャーのしごと 第 2 版』『エンジニアリングマネージャーのしごと』『スクラム実践者が知るべき 97 のこと』『みんなでアジャイル』『レガシーコードからの脱却』（オライリー・ジャパン）、『チームトポロジー』（日本能率協会マネジメントセンター）、『アジャイルコーチング』（オーム社）、『ジョイ・インク』（翔泳社）。

X：@miholovesq

Bluesky：https://miholovesq.bsky.social/

ブログ：https://miholovesq.hatenablog.com/

吉羽 龍太郎（よしば りゅうたろう）

株式会社アトラクタ Founder 兼 CTO / アジャイルコーチ。

アジャイル開発、DevOps、クラウドコンピューティングを中心としたコンサルティングやトレーニングに従事。野村総合研究所、Amazon Web Services などを経て現職。Scrum Alliance 認定スクラムトレーナー（CST）、認定チームコーチ（CTC）。Microsoft MVP for Azure。著書に『SCRUM BOOT CAMP THE BOOK』（翔泳社）など、訳書に『Tidy First?』『脳に収まるコードの書き方』『プロダクトマネージャーのしごと 第 2 版』『エンジニアリングマネージャーのしごと』『スクラム実践者が知るべき 97 のこと』『プロダクトマネジメント』『みんなでアジャイル』『レガシーコードからの脱却』『カンバン仕事術』（オライリー・ジャパン）、『チームトポロジー』（日本能率協会マネジメントセンター）、『ジョイ・インク』（翔泳社）など多数。

X：@ryuzee

ブログ：https://www.ryuzee.com/

原田 騎郎（はらだ きろう）

株式会社アトラクタ Founder 兼 CEO / アジャイルコーチ。

外資系消費財メーカーの研究開発を経て、2004 年よりスクラムを実践。ソフトウェ
アのユーザーの業務、ソフトウェア開発・運用の業務の両方をより楽に安全にする改
善に取り組んでいる。Scrum Alliance 認定スクラムトレーナー（CST）。著書に『A
Scrum Book: The Spirit of the Game』（Pragmatic Bookshelf）。訳書に『脳に収ま
るコードの書き方』『プロダクトマネージャーのしごと 第 2 版』『エンジニアリング
マネージャーのしごと』『スクラム実践者が知るべき 97 のこと』『みんなでアジャイ
ル』『レガシーコードからの脱却』『カンバン仕事術』（オライリー・ジャパン）、『チー
ムトポロジー』（日本能率協会マネジメントセンター）、『ジョイ・インク』（翔泳社）、
『スクラム現場ガイド』（マイナビ出版）、『Software in 30 Days』（KADOKAWA/
アスキー・メディアワークス）。

X：@haradakiro

細澤 あゆみ（ほそざわ あゆみ）

株式会社アトラクタ アジャイルコーチ。

スクラムチームでのソフトウェア開発や、基幹系システムの再構築をメインにシス
テム設計やアジャイル開発の導入支援を行う。コミュニティの運営に参加してい
る。Scrum Alliance 認定スクラムマスター（CSM）、認定スクラムプロダクトオー
ナー（CSPO）、アドバンスド認定スクラムディベロッパー（A-CSD）。訳書に『Tidy
First?』（オライリー・ジャパン）、『SCRUMMASTER THE BOOK』（翔泳社）。

X：@ayumi_hsz

ブログ：https://ayumi-hsz.hatenablog.com/

ダイナミックリチーミング 第2版
5つのパターンによる効果的なチーム編成

2025年3月24日　　初版第1刷発行

著　　　　　者	Heidi Helfand（ハイジ・ヘルファンド）	
訳　　　　　者	永瀬 美穂（ながせ みほ）、吉羽 龍太郎（よしばり りゅうたろう）、 原田 騎郎（はらだ きろう）、細澤 あゆみ（ほそざわ あゆみ）	
発　行　人	ティム・オライリー	
制　　　作	アリエッタ株式会社	
印 刷 ・ 製 本	三美印刷株式会社	
発　行　所	株式会社オライリー・ジャパン	
	〒160-0002　東京都新宿区四谷坂町12番22号 Tel　（03）3356-5227 Fax　（03）3356-5263 電子メール　japan@oreilly.co.jp	
発　売　元	株式会社オーム社 〒101-8460　東京都千代田区神田錦町3-1 Tel　（03）3233-0641（代表） Fax　（03）3233-3440	

Printed in Japan（ISBN978-4-8144-0107-9）
乱丁、落丁の際はお取り替えいたします。

本書は著作権上の保護を受けています。本書の一部あるいは全部について、株式会社オライリー・ジャパンから文書による許諾を得ずに、いかなる方法においても無断で複写、複製することは禁じられています。